정자 0
카운트다운

불임, 저출산에서 인류 멸종까지

정자 0
카운트다운

불임, 저출산에서 인류 멸종까지

서문

종종 인간이 사물을 당연시하는 것은 거의 뉴스거리가 아니다. 누군가 이 영역에 문제점이 있다는 사실을 발견하지 않으면 출산도 예외가 아니다. 많은 사람들이 출산을 기초 생필품 내지 기본적인 자유의 하나로 치부한다. 적절한 시기에 아기를 가져 종족 유지에 기여하는 것을 당연시한다.

이 모든 가정은 포크송 가수 겸 작곡가 조니 미첼(Joni Mitchell)이 히트송 〈빅 옐로 택시〉에서 꼬집은 바 있는 우리의 착각에 기반을 두고 있다. "우리는 가진 것을 잃기 전에는 그 고마움을 잘 모른다."

남자든 여자든 생식장애나 불임을 경험할 때 자신이 아기를 가질 수 없을지도 모른다는 사실을 잘 받아들이지 않는다. 지금 인간은 매우 실망스러운 생물학적 현실과 싸워야 하는, 강력한 도전에 직면해 있다. 지난 40년 간 서구 국가들에서 정자 수와 남성의 테스토스테론 수치는 급격히 감소했다. 나와 다른 연구자들의 연구가 이 같은 사실을 밝혀냈다.

또 사춘기를 빨리 경험하는 소녀들이 증가하고 있다. 성인 여성도 예상보다 젊은 나이에 양질의 난자를 잃고 유산을 더 많이 경험한다. 인간 생식의 관점에서 보면 이런 일들은 더 이상 예사롭지 않다.

이런 문제는 다른 종에서도 나타나고 있다. 야생에서 비정상적인 생식기가 증가했다. 악어, 판다, 밍크 등에서 유별나게 작은 음경이 나타났다. 또 물고기, 개구리, 새, 악어거북에서는 암수 생식선을 모두 가졌거나 애매한 생식기를 가진 것들이 출현했다. 언뜻 보기에 이런 현상들은 자연에서 발생하는 기괴한 비정상이나 잔인한 속임수처럼 보일 수 있다.

이런 현상들은 우리 주변에서 매우 잘못된 일이 발생하고 있다는 징후이다. 정확히 무엇이 그 범인인가에 관한 열띤 논쟁이 계속되고 있다. 유력한 용의자들에 관한 증거도 차곡차곡 쌓이고 있다.

이 정도는 분명하다. 시간이 흐르면서 진화해 온 인체에 선천적인 문제가 있는 것은 아니다. 문제는 환경 화학물질과 현대의 건강하지 못한 생활습관이 호르몬 균형을 저해해 다양한 수준에서 생식 대란을 초래하는 것이다.

이는 결과적으로 출산을 저해하고 심지어 가임기 이후까지 장기적인 건강문제를 야기할 수 있다. 비슷한 현상은 다른 종들에서도 발생해 광범위한 생식 쇼크를 가중시키고 있다. 간단히 말해서 우리는 지구 전체를 통틀어 생식 심판의 시대에 살고 있다.

만약 이 같은 놀라운 추세가 수그러들지 않으면 100년 뒤 세상이 어떻게 될지 예측하기 어렵다. 현 추세가 계속될 때 정자 수의 급격한 감소는 무엇을 경고할까? 인류 종말의 시작을 알리는 신호인가, 우리가 멸종 직전에 와 있음을 경고하는가? 야생동물의 환경적 거세는 지구가 점차 거주할 수 없는 곳으로 변모하고 있다는 암시인가? 우리는 범지구적 생존

위기에 처해 있는가?

　좋은 질문들이다. 하지만 적어도 현재까지는 우리는 명확한 답을 가지고 있지 않다. 그러나 퍼즐 조각들이 맞춰지고 있고 여러분은 다음 장들에서 그 내용을 보게 된다. 여러분은 심각한 정자 수 감소와 다른 생식 기능의 저하가 광범위하다는 사실을 알게 될 것이다. 또 과학적 연구에 기초하여 인간과 다른 종에서 이런 불행한 결과를 유발하는 요인들에 관해 알게 될 것이다.

　다음 사실은 명백하다. 현재의 생식 위기가 지속되면 인류 생존에 위협이 될 수 있다. 현 수준의 정자 수와 농도, 출산 감소는 수명의 측면에서 이미 서구 인구에 심각한 위험을 초래하고 있다. 불임은 남녀 모두에게서 특정 질병과 조기 사망의 위험을 증가시키는 것으로 보인다.

　한편 시간이 지남에 따라 태어나는 아이의 수가 감소하고 있다. 이것이 호모 사피엔스(또는 위협 받는 다른 종)에게 건강한 시나리오가 아님은 명백하다. 연령 분포에 문제가 있는 일부 국가들은 벌써 인구 감소로 고심하고 있다, 규모가 더 작은 젊은 층의 부양을 받는 노년층의 증가도 고민거리이다.

　그것이 꽤 암울한 그림이라는 점을 인정한다. 그러나 그것을 인지하는 것은 중요한 일이다. 우리가 이런 악영향을 되돌리기 위한 조치를 취하지 않으면 지구의 모든 종(種)은 심각한 위험에 처하기 때문이다. 당장은 상황 개선에 효율적 대책이 없을 수도 있다.

　서구 국가들의 정자 수 감소에 관한, 2017년에 발표한 나의 메타 분석은 이 이슈를 관심의 대상으로 만들었다. 내 분석은 전 세계에서 헤드라인을 장식하고 TV에 보도되었다.

그럼에도 불구하고 관련 위원회들이 만들어지지도, 환경 정책들이 바뀌지도 않았다. 더 안전한 화학물질을 제조하지도 못했다. 의심되는 원인을 밝히고 우리의 집단적 미래를 보호하기 위한 다른 공동 노력들도 이루어지지 않았다.

어떤 사람들은 현실과 그 이슈의 심각성을 부정한다. 일부는 세계 인구가 과밀하다며 그것을 무시한다. 다른 사람들은 정자 수 감소, 가까운 미래에 세계 인구의 정체 내지 감소 가능성을 인정한다. 그러나 그들조차도 가슴만 졸일 뿐 다른 많은 일에는 관여하지 않는다. 어떤 면에서 정자 수 감소는 40년 전 지구 온난화가 처했던 상황과 비슷하다. 보고는 되었지만 부정 되고 무시 되는 것이다.

앨 고어가 오스카상을 수상한 다큐멘터리 〈불편한 진실〉이 2006년에 개봉된 후 오늘에 이르면서, 기후 위기는 최소한 대부분의 사람들이 진정한 위협으로 받아들인다. 나는 우리가 직면한 생식 혼란에서도 같은 일이 일어나기를 희망한다. 그 위협에 동의하는 과학자들은 점점 늘어나고 있다. 이제 대중이 이 이슈를 진지하게 받아들여야 한다.

생식건강과 환경에 관한 선도적 연구자로서, 나는 성적 발달과 기능에 관한 이런 놀라운 변화에 관심을 고취하는 것이 의무라고 느낀다. 나는 1980년대에 환경적 요인이 생식건강에 미치는 영향에 관심을 갖기 시작하였다. 당시 나는 캘리포니아주 산타클라라 카운티의 한 유산(流産) 그룹을 조사하였다. 그 그룹은 결국 지역사회의 식수로 유출된 반도체 공장의 독성 폐기물과 관련이 있었다. 나는 점점 환경 화학물질이 성인 남녀와 어린이의 생식, 성(sex), 성별(gender) 관련 발달에 미칠 수 있는 잠재적 영향을 조사하는 데 더 큰 관심을 가지게 되었다.

나는 30년에 걸쳐 모든 연구를 수행했다. 신생아 성기 이상의 발생 원인, 태아 스트레스가 자손의 생식 발달에 미치는 영향에서부터 TV 시청 시간이 고환 기능에 미치는 영향, 프탈레이트라고 불리는 화학물질에 대한 심한 노출과 성행위에 관한 낮은 관심 사이의 연관성, 그리고 생식건강과 관련한 다른 많은 주제들에 이르기까지.

우리의 삶에 영향을 미치는 다양한 생식 악영향을 뒤집으려면, 환경으로 배출되는 제조 화학물질의 종류와 양을 전면 개선하는 등 근본적인 변화가 필요하다. 이를 위해서는 중대한 정치적, 경제적 도전을 극복해야 할 것이다. 나는 이것이 벅차고 시급한 일이지만 그래도 성취할 수 있다고 믿는다.

이 책은 바로 이 지점에서 시작한다. 제1부에서 여러분은 인간과 다른 종들의 생식과 성 발달에서 일어나고 있는 변화에 관해 더 많이 알게 될 것이다. 제2부는 이러한 변화의 근원, 즉 이런 추세를 만들어내는 환경요인, 생활방식, 사회학적 요인을 상세하게 들여다본다. 제3부에서는 이러한 변화가 장기적 건강과 생존에 미치는 파급 효과를 탐구한다. 제4부에서는 여러분과 아직 태어나지 않은 여러분의 아이들을 보호하기 위한 현명한 방법으로 안내할 것이다. 그리고 인간과 동물의 종에 대한 위협을 예방하기 위해 취할 수 있는 다른 조치들도 소개할 것이다.

이제 이 위험한 궤적을 바꾸고 미래를 되찾을 때다. 이것을 우리 모두가 우리의 출산, 인류의 운명, 지구를 보호하기 위해 할 수 있는 일을 해야 한다는 명쾌한 외침이라고 생각하라.

목차

제4부

우리는 무엇을 할 수 있는가

용어해설

안드로겐: 남녀 모두의 성장과 생식에 필수적인 호르몬. 테스토스테론(일차 안드로겐)은
　　　남성의 고환에서 생산되며, 여성의 난소에서 더 낮은 수준으로 생산된다. (항안드로
　　　겐성 화학물질은 안드로겐을 낮추는데, 보통 테스토스테론을 낮춘다.)

항문-생식기 거리(AGD): 유아가 임신 초기에 얼마나 많은 안드로겐에 노출되었는지를 나
　　　타내는 지표이다. 보통 남성이 여성보다 50에서 100% 더 길다. 십대와 젊은이들은 종
　　　종 gooch와 taint 같은 속어로 그것을 언급한다.

항뮬러관호르몬(AMH): 난포에 의해 여성에게서 생산되는 호르몬. 성숙한 여성에게서
　　　AMH는 난소예비력을 반영하며 PCOS'(다낭성난소증후군)'의 마커로 사용할 수 있다.
　　　임신 초기에 남성 태아의 고환도 AMH를 생산하여 생식기가 난소, 자궁 및 상부 질로
　　　발달하는 것을 중단시킨다.

보조생식기술(ART): 불임 치료 약물, 체외수정 및 대리모를 포함하여 임신을 달성하는 데
　　　사용되는 모든 의료기술을 광범위하게 가리키는 용어.

자폐스펙트럼장애(ASD): 자폐증 및 아스퍼거 증후군 등을 포함한 발달장애로 상당한 사
　　　회적 문제, 의사소통 및 행동 문제를 야기할 수 있다.

무정자증: 남성의 사정액에 정자가 전혀 없는 상태. 전혀, 전혀, 전혀 정자가 없는 상태.

비스페놀 A(BPA): 폴리카보네이트 플라스틱을 가볍고, 맑고, 단단하게 만들기 위해 첨가
　　　하는 화학물질(물병을 생각해 보라). 통조림 용기의 내막, 금전등록기 영수증, 피자 상
　　　자에서도 발견된다. 가장 중요한 것은 BPA가 에스트로겐 호르몬을 흉내 내는 내분비

교란물질이라는 점이다.

카나비디올(CBD): 대마초(마리후아나)에 있는 카나비노이드(화합물) 100여 개 중 하나. CBD는 부드럽게 정신에 작용하지만, CBD만으로는(THC 없이) 독성이 없고 황홀경을 일으키지 않는다.

시스젠더: 성 정체성이 출생 시 부여된 성과 일치하는 사람들을 가리키는 말이다.

선천성 부신 과형성증(CAH): 코티솔 호르몬의 감소와 두 성별에서 남성호르몬(안드로겐)의 증가를 초래하는 유전질환의 일종. 소녀들에게 이것은 성기의 남성화와 남성형 행동으로 이어질 수 있다.

코티솔: 스트레스에 반응하는 데 도움이 되는 스테로이드 호르몬, 즉 스트레스 호르몬 중 하나이다. 코티솔은 인체의 투쟁·도피 반응의 일환으로 스트레스가 많은 시기에 방출되어 인체 에너지를 증가시킨다.

냉동은행: 세포(난자와 정자 등), 조직 또는 장기를 낮은 온도나 냉동 온도에 저장하여 향후 사용할 수 있도록 한다. 냉동보존이라고도 불린다.

잠복고환: 음낭으로 내려오지 않은 고환, 보통 흔치 않은 남성의 선천성 결함. (고환은 음낭에서 위아래로 움직일 수 있으며, 생후 1년 동안 위치가 종종 바뀐다.)

데옥시리보핵산(DNA): 거의 모든 유기체의 염색체에서 발견되는 큰 분자(대량 분자). DNA는 유기체의 성장, 생존, 번식에 필요한 지시사항을 포함하고 있다.

단념(또는 중단): 성적 위화감을 가진 사람들이 궁극적으로 성 정체성을 전환하지 않기로 결정하는 현상을 가리키는 용어. 범죄학 분야에서 이 용어는 공격이나 다른 반사회적 행동의 중단을 묘사한다.

디브로모클로로프로판(DBCP): 과거에 토양 훈증제와 살충제로 사용되었다. 1970년대 미국에서 이 물질에 노출된 노동자들에게 무정자증이 유발됐다는 사실이 밝혀지면서 금지되었다.

디부틸 프탈레이트(DBP): 폴리염화비닐(PVC)에서 흔히 사용되는 화학물질로, 많은 가정 및 개인 미용·위생 제품에서 발견된다. 그것은 내분비교란물질로 강력한 항안드로겐(테스토스테론 저하) 프탈레이트 중 하나이다.

디클로로-디페닐-트리클로로에탄(DDT): 1940년대에 개발된 DDT는 곤충에 의한 인간 질병(말라리아 등)을 통제하는 최초의 현대적 살충제. 그것의 광범위한 사용은 DDT 저항, 환경 및 인간의 건강에 악영향을 가져왔다. 레이첼(Rachel Carson)이 책 〈침묵의 봄(Silent Spring)〉에서 이러한 위험을 설명한 것이 그 사용에 중대한 제한을 가져왔다.

난소예비력 감소(DOR): 여성의 난자의 수와 품질이 생물학적 연령과 비교해 예상보다 낮은 상태. 또한 조기 난소노화(POA)와 조기 난소장애(POF)라고도 한다.

성발달장애(DSD): 이전에 성간(性間)이라고 불렸던 DSD에는 성기의 비정상적인 발달과 모호한 성기의 발달로 이어지는 다양한 조건이 포함된다. 즉, 남성이나 여성이 아닌 성기이다.

디-2-에틸헥실 프탈레이트(DEHP): DBP와 마찬가지로 DEHP는 내분비교란물질로 보다 강력한 항안드로겐 프탈레이트 중 하나이다. 플라스틱을 부드럽고 유연하게 만들기 때문에 음식·식품 용기 및 다양한 가정용 제품에서 발견된다.

내분비교란물질(EDC): 보통 인간이 만든 화학물질은 인체의 내분비계에서 호르몬을 모방, 차단 또는 방해한다.

자궁내막증: 자궁의 내막을 구성하는 조직이 자궁 밖에서 자라는 장애. 이것은 고통스러운 생리와 성교뿐 아니라 불임으로 이어질 수 있다.

후생유전학적 변화: 후생(後生)유전학은 문자 그대로 '위' 또는 '꼭대기' 유전학을 의미한다. 후생유전학적 변화는 유전자를 '온' 또는 '오프'로 바꾸는 DNA의 외부적 변화를 말한다. 이러한 변화는 DNA 서열 자체를 변화시키지 않고, 대신 세포가 유전자를 '읽는' 방식에 영향을 미친다.

발기부전(ED): 발기부전은 성교를 할 수 있을 만큼 확고한 발기를 얻고 유지할 수 없는 것이다.

에스트로겐: 에스트로겐(에스트론, 에스트라디올, 에스트리올)은 주로 여성의 난소에서 생성되는 호르몬이다. 에스트로겐은 '여성 호르몬'으로 여겨지지만, 남성의 부신과 고환에서도 매우 낮은 수준으로 만들어진다.

난포자극호르몬(FSH): 여성의 난포 성장을 담당하는 호르몬. 남성의 경우, FSH는 정자 생산에 역할을 한다.

성적 위화감: 남성이나 여성으로서의 정서적, 심리적 정체성이 생물학적 성에 맞지 않다는 느낌.

성적 불일치: 성 표현(특정 성별에 적합하다고 생각되는 행동이나 외적 모습)이 남성성이나 여성성의 전통적인 개념과 일치하지 않는 것을 의미하는 용어.

사람융모성생식샘자극호르몬(hCG): 임신 초기에 중요한 호르몬. 그때 성장하는 배아를 둘러싸고 있는 세포에 의해 생산된다. 수정 후 이르면 1주일 이내에 검출될 수 있다. 낮은 수준의 hCG는 남성과 임신하지 않은 여성의 뇌하수체에서도 생성된다.

요도하열: 요도의 개구부가 (음경의 끝 대신) 음경의 밑면에 위치한 (희귀한) 남성 생식기 선천성 결함. (고환 발육부전 증후군의 일부이다.)

불임: 1년 동안 피임하지 않은 성관계를 해도 임신할 수 없는 것. (헷갈리지만 그것은 단순히 출산의 정반대가 아니라, 아기를 임신하고 출산할 수 있는 능력에 관한 것이다.)

인히빈 B: 여성의 난소에서 생산되는 호르몬. 배란 전에 검출할 수 있으며 난소에 남아 있는 난포의 수(난소예비력)를 반영한다. 남성의 경우 고환에서 생산되며 정상적인 생식력을 가진 남성의 경우 불임 남성에 비해 수치가 더 높다.

세포질내정자주입술(ICSI): 단일 정자세포를 난자의 세포질에 직접 주입하는 체외수정 과정.

자궁내정자주입술(IUI): 미세한 관을 자궁경부를 통해 자궁에 삽입하여 세척한 정자를 직접 주입하는 ART 과정.

체외수정(IVF): 시험관에서 난자가 정자에 의해 수정되는 모든 의학적 절차. (핵심 요소: 수정은 여성의 몸 밖에서 발생하며, 체외는 '유리에서'를 의미한다.)

골반내염증질환(PID): 여성의 질에서 자궁, 나팔관, 난소로 퍼지는 성병 감염으로 인한 질병. 그것은 여성 불임의 빈번한 원인이다.

지속성 유기 오염물질(POP): '영원한 화학물질'로 알려진 이 유기 화합물은 예외적으로 오랜 기간 동안 온전하게 남아 있으며, 환경 전반에 널리 분포한다. 인간을 포함한 살아 있는 유기체의 지방조직에 축적되며 인간과 야생동물에게 독성을 발휘한다. (이 범주에는 DDT 및 기타 살충제, PCB, PFAS 및 다이옥신이 포함된다.)

PFOA, PFOS 및 PFAS: 퍼플루오로옥탄산(PFOA)과 퍼플루오로옥탄설포네이트(PFOS)는 퍼플루오로알킬 물질(PFAS)로 알려진 큰 화합물 범주의 일부로, 불소화된 유기 화합물이다. 이 인공 화학물질은 물과 지방 모두에 내성이 있다. 그것들은 들러붙지 않는 요리기, 얼룩 방지 카펫, 방수성 의류, 소방용 거품에서 발견된다. 이것들은 일단 환경에 나오면, 그곳에 무기한 머문다.

폴리브롬화 화합물: 폴리브롬화 디페닐 에테르(PBDE)와 폴리브롬화 바이페닐(PBB)은 생산된 제품(가령 가구, 폼 패딩, 와이어 단열, 융단, 휘장, 커버 등)에 추가되는 화학물질로, 제품에 불이 붙을 가능성을 줄인다. 이 화학물질들은 공기, 물, 토양으로 들어가 물고기와 포유류가 오염된 음식이나 물을 섭취할 때 체내 축적될 수 있다.

폴리염화바이페닐(PCB): 더 이상 미국에서 생산되지 않지만 여전히 환경에 있으며 건강 문제를 일으킬 수 있다. 1977년 이전에 만들어져 PCB를 포함할 수 있는 제품에는 오래된 형광 조명 설비, PCB 콘덴서가 들어 있는 전기 장치, 오래된 현미경 및 유압 오일이 포함된다. PCB는 또한 물고기에서도 발견되는 흔한 오염물질이다.

다낭성난소증후군(PCOS): 가임연령대 여성들 사이에서 상당히 흔한 호르몬 장애. PCOS를 가진 여성들은 드물거나 긴 월경 기간을 가질 수 있고, 남성호르몬(안드로겐) 수치가 높아 남성형의 머리카락 분포를 가질 수 있다.

폴리염화비닐(PVC): 세계에서 세 번째로 널리 생산된 합성 플라스틱 중합체. 경직된 형태로 PVC는 파이프, 병, 식품 저장용기 및 은행카드에 사용된다. 가장 널리 사용되는 프탈레이트인 가소제를 첨가하여 부드럽고 유연하게 만들 수 있다(예를 들어 배관 랩과 플라스틱 랩에 사용).

프로게스테론: 주로 여성호르몬으로 알려진 프로게스테론은 난소에서 생산되는데, 여기서 프로게스테론은 월경주기에 중요한 역할을 하고 자궁이 수정란을 받을 수 있게 준비한다. 남성의 경우 부신과 고환이 프로게스테론을 만드는데 프로게스테론은 테스토스테론 생산에 필요하다.

사춘기: 아이의 몸이 성 생식이 가능한 성인의 몸으로 성숙하는 신체적 변화의 시기.

돌발적 성적 위화감(ROGD): 아이들이 겉보기에 느닷없이 갑자기 자신을 반대 성과 동일하다고 결정하는 감정 상태. (소셜 미디어의 영향이 크다.)

선택적 세로토닌 재흡수 억제제(SSRI): 뇌 내 세로토닌(좋은 감정의 호르몬)의 수준을 증가시키는 항우울제.

정자 농도: 정액 1㎖당 정자 수 (그런데 이 숫자는 현미경으로 볼 때 사각형 영역에서 수영하는 정자 수를 반영한다. 그 수는 수백만 개이어야 한다.)

정자 수(총 정자 수 또는 TSC라고도 함): 남성이 생산하는 정액 샘플에 들어 있는 총 정자 수. 수학애호가들은 이런 방정식을 사용할 것 같다. 총 정자 수=정자 농도×사정 샘플의 부피.

정자 DNA 분절화 지수(DFI): DNA에 손상이 있는 정자의 비율. 높은 DFI는 자궁에 착상하지 못하거나 유산으로 이어질 수 있는 나쁜 배아로 바뀐다.

정자 형태학: 머리, 꼬리, 중간 부분을 포함한 정자의 모양.

정자 운동성: 정자의 움직임과 수영 능력을 언급한다. 정자가 힘차게 꿈틀거리거나 일직선으로 움직이지 않는다면 정자는 목표에 도달하지 못할 것이다.

자발적 낙태: 유산이라고도 알려진, 자발적 낙태는 수정과 임신 20주 사이에 무의식적으로 임신을 손실하는 것을 말한다.

사산: 임신 20주 후에 발생하는데 태아 사망이라고도 한다.

불임: 임신이 지연되는 상태. 1년 동안 시도한 후에 자연적으로 임신할 수 없는 것. 불임부부도 자연임신이 가능하지만 평균보다 오래 걸린다.

고환 발육부전 증후군 (TDS): 출생 시 남성 생식계에서 요도하열, 잠복고환, 나쁜 정자의 질, 짧은 AGD 등이 하나 이상 발생하는 것을 말한다. 그것은 고환암 및 불임 위험의 증가와 관련이 있다.

트랜스젠더: 성별 정체성이 태어날 때 배정받은 성별과 다른 사람.

2,3,7,8-테트라클로로디벤조-p-다이옥신(TCDD): 화학 다이옥신 중 가장 독성이 강한 형태. TCDD는 지방, 태반, 모유에 축적된다. TCDD 노출은 남성의 적은 정자 수, 여성의 자궁 내막증과 관련이 있다.

음낭 정맥류: 음낭 정맥의 비대(정맥류와 마찬가지). 그것은 사람의 생식력을 감소시킬 수 있다.

세계보건기구(WHO) : 40년 동안 정액 분석 방법의 최적 기준을 정해 왔다.

제1부

성·출산의 변화하는 풍경

제 1장

생식 쇼크
우리 내부의 호르몬 대혼란

° 정자 아마겟돈 공포

2017년 7월 말, 전 세계 모든 언론이 인간 정자 수의 현황에 집착하는 것 같았다.

〈사이콜로지 투데이〉는 "인간 정자 수 급감이 진행 중인가? 이미 끝났는가?"라고 외쳤다. BBC는 "정자 수 급감으로 인간이 멸종할 수 있다."고 선언했다. 〈파이낸셜 타임스〉는 "정자 수 급감은 남성 건강에 긴급 웨이크업(wake-up) 콜"이라고 소개했다. 한 달 뒤 〈뉴스위크〉는 같은 주제를 주요 커버스토리로 다루었다. "누가 미국의 정자를 죽이고 있는가?"

그해 말 내 과학논문 〈정자 수의 시계열 변화: 체계적인 검토 및 메타 회귀 분석〉은 이런 담론을 촉발시켰고 전 세계에서 수백 개의 다른 담론을 유발했다. 알트메트릭(Altmetric 영국의 과학논문 조사기관)의 2017년 보고서에 따르면, 이 논문은 전 세계적으로 발표된 모든 참고 과학논문 중 26위를 차지했다.

진실로 정자 수 감소는 전 세계적 현상이다.

요즘은 우리가 알고 있는 세상이 급속도로 변하는 것 같은 느낌이 든다. 인류의 지위도 마찬가지라고 할 수 있다. 지난 40년 동안 정자 수가 50%나 급감했다. 이런 놀라운 감소율이 지속된다면 인류는 스스로 번식할 수 없게 될 수도 있다. 내 연구 협력자인 의학박사 하가이 레빈(Hagai Levine)이 말했다.

"앞으로 어떤 일이 일어날까? 정자 수가 0에 도달할까? 이 감소가 인간의 멸종으로 이어질 가능성이 있는가? 인간이 초래한 환경 붕괴와 관련성이 큰 여러 종의 멸종을 고려할 때, 이것은 확실히 가능하다. 그런 시나리오의 가능성이 작더라도 끔찍한 의미를 감안하면 우리는 그것을 막기 위해 최선을 다해야 한다."

서구 국가에서 정자 수 감소가 해소되지 않고 있기 때문에 이 일은 매우 걱정스럽다. 정자 수 감소는 가파르고, 심각하고, 지속적이며, 줄어들 기미를 보이지 않고 있다. 덴마크 연구자이자 임상의사인 닐스 스카케백(Niels Skakkebaek) 박사는 환경적 요인이 정자 감소에 미친 영향에 관해 처음으로 과학계에 경고한 사람이다. 그는 "불편한 메시지이지만 우리 종은 위협 받고 있다. 우리 모두는 그것에 경각심을 가져야 한다. 한 세대 내에 변화가 없다면 우리 손주 세대와 그들의 자녀들은 엄청나게 다른 사회에 살게 될 것이다."라고 말했다.

실제로 같은 속도로 감소가 계속된다면, 2050년까지 많은 커플들이 출산을 위해서는 기술에 눈을 돌려야 할 것이다. 의술의 도움을 받는 출산, 냉동 배아, 실험실에서 다른 세포로부터 만든 난자, 정자에 이르기까지(현재 실제로 이렇게 하고 있다).

° 반(反)이상향적인 미래?

〈시녀 이야기(The Handmaid's Tale)〉나 〈남자의 아이들(Children of Men)〉에서처럼 우리가 소설로 생각하는 것 중 일부는 빠르게 현실이 되고 있다.

나는 2017년 겨울 '원 헬스, 원 플래닛(One Health, One Planet)' 컨퍼런스에서 내가 발견한 정자 감소를 발표했다. 그것은 지구상 서로 다른 종들의 건강 상호의존성, 환경의 미친 산업화에 의한 피해에 초점을 맞췄다. 그리고 그것이 개구리, 새, 북극곰 및 다른 종들에게 미치는 파괴적 영향에 주목했다.

우리가 분석 결과를 발표하자 관중들은 큰 충격을 받았다. 나는 처음으로 정자 감소가 호모 사피엔스에게 의미하는 바를 언급했다. 그날 밤 나는 자다가 꿈에서 깨어났다. 내가 정리한 이야기의 완전한 의미를 갑자기 깨닫자 믿을 수 없을 정도로 불안했다. 그 의미는 정자 수와 테스토스테론 수치의 감소, 환경에 내뿜고 있는 호르몬 활성 화학물질의 증가를 감안할 때 인류와 세계 출산이 정말로 위험한 상황에 처해 있다는 것이다.

이것은 내게 더 이상 과학 연구의 문제가 아니었다. 나는 개인적인 차원에서 이런 발견에 진심으로 두려움을 느껴 왔다.

어떤 면에서는 더 깊이 파고들 때 그 그림은 더 나빠 보인다. 그것이 단지 남성들의 문제가 아니기 때문이다. 여성, 어린이 및 다른 종들도 생식 발달과 기능이 잘못된 방향을 향하고 있다. 사람들의 성욕 저하 및 성적 흥미 감소 때문에 미국을 포함한 전 세계 일부 국가들은 대규모의 성적(性的) 부진을 겪고 있다.

젊은이를 포함한 남성들이 발기부전을 경험하는 비율은 더 커지고 있다. 동물에서는 수컷 거북이가 다른 수컷 거북이에게 성교한다는 보고가 증가했다. 암컷 물고기와 암컷 개구리가 특정 화학물질에 노출된 후 수컷화 하는 등 짝짓기 행동에 변화가 있었다.

이런 경향으로 인해 과학자들과 환경론자들은 '어떻게 그리고 왜 이런 일이 일어날 수 있을까?'라고 생각하게 되었다. 답은 복잡하다. 이러한 종간(種間) 이상 징후는 뚜렷하고 고립된 사건으로 보일 수 있지만 사실은 모두 몇 가지 근본적인 원인을 공유한다. 특히 현대 세계에서 해로운 화학물질이 은밀하게 도처에 만연해 있어 인간과 다른 종의 생식 발달과 기능을 위협하고 있다.

우리 몸의 자연 호르몬을 방해하는 화학물질이 최악의 범죄자들이다. 이러한 환경호르몬이 성적 발달과 생식 발달의 구성 요소에 재앙을 초래하고 있다. 환경호르몬은 현대 세계에서 어느 곳이든 존재하며 우리 몸 안에서 여러 가지 문제를 야기한다.

여기에 그 이유가 있다. 호르몬, 특히 에스트로겐과 테스토스테론이라는 두 가지 성호르몬이 생식 기능을 가능하게 한다. 두 호르몬의 양과 두 호르몬 사이의 비율은 남녀 모두에게 중요하다. 그 최적의 비율은 성별에 따라 다르다. 여러분이 남자인지 여자인지에 따라 인체는 너무 많지도 너무 적지도 않은 적당량의 에스트로겐과 테스토스테론을 필요로 한다. 더 복잡한 것까지 말하면, 이 호르몬들의 방출 시기는 생식 발달과 생식 기능을 바꿀 수 있고, 이 호르몬들의 운반도 문제가 될 수 있다.

만약 이 호르몬들이 적절한 타이밍에 적절한 장소에 도달하지 못하면, 정자 생산이나 배란 같은 필수적인 과정은 작동하지 않을 것이다. 식이요법, 신체 활동, 흡연, 음주, 약물 사용 등 생활습관뿐 아니라 환경호르몬이 이 같은 매개변수를 변경하여 이 중요한 호르몬들을 잘못된 방향으로 유도할 수 있다.

° 다가오는 걱정거리들

덜 중요하지도 덜 복잡하지도 않은 또 한 가지 질문이 있다. '이런 생식 변화가 인류 운명과 지구 미래에 무엇을 의미하는가?'이다. 인간이 계속 번식할 수 있을지, 아니면 인류가 〈남자의 아이들(Children of Men)〉 시나리오처럼 소멸할지는 단순한 생존의 문제가 아니다. 이러한 문제들은 더 미묘하고 더 개인적인 결과를 낳을 수도 있다.

감소하는 정자 수를 살펴보자. 통계적으로 이 현상은 심혈관 질환, 당뇨병, 조기 사망 위험의 증가를 포함하여 남성의 다른 많은 문제들과 관련이 있다. 여러분은 제8장에서 이런 구체적 건강 위험에 관해 더 많이 알게 될 것이다.

다시 말하지만 이 일은 단지 남성만의 문제가 아니다. 당연히 여성의 출산율이 영향을 받는다. 비록 덜 명백하고 덜 극적이지만, 정자의 질은 태아 단계에서 어머니의 자궁에 있을 때 일어나는 변화의 영향을 받을 수도 있다. 그때 태아는 어머니의 선택과 습관의 영향을 받는다. 이는 여성이 잠재적으로 해로운 화학물질 노출의 도관(導管) 역할을 할 수 있다는 의미이다.

이전의 믿음과는 달리, 자궁은 화학적 공격으로부터 태아를 보호하지 못하며, 발달하는 태아는 화학물질의 침투에 대한 방어력이 거의 없다. 다른 시각에서 보면, 성 발달과 생식 발달 면에서 남성의 삶에서 가장 중요한 사건들은 자궁에 있는 동안 일어난다. 아기와 아이들은 이런 화학적 공격에 성인보다 더 취약하다. 그러나 가장 취약한 존재는 아직 태어나지도 않았다.

정자 감소는 모든 사람에게 영향을 미치는 변화의 신호이다.

일부 인구 전문가와 과학자들이 말했듯이 '인구학적 시한폭탄'이 곧 다가올 것이다. 출산율 감소를 감안할 때 미래 세대는 점증하는 노인, 은퇴 노동자의 재정적 요구와 보살핌 요구를 충족시킬 수 없을 것이다. 그리고 전 세계에서 일어나는 성 발달의 변화는 성(gender) 유동성*의 확실한 증가를 동반한 것으로 보인다.

---

* 많은 나라들에서 성 정체성, 성 유동성, 성적 위화감(gender dysphoria)과 관련된 문제들이 증가하고 있다. 성적 위화감은 다음과 같은 느낌을 말한다. 남성이나 여성으로서의 정서적, 심리적

나는 이것을 부정적으로 보지는 않는다. 요점은 인간의 성적 취향과 사회는 유동적이며 이 유동성은 우리 모두에게 영향을 미친다는 것이다. 그것은 마치 스노우볼이 흔들려 내부의 생식 풍경이 바뀌는 것과 같다. 이것이 우리 실생활에서 일어나는 일이다.

문화 어휘로 흔히 사용되는 '1% 효과'라는 표현을 보면 어떤 생각이 드는가? 대부분의 사람들은 사회경제적 지위, 즉 미국에서 부의 상위 1% 순위에 관해 생각한다. 하지만 나는 아니다. 나는 남성의 역(逆)생식적 변화가 매년 약 1%씩 증가한다는 사실을 생각한다. 여기에는 정자 수와 테스토스테론 수치의 감소, 고환암 발병률 증가, 발기부전 유병률의 전 세계적인 증가 전망이 포함된다. 여성 쪽에서는 유산율이 연간 약 1%씩 증가하고 있다. 우연의 일치일까? 아닌 것 같다.

° 쟁점에 질문하기

여러분이 이 모든 것에 회의적이라도 이는 지극히 당연한 일이다. 이전에 나도 그랬다. 훈련된 과학자이기 때문이든, 타고난 회의주의자이기 때문이든 상관없이, 나는 알버트 아인슈타인의 "권위에 대한 맹목적 믿음은 진리의 최대 적"이라는 주장의 확고한 신봉자였다. 그 격언은 환경호르몬, 물 오염, 약물을 포함하여 환경이 인간의 건강에 미치는 영향에 관한 내 모든 연구의 바탕이 되었다. 그리고 그것은 내가 다른 사람들의 연구를 해석할 때에도 마찬가지였다.

정체성이 생물학적 성에 맞지 않는다는 것이다. (제4장에서 이 문제에 관해 더 많이 읽게 될 것이다.)

그래서 1992년 〈영국 의학 저널〉이 전 세계 정자 수가 지난 50년 동안 크게 감소했다는 연구 결과를 발표했을 때, 그것은 내게 매우 충격적이었다. 나는 이 문제가 흥미롭다는 것을 알았지만 그 결과의 타당성에는 상당한 의구심을 품었다.

제1저자 엘리자베스 칼슨(Elisabeth Carlsen)의 이름을 딴 '칼슨 논문'을 읽고 또 읽었다. 이후 나는 방법론과 샘플 선택에 의문을 제기하는 회의론자들 중 한 명이 되었다. 나는 그 발견을 왜곡했을지도 모르는 많은 잠재적 편견들에 관해 생각했다. 물론 나 혼자만 그런 것은 아니었다. 많은 비평과 사설이 뒤따랐다.

그 연구 결과는 공중보건의 관점에서 너무 중요해 내 마음속에서 지울 수가 없었다. 당시 나는 식수 속 용매에 의한 선천적 결손증 및 유산 위험에 관한 연구로 바빴다. 그 특별한 연구 결과가 의심스러웠지만, 나는 특정 환경 화학물질이 정자 수를 감소시킬 수 있다는 것을 알고 있었기 때문에 그것을 조사하고 싶었다. 그것은 일종의 탐정 사건처럼 느껴졌다.

나는 1994년 국립과학원의 '환경 내 호르몬 활성제 위원회' 위원으로 임명되었다. 얼마 지나지 않아 그 위원회로부터 칼슨 논문의 결론이 타당한지 여부를 알려달라는 요청을 받았다. 6개월 동안 나는 그 논문에 관해 제기된 모든 비판들을 찾기 위해 문헌을 샅샅이 뒤졌다. 이후 그러한 비판을 다루기 위해 칼슨 팀이 분석에 포함시킨 61개의 연구를 검토하였다.

내가 추구한 구체적인 질문은 다음과 같다. 초기 연구에 후기 연구보다 더 건강하고 젊은 남자들이 포함되었는가? 후기 연구에는 진실을 왜곡할 정도로 흡연자나 비만인 남성이 더 많이 포함되었는가? 정자를 세는 방법이 50년 사이에 최근의 정자 수를 더 적게 만드는 방식으로 변했는가?

나는 이 미스터리의 진상 규명을 위해 기꺼이 나를 도와주려는 2명의 동료 로라 펜스터(Laura Fenster)와 에릭 엘킨(Eric Elkin)을 찾았다. 그 결과는 매우 놀라웠다. 6개월간의 데이터 고속 처리, 잠재적인 편견과 혼란 요인을 고려한 결과 우리의 전반적인 결론은 거의 정확하게 칼슨 팀의 결론과 일치했다. 우리는 다양한 연구에서 지리적 위치를 설명했기 때문에, 정자 수가 미국과 유럽에서 정말로 감소하고 있다는 것을 발견했다. 하지만 세계의 나머지 지역은 어떤가?

1997년 이 연구 결과를 발표한 후 나는 정자 수가 장소에 따라 서로 다른지 물어볼 필요성을 느꼈다. 왜냐하면 그것은 환경적 요인이 작용하고 있음을 의미할 수 있기 때문이다. 지난 20년 동안 나는 기본적으로 그 질문에 답하기 위해 노력했다. 정액의 질, 정자 수 감소, 그리고 관련 요인에 관해 더 많은 연구를 한 뒤 나는 그 답을 가지고 있다고 느낀다. 정자 수의 급격한 감소와 관련하여 나는 의심을 완전한 확신으로 바꾸었다. 또한 생활방식의 다양한 요소들과 환경 노출이 동시에 혹은 누적된 방식으로 작용하여 정자 수 감소를 부채질하는 것을 발견했다.

2017년 여름으로 빠르게 넘어가면서 동료인 하가이 레빈(Hagai Levine), 그리고 다른 5명의 헌신적인 연구원들과 함께 쓴 이 주제에 관한 내 최신 논문이 널리 퍼졌다.

동료들과 내가 메타 분석을 통해 보고한 뉴스는 이렇다. 1973년과 2011년 사이에 서구 국가의 무작위 추출 남성의 정자 농도(정액 1㎖당 정자 수)가 52% 이상 감소했다. 한편 총 정자 수는 59% 이상 감소했다. 우리는 38년 동안 수행된 185개 연구 결과(남성 4만 2,935명 포함)를 검토한 끝에 이런 결론을 내렸다. 확실히 하자면 이들은 출산 상태에 따라 선발한 것이 아닌, 일상의 평범한 남자들이다.

그 발견이 주로 서구 국가들과 관련이 있다는 점을 감안하면 이것은 제1세계의 문제처럼 들릴지 모르지만 그렇지 않다. 나는 임신 시작 연령이 어린 사회가 환경 화학물질과 생활 스트레스 요인들에 의한 출산 악영향 가능성이 더 작지 않을까 의심한다. 우리 메타 분석에는 남아메리카, 아시아, 아프리카 남성의 정자 수에 관한 데이터가 훨씬 적었다. 그러나 더 최근의 연구 보고서에 따르면 이들 지역에서도 마찬가지로 감소하고 있다.

° 개인적으로 수용하기

쉽게 말해서 이 모든 것은 무엇을 의미하는가? 사람들이 이런 출산의 위협에 관해 들으면 자신의 자아, 능력, 그리고 가족, 문화, 종으로서 자신을 유지할 수 있다는 자신감에 큰 타격을 받는다. 여러분이 가질 수 있는 아이들의 수가 조부모의 절반에 약간 못 미친다는 것을 깨닫는 것은 놀랍고 오싹한 일이다. 또한 세계 일부 지역에서 오늘날의

20대 여성이 그녀의 할머니가 35살이었던 때보다 출산 가능성이 더 작다는 사실도 충격적이다.

정자 수의 급격한 감소는 '탄광 속 카나리아' 시나리오의 한 예다. 즉, 정자 수 감소는 대자연이 내부고발자 역할을 수행하여, 인간이 인공 및 자연 세계에 초래한 은밀한 피해에 주목하게 만드는 것일 수 있다.

이 모든 것에 관한 세 번째 중요한 질문으로 나아가 보자. 이 문제에 관해 무엇을 할 수 있을까?

우리가 개인적 그리고 사회적 차원에서 건강을 유지하고 성 발달을 보호하기 위해 취할 수 있는 조치들이 있다. 하지만 우리가 제일 먼저 해야 할 일은 이런 문제들의 본질에 관해 더 많이 배우는 것이다. 과학계 밖에 있는 대부분의 사람들은 이 같은 불안한 경향을 전혀 모르고 있다. 나는 생식건강 문제의 환경적 원인 규명에 전념하는 연구자로서 그들이 관심을 갖게 만드는 것이 내 의무라고 느낀다.

그것이 우리의 생활방식을 통해서든 화학 오염물질을 통해서든, 우리 인간은 부주의하게 이 같은 문제들을 유발했다. 우리 자신을 보호하고 일상생활에 침투하는 화학물질을 억제하기 위해 사려 깊은 조치를 취하지 않는 한, 미래가 어떻게 될지 알 수 없다. 이제 우리의 생식 능력을 걸고 하는 러시안 룰렛은 그만둘 때가 되었다.

제 2장

허약해진 남성
좋은 정자는 다 어디로 갔나?

° 왜 정자 기증은 금요일에?

필라델피아 페어팩스 냉동은행은 월요일에 느리고 조용한 경향이 있다. 특히 금요일과 비교했을 때 확실히 그렇다. 금요일에는 18세에서 39세 사이의 남성들이 정자 기증을 위해 두 개의 개인용 방 중 한 곳에 연달아 예약되는 있는 경우가 많다. 저기 있다. 그 방에는 포르노에서처럼 '당신에게 필요할지도 모르는 것을 가지고 오세요.'라는 문구가 적혀 있다.

월요일이 그렇게 바쁘지 않은 데에는 한 가지 간단한 이유가 있다. 정자를 기증하는 남자들은 최적의 정자 샘플을 위해 72시간 동안 성행위를 금하라는 권고를 받기 때문이다. 즉, 금욕은 정자 샘플의 농도와 양에 영향을 미치지만, 주말에 그렇게 할 용의가 있는 남성들이 많지 않기 때문이다.

페어팩스 냉동은행의 실험실 책임자 겸 운영 책임자인 미셸 오티(Michelle Ottey) 박사는 "우리는 양질의 표본을 원한다. 대부분의 남성들은 약 72시간의 금욕으로 운동성 정자의 비율이 가장 좋아질 것"이라고 설명했다. "그들은 좋은 정자를 가지고 있을 때도 있고, 가지고 있지 않을 때도 있다. 금욕 시간에 관한 우리의 충고를 항상 잘 따르는 것은 아니다."

정자는 새 생명을 창조하는 데 중요한 역할을 하는 점을 고려할 때 항상 귀중한 상품이었다. 정자 수의 비교적 작은 변화조차도 남성의 불임 또는 생식능력 저하에 상당한 영향을 미친다. 그것은 단지 정자 수만의 문제가 아니다. 이 작은 수영선수들의 운동 패턴을 포함한 특정 자질 또한 그들이 꿈의 난자를 만나기 위해 상류로 움직이는 데 필수적이다.

남성은 초기 청소년기에 정자를 생산하기 시작한 이후 지속적으로 자신의 수영선수들에게 잠재적인 해를 끼칠 수 있다. 그 취약성은 평생 동안 유지된다. 정자는 두 고환의 대부분을 형성하는 정자 세관에서 만들어진다. 정자 생산은 사춘기 초기(소년은 10세에서 12세 사이)에 시작해 평생 계속되기 때문이다.

건강하고 생식력 있는 남성의 경우 고환은 하루에 2억~3억 개의 정자 세포를 만들고, 그 중 50%만이 생존 가능한 정자가 된다. 정자가 성숙하는 데는 약 65일 내지 75일이 걸리며, 정자 생산의 새로운 주기는 약 16일마다 시작된다. 정자가 성숙하면, 그들은 세관들을 떠나 부고환(고환에 붙어 있는 코일 모양의 관형 기관)으로 들어간다.

여기서 성숙한 정자는 '수영'을 배우고 움직임을 미세 조정한다. 성숙한 정자는 현미경 차원의 올챙이와 닮았다. 정자는 효소 코팅된 머리, 꼬리, 그리고 '끝 조각'이라고 불리는 꼬리의 더 얇은 부분을 가지고 있다. 일단 부고환 안에 들어가면 성숙한 정자는 여성의 질(또는 다른 곳)에 사정되기를 기다린다.

우디 앨런의 영화 〈당신이 섹스에 관해 항상 알고 싶어 했던 모든 것〉에서 묘사된 장면과 다르지 않다. 정자는 항공기에서 '낙하산' 준비를 하고 임무 완수를 위해 기다리는 모습이다. 평균적으로 남성은 1회 사정 시 2~6mℓ의 정액, 즉 티스푼 하나 분량을 방출한다. 여기에 1억 개나 되는 많은 정자가 들어 있다.

심지어 가장 건강하고 가장 잘 생긴 정자조차도 방향을 묻기 위해 멈추지 않는다. 비교적 작은 비율의 정자들이 손짓하는 난자를 향해 올바른 방향으로 헤엄칠 것이다. 남자가 사정하지 않으면 정자는 죽어서 몸에 다시 흡수된다. 정자는 빨리 살고 빨리 죽는 경향이 있다.

° 정자학 개론

정자 연구는 매우 이상한 방식으로 시작되었다.

1677년 네덜란드의 무역상이자 독학(獨學) 과학자 안토니 반 레벤후크(Antoni van Leeuwenhoek)는 현미경에 매료되어 있었다. 그는 아내와의 성관계 후 자신의 정액을 수거해 현미경으로 관찰했다. 그는 수백만 개의 작고 꿈틀거리는 형상들을 보았고 그것을 액체 속에서 헤엄치는 극미(極微)동물이라고 불렀다. 그는 각 정자에는 인간 축소판이 들어 있으며 암컷 난자에 의해 영양을 공급받은 후 어머니 안에서 펼쳐지고 발달한다고 믿었다.

그 이론은 오래 전에 명백하게 틀린 것으로 밝혀졌다. 그러나 반 레벤후크가 현미경으로 본 것은 오늘날 생식 가능한 남자의 정액 샘플을 확대하여 조사할 때 우리가 보는 것과 같다. 건강한 정자 세포는 DNA를 포함하는 어뢰 같은 머리, 에너지를 제공하는 미토콘드리아로 가득 찬 중간 부분, 그리고 정자를 앞으로 나아가게 하는 비교적 긴 꼬리로 구성되어 있다. 각각의 정자는 대략 0.05mm 또는 0.002인치 길이로 육안으로 볼 수 없을 정도로 작디작다.

과학계에서는 연구 프로토콜이 시간이 지남에 따라 바뀌는 경우가 흔하다. 그러나 정자를 세는 것은 세계보건기구가 승인한 방법이 1930년대 이후 별로 바뀌지 않았고, 아직도 혈구계를 사용한다. 혈구계는 1902년 프랑스 해부학자 루이-샤를 말라세(Louis-Charles Malassez)가 발명하여 원래 혈액세포를 세는 데 사용해 왔다. 장치는 움푹 들어간 직사각형의 두꺼운 유리 슬라이드로 구성되어 있다. 그것이 레이저로 새긴 수직선 격자가 있는 공간을 만든다.

정자은행이나 다른 실험실에서 남성의 정자 농도를 평가하기 위해, 한 방울의 정액을 슬라이드에 놓고 현미경으로 검사한다. 훈련된 전문가는 격자 패턴의 정액 안에 얼마나 많은 정자가 있는지 센다.

인간의 경우 정자 농도*의 정상 범위는 정액 1㎖당 1,500만에서 2억 개 이상을 이른다. 세계보건기구는 공식적으로 ㎖당 1,500만 개 미만의 농도를 '낮다'고 간주했다. 그러나 자주 언급되는 한 덴마크 연구에 따르면, 정자 농도가 ㎖당 4,000만 개 미만인 남성은 임신 가능성이 손상된 것으로 간주한다. (내 연구에 따르면 1973년 서구 국가의 평균 남성은 ㎖당 9,900만 개의 정자 농도를 가지고 있었다. 그러나 2011년까지 정자 농도가 ㎖당 4,710만 개로 급락했다. 우리는 곧 그 문제로 돌아갈 것이다.)

출산을 위해서는 정자의 수뿐 아니라 정자의 모양, 정자가 어떻게 움직이는가도 중요하다. 즉, 정자가 미수정란에 도달하여 침투할 수 있는 방식으로 수영할 수 있을까? 정자가 원을 그리며 헤엄치는 것(비진행 운동성이라고 불리는 것)은 좋지 않다. 그것은 자동차의 엔진 기어를 중립에 놓고 회전시키는 것과 같다. 그러면 여러분은 어디에도 갈 수 없다. 만약 정자가 전혀 움직이지 않고 대신 숙취 상태로 종일 소파에서 빈둥거린다면 그것도 문제가 된다. 왜냐하면 그런 부동성은 지속되는 경향이 있기 때문이다. 너무 느리게 움직이는 정자(초당 25㎛ 미만의 전진)도 그들의 표적에 도달하지 못할 것이다.

정상 또는 허용 가능한 운동성으로 간주되는 정자의 범위는 종마다

---

* 정자 수는 정자 농도와 총 정자 수를 모두 가리키는 가장 중요한 용어이다. 정자 농도는 ㎖당 수백만 개의 정자로 표현되는 반면, 총 정자 수는 사정(射精) 시료를 정자 농도의 배수로 측정하며 수백만 개의 정자로 표현된다.

상당히 다르다. 남자가 이 점에서 정상으로 간주되기 위해서는 총 정자의 50% 이상이 운동성이 있어야 한다. 반면에 번식을 위한 건전성 테스트에 합격하기 위해서는 종마는 60% 이상, 개는 70% 이상이 전진 운동성 정자를 가져야 한다.

현미경으로 정자의 질을 평가하는 데 사용되는 매개변수에는 농도(단위 부피 정액 내 정자의 밀도), 활력(살아있는 정자의 비율), 운동성(정자의 움직임 또는 수영 능력) 및 형태학(정자의 크기와 모양)이 포함된다. 이 측정 기준들은 모두 중요하다. 이런 요소들에 기초해 보면 인간의 정자는 양뿐 아니라 질에서도 저하되고 있다.

정자가 전혀 없는 무정자증*을 예외로 할 때 단일 정자 매개변수는 성공적으로 임신할 가능성과 관련이 있지만 그 어떤 것도 남성이 완전한 불임이 될 것이라고 예측할 수는 없다. 정자 농도, 운동성, 형태학 등 표준 '빅3'는 정액의 질과 생식력을 평가하는 데 일상적으로 사용된다.

여러 연구들에서 생식의학 임상의들이 남성 약 1,500명의 정액에서 이 '빅3'를 조사한 결과 절반이 약간 넘는 남성은 생식력이 있었고 절반보다 약간 적은 사람은 불임이었다. 세 가지 매개변수 모두 불임 남성을 식별하는 데 중요했다.

그러나 추가적인 효과도 있었다. 셋 중 어느 한 가지 측정치가 불임

---

* 무정자증은 고환이 정자를 전혀 생산하지 못하거나, 표준정액분석에서 발견할 수 있을 만큼 충분히 생산하지 못할 때 발생할 수 있다. 또 정자를 생산하지만 방해물로 인해 배출할 수 없는 경우에도 발생할 수 있다.

범위 내에 있는 남성은 모두가 정상 수치인 남성보다 불임 가능성이 약 2배 높았다. 어느 두 가지가 불임 범위 내에 있는 남성은 불임 가능성이 6배 더 높았다. 세 가지 모두가 불임 범위 내에 떨어졌을 때 불임 가능성은 16배 더 높았다.

° 정자은행의 확산

남성이 정자은행에 기증할 때, 그의 정자는 특정 기준을 충족해야 한다. 그 중 하나만이 정자 수와 관련이 있다. 물론 임신 가능한 정자를 대량으로 수집하는 전문성을 가진 정자은행들은 다른 기준들에서 점점 더 많은 도전에 직면해 있다.

2016년에 발표된 한 연구에는 약 500명에게서 채집한 9,425개의 정액 표본이 포함되어 있다. 연구진은 보스턴 지역에서 대학에 다니거나 직전에 대학을 졸업한 젊은 성인 남성들에게서 2003년과 2013년 사이에 정자 농도, 운동성, 총 수의 현저한 감소를 발견했다. 2003년에는 정자 기증 희망자의 69%가 통과한 반면 2013년에는 44%만이 통과했다. 최근 집단이 음주, 흡연, 과체중을 줄이고 꾸준히 더 많이 운동하는 등 생활방식 변수를 개선했음에도 불구하고 그 결과는 사실이었다.

마찬가지로 연구자들은 미국 전역에서 잠재적 정자 기증자인 19세에서 38세 사이의 남성으로부터 10만 개 정액 표본을 조사했다. 그 결과 2007년과 2017년 사이에 총 정자 수, 정자 농도, 운동성 정자의 감소를 발견했다.

이런 감소 경향은 다른 국가에서도 발생하고 있다. 예를 들어 중국에서는 후난성 인간 정자은행에 정자 기증자로 지원한 청년들 가운데 자격을 갖춘 기증자의 비율이 2001년 56%에서 2015년 18%로 3분의 2가 감소했다. 어떤 기준에서 봐도 요즘 정자는 잘 나가지 못하고 있다. 그럼에도 대부분의 남성은 이런 사실을 깨닫지 못한다.

페어팩스 냉동은행은 최근 수년간 기증자 모집 노력을 확대한 덕분에 정자 기증자가 증가하였다. 반면에 새로 기증된 정자 샘플들의 정자 수와 운동성은 떨어졌다. 기증된 정자를 자궁내정자주입술(IUI)이나 체외수정(IVF)에 사용하려면 종종 원심력을 수반하는 세척 과정을 거쳐야 한다.

이 과정은 난자와의 거창한 데이트를 위해 정자를 반짝반짝 광택내는 것이 아니라, 정액에서 화학물질, 점액, 수영 못하는 정자를 제거하고 정자를 정액으로부터 분리하는 것이다. 이 같은 세척을 거쳐 정자를 병에 넣는다.

"내가 2006년 여기서 일하기 시작한 후로 정자 표본당 얻을 수 있는 병의 수가 감소했다. 약 절반으로." 오티(Ottey) 박사의 말이다. 대부분의 정자 표본은 나중에 사용하기 위해 냉동하기 때문에 이것은 특히 중요하다. "정자 표본들은 말 그대로 제 시간에 냉동된다." 그리고 샘플에서 수집되어 냉동되는, 건강하고 운동성 있는 정자 세포의 약 50%는 냉동·해동 과정에서 살아남지 못할 것이다.

하지만 세계 일부 지역에서는 고품질 정자의 공급이 감소하는 반면 건강하고 생식 가능한 정자에 대한 수요는 증가했다. 비정상적이고 부적절한 정자의 양적 증가율이 한몫 하고 있다. 다른 큰 동인(動因)은 다른 인구통계학적 그룹의 요청이 증가한 것이다. 특히 더 많은 미혼 여성과 동성 커플이 자녀 갖기를 원하고 있으며 목표를 달성하기 위해 고품질의 정자를 필요로 한다. 예비 부모들은 친구나 가족 구성원(흔히 알려진 기증자라고 불린다)의 정자를 사용할 수 있고, 일부는 그렇게 한다. 그러나 분명한 이유로 이 일은 감정적으로 혼란스러울 수 있다.

다른 선택은 정자은행이나 불임클리닉을 통해 엄격하게 선별된 낯선 사람(익명의 기증자)의 정자를 사용하는 것이다. 실제로 그런 수요가 가장 크다. 2018년 세계 정자은행의 시장 규모는 43억 3,000만 달러로 2025년까지 54억 5,000만 달러에 이를 것으로 추정된다. 널리 알려진 추정치는 미국에서만 매년 3만에서 6만 명의 아이들이 정자 기증을 통해 잉태된다는 것이다.

° 불임의 책임 공방

왜 이런 정자의 공급과 수요가 중요한가? 왜냐하면, 헤드라인을 장식하는 파멸의 날 시나리오를 넘어, 불임 문제를 다루는 심리적, 의학적 부담이 너무 자주 여성에게 가중되기 때문이다. 임신을 위해서는 건강한 난자뿐만 아니라 생식 가능한 정자를 필요로 한다는 점에서 이는 근본적으로 옳지 않다. 불임 문제의 높은 비율이 더 명백히 남성

책임이라는 점에서 이는 특히 잘못된 것이다.

최근에야 과학자들과 의료 전문가들은 출산이 남녀 간의 상호작용뿐 아니라 남녀 모두의 건강과 환경에 의존하는 정도가 크다는 점을 알고 감사하기 시작했다. 역사적으로 출산은 오직 여성에게만 적용되는 개념이었다. 한 가지 이유는 인구통계학자들이 전통적으로 출산율을 가임기 여성의 평균 출산 수로 정의했기 때문이다

가임기 여성이 나이가 들수록 소중한 난자를 잃는다는 것은 널리 알려진 사실이다. 그 결과 언론 등은 여성의 생물학적 시계의 걱정스러운 똑딱거림을 끊임없이 상기시켰다. 특정 생활습관이 출산율에 미칠 수 있는 영향도 마찬가지다. 많은 여성들이 이런 현실을 인식하고 있다. 어떤 여성들은 특정 나이까지 아기를 낳아야 한다는 중압감을 느낀다. 그렇다면 남자는? 별로 그렇지 않다.

최근 수십 년 동안 세상은 불임과 관련하여 이전에 믿었던 것보다 훨씬 더 많은 책임이 남성에게 있다는 사실을 점점 더 인식하게 되었다. 이에 따라 적어도 과학계에서는 관점에 중요한 변화가 있었다. 남성 생식 문제는 현재 불임 사례의 약 4분의 1 내지 3분의 1의 원인으로 생각되는데 이는 여성이 차지하는 비율과 비슷하다.

나머지 불임의 경우는 남녀의 요인이 결합하여 발생한다. 이 경우 아마도 여성은 생식능력 저하일 것이다(예를 들어 불규칙한 배란 패턴 때문). 그리고 그녀의 남성 파트너도 약간 불임이다(정자 운동성 감소로 인해). 그래서 그들은 임신에 어려움을 겪는다. 하지만 만약 그들 중 어느 한쪽이 믿을 수 없을 정도의 강한 생식력을 가지고 있다면

(어떤 사람들은 정말 그렇다), 임신은 그렇게 어려운 일이 아닐 것이다.

° 임신의 문맹 격차

이런 현실에도 불구하고 대부분의 남성은 정자의 질이 성공적인 임신에 영향을 미칠 수 있다는 사실을 알지 못한다. 남성은 정액을 많이 사정하면 성공 가능성이 높다고 생각하는데, 꼭 그런 것만도 아니다. 2016년 캐나다의 한 연구에 따르면 시험에 참여한 남성 701명 중 대부분은 적어도 남성 생식과 출산에 관해 어느 정도 알고 있다고 생각했다. 하지만 많은 사람들이 남성 불임과 관련된 위험요소들(비만, 당뇨병, 음주, 높은 콜레스테롤 등)을 인식하지 못했다.

일반적으로 남성은 자신의 생각에 아무런 문제가 없다는 태도를 취한다. 단순하게도 그들은 자녀를 갖고 싶다면 파트너를 쉽게 임신시킬 수 있다고 가정한다. 하지만 현대 세계에서는 항상 그렇지는 않다.

예를 들어 여전히 신체적으로 건강한 전직 멀티스포츠 대학 운동선수 메건(Megan)과 제임스(James) 커플을 생각해보라. 그들은 가정을 꾸릴 준비가 되었을 때 임신은 식은 죽 먹기라고 믿었다. 현실은 그렇지 않았다. 34살의 영양 컨설턴트 메건과 32살의 은행가 제임스는 1년 동안 임신을 시도했지만 성공하지 못했다.

그 때 둘 다 메건의 상태에 의문을 품기 시작했다. 그래서 메건은 산부인과에서 많은 신체검사와 혈액검사를 받았다. 그 결과는 모든 것이 문제없다는 것이었다. 이어 제임스가 종합검사를 위해 비뇨기과에

갔을 때, 정자 수와 운동성 비율이 약간 모자라고 사정(射精) 통로가 좁다는 것을 발견했다. 제임스는 그 결과에 한 방 먹은 느낌이었다. 특히 자신을 언제나 가장 건강하고 기운이 넘치는 남자로 생각했기 때문이었다.

비뇨기과 의사는 제임스에게 생활습관에 관해 질문했고 그 습관은 오염되지 않은 것이었다. 그는 제임스가 일주일에 네다섯 번 스쿼시나 운동을 하고 뜨거운 욕조나 증기실에서 휴식을 취한다는 것을 알게 되었다. 비뇨기과 의사는 심한 열이 정자에 독성이 있는 것으로 알려져 있기 때문에 이런 뜨거운 환경을 피하라고 충고했다.

수 주간 이 뜨거운 곳을 피한 후 제임스 커플은 자연스럽게 임신했다. 당연히 그들은 감격했지만 제임스는 당황했다. 어떻게 이런 정자의 흐름 문제를 몇 년 동안 알지 못했을까? 왜 아무도 그에게 열에 자주 노출되면 정자에 해를 끼칠 수 있다고 말하지 않았을까? "여자들은 아기를 낳기 위해 몸을 준비하는 방법에 관한 많은 정보를 받는다. 왜 남자는 그렇지 못한가?"라고 제임스는 질문했다.

제임스가 발견한 대로, 남자가 아기를 가지려고 하기 전까지는 정자나 그 운반 시스템에 문제가 있다는 것을 전혀 알지 못하는 일은 드물지 않다. 40살의 다니엘과 35살인 그의 아내 로라는 1년간 임신을 위해 노력했지만 소용이 없었다. 두 사람 모두 검사를 받은 뒤 다니엘은 정자가 비정상적인 모양이었기 때문에 불임 진단을 받았다. 구성 요소를 다 갖춘 정자가 드물었던 것이다. 이것은 적어도 부분적으로 정자 수를 줄이고 정자의 질을 하락시킬 수 있는 음낭 정맥류(음낭의 정맥이 비정상적으로 확대된 상태)* 가 원인이었다.

"의사가 아마 내 아이를 가질 수 없을 것이라고 말했을 때, 나는 망연자실했다." 변호사 다니엘은 회상한다. "그렇게 된 이유를, 어떻게 이런 상태를 가질 수 있었는지 아직도 알 수가 없다." 하지만 그는 희망을 포기하지 않고 음낭 정맥류를 치료하는 시술을 받았다. 그 결과 이후 6개월 동안 정액과 정자의 질이 향상되었다. 지금 그 부부는 4살 된 쌍둥이를 키우고 있다.

° 빈털터리가 되다

서구 국가들에서 정자 수 감소와 정자 품질의 측정치를 감안할 때, 불임 사례에서 남성의 몫이 증가하는 것 같다.

뉴저지와 스페인의 불임센터에서 치료받고 있는 환자들을 대상으로 한 최근 연구에 따르면, 총 운동성 정자 수가 ㎖당 1,500만 개 이상인 남성의 비율이 2002년과 2017년 사이에 약 10% 감소한 것으로 나타났다. 이는 '생식능력 저하 남성'들 사이에서도 정자 수가 현저하게 감소했음을 시사한다. 설상가상으로 이 결과는 생식능력 저하 남성의 생식력이 훨씬 더 저하될 수 있음을 암시한다.

덴마크 연구자이자 임상의사인 닐스 스카케백(Niels Skakkebaek)에 따르

---

* 10대 소년 130만 명 이상을 대상으로 한 이스라엘의 연구에 따르면 음낭 정맥류의 발생률은 1967년과 2010년 사이에 두 배 이상 커졌다. 그 이유는 아직 밝혀지지 않았다.

면, 모든 체외수정 과정에서 살아 있는 정자를 인간 난자에 직접 주입하는 세포질내정자주입술(ICSI) 시술의 비율이 많은 나라에서 증가하고 있다. 이것은 남성 요인에 의한 불임이 증가하고 있다는 의미일 수 있다.

1991년 이후 사용 가능해진 ICSI의 시술은 1996년부터 2012년까지 미국의 새 체외수정 치료에서 두 배 이상 증가했다. ICSI가 제공한 주요 선물 중 하나는 남성 요인에 의한 불임을 음지에서 양지로 끌어내 그것을 '남성성의 문제'가 아닌 의학적 문제로 취급하게 했다는 것이다.

한편 출산과 양립할 수 있는 가장 낮은 정자 농도(한 남자와 그의 파트너가 임신하는 데 채 1년이 걸리지 않는 정자 농도)에 관한 세계보건기구의 기준치는 지난 30년 동안 감소했다. 임상의들은 남성에게 완전한 불임 검사를 받게 할지 여부를 결정할 때 이 수치를 기준으로 사용하는 경향이 있다. 요점은 무엇이 '충분히 좋은' 정자 농도인지에 관한 우리의 기준치가 실제로 낮아졌다는 것이다.

예전에는 4,000만 개/㎖이었고, 1980년에는 WHO에 의해 2,000만 개/㎖, 2010년에는 1,500만 개/㎖로 낮아졌다. 비교를 위해 1940년대에는 6,000만 개/㎖가 적절한 정자 수로 간주되었다.

이러한 변화는 의도하지 않은 결과를 초래할 수 있다. 이 낮은 기준치는 불임클리닉의 부담을 덜어주고, 이전 기준에 비해 상대적으로 낮은 정자 농도를 가진 남성을 기분 좋게 만들 수 있다. 하지만 생식력의 관점에서는 그들에게 어떤 호의도 베풀지 않는다. 만약 남성이 정자 농도가 괜찮다는 얘기를 들으면 나이가 더 들 때까지 기다렸다가 여성 파트너를 임신시키려고 할 가능성이 크다.

그러나 나이가 들수록 임신은 더 어려워질 수 있다.* 널리 인정되지는 않지만, 여성만이 연령과 관련하여 출산율 감소를 겪는 것은 아니다. 몇 가지 정자 매개변수도 나이 듦에 따라 쇠퇴한다. 가장 두드러진 변화는 정자 부피 감소, 운동성의 감소, DNA 분절화의 증가, 정자 내 비정상적인 유전물질의 존재 등이다. 기본적으로 남성도 나이 듦에 따라 정자의 질과 양이 떨어지는 등 모든 면에서 생식이 어려워진다.

최근 수년간 WHO는 정자 운동성, 부피, 활력 및 형태학에 대한 기준치를 비슷한 정도로 줄였다. 이 모든 요인은 출산과 관련이 있다. 정자 수가 적으면 수영을 잘하지 못하거나 비정상적인 모양의 정자를 가질 가능성이 더 크다. 이 점을 명심하라. 아무리 좋은 시나리오라도, 1회 사정당 정자 수가 수천만 개인 건강한 성인 남성이라도, 아마도 100만 개 중 한 개만이 난자와 연결하는 데 성공할 것이다.

그럼에도 불구하고 정자의 양 또는 질의 소폭 하락에 의해서도 임신 가능성은 잠재적으로 감소한다. 영화 〈몬티 파이튼의 삶의 의미〉 중 나온 노래 〈모든 정자는 신성하다〉가 외쳤듯이 "모든 정자는 신성해. 모든 정자는 위대해….".

---

* 남성의 생식 기능도 나이가 들수록 출산율을 저해하는 방식으로 떨어진다. 남성은 나이가 들면서 테스토스테론 수치와 정자 수의 감소, 더 잦은 발기 및 사정 부전을 자연스럽게 경험하게 된다. 이 모든 것은 남성이 임신과 관련하여 자신의 역할을 다하는 데 더 큰 어려움을 초래할 수 있다.

° 불행한 사건의 덩어리

남성 불임에는 잘 인식되지 않는 숨겨진 플레이어가 있다. 낮은 테스토스테론.

미국과 유럽 여러 국가들의 연구에 따르면, 이전에 언급했듯이 테스토스테론 수치는 1982년 이후 매년 1%씩 감소하고 있다. 남성 불임 방정식에서도 이 점은 합당하다. 적절한 테스토스테론은 건강한 정자를 생산하는 데 필요하고, 정자 수를 낮출 수 있는 많은 요소들 역시 남성호르몬 수치에도 영향을 줄 수 있기 때문이다. 그것들은 혼란의 공통적 원천이다.

이런 테스토스테론 감소를 감안할 때, 지난 10년 사이에 테스토스테론 대체요법의 사용이 18세에서 45세 사이의 남성 사이에게서 4배, 나이든 남성 사이에서 3배 증가한 것은 놀라운 일이 아니다. 결국 많은 남성들은 낮은 테스토스테론 수치가 근육 손실, 복부 지방 증가, 약화된 뼈, 그리고 남성이 필사적으로 피하고 싶은 기억력, 기분, 에너지 문제 등의 해결을 위한 발판을 마련할 수 있을 것이라고 알고 있다.

그러나 낮은 테스토스테론이 종종 적은 정자 수와 관련이 있다는 사실을 깨닫지 못한다. 여기에 놀랍고 직관에 반하는 삶의 진실이 있다. 테스토스테론 대체요법은 그 자체의 단점과 함께 온다. 더 감소된 정자 수!

이런 일이 어떻게 일어나는지 보자. 남자가 테스토스테론 패치를 부착하거나 테스토스테론 젤을 바르면 호르몬이 혈류로 들어가 테스토스테론 수치가 올라간다. 지금까지는 좋은 것 같다. 그렇지?

그러나 그의 뇌는 이 상승을 테스토스테론이 많다는 신호로 해석하기 때문에 자체 테스토스테론을 더 이상 생산하지 말라는 신호를 고환에 보낸다. 이것은 결국 정자 생산의 감소를 초래한다. 그 결과 테스토스테론이 낮고 정자 품질이 낮은 남성들은 테스토스테론 치료를 받은 뒤 심지어 더 낮은 정자 품질로 끝나는 악순환으로 이어질 수 있다. 실제로 테스토스테론 대체요법은 산아(産兒) 제한 방법으로 연구되어 왔다. 왜냐하면 남성의 90%에서 정자 수를 0으로 떨어뜨릴 수 있기 때문이다.

° 나쁜 습관이 누적되면 무엇인들?

오랫동안 나이든 남자의 고통으로 여겨져 온 문제로 고심하는 젊은 남성의 수가 늘고 있다. 발기부전.

믿거나 말거나, 어느 정도의 발기부전을 가진 남성의 26%는 현재 40세 미만이다. 발기부전 때문에 처음으로 도움을 구하는 약 800명의 남성들을 평가한 한 연구에서, 연구원들은 이 일을 감당하지 못해 치료를 받으려고 했던 남성의 평균 연령이 2005년에서 2017년 사이에 7살 감소한 사실을 발견했다.

흡연, 과음, 약물 사용, 불안의 증가 등 건강하지 않은 생활방식 요인 때문이든 또는 포르노 소비의 증가(과잉 자극으로 인해 도파민 비축량을 고갈시킬 수 있다) 때문이든 간에, 결과는 동일할 수 있다. 실제 섹스 중 발기를 유발하거나 유지하는 데 문제를 일으킬 수 있다.

또 예비 증거는 우물의 비소뿐 아니라 살충제 및 용매 같은 특정 환경물질에 노출되면 발기 기능이 손상될 수 있음을 시사한다. 현대 세계의 성적 위험 목록에 이것들을 추가하라!

° 힘든 진실, 고통스러운 감정

정자의 감소는 남성과 커플 모두에게 엄청난 위협을 준다. 이런 사실에도 불구하고, 남녀 모두 이런 사실을 알고 있을 때에도, 종종 이런 현실을 수용하기를 꺼린다. 다시 말해 어떤 문제의 존재를 아는 것과 그것을 기꺼이 받아들이는 것 사이에는 종종 단절이 있다.

예를 들어 연구에 따르면, 많은 나라들에서 "남성 불임은 수치스러운 낙인이 찍힌 숨겨진 문제로 남아 있고 부적절한 감정으로 가득 차 있다. '씨 없는 수박'처럼 종종 경멸적으로 언급되며 거세(去勢)의 감정으로 귀결된다."라고 예일대 인류학 및 국제문제 교수 마르시아 C. 인혼(Marcia C. Inhorn) 박사는 지적한다.

역사적으로 남자의 정력은 남성다움 감정의 핵심으로 여겨져 왔기 때문에 이는 전혀 놀라운 일이 아니다. 그러나 "많은 사람들은 남성 불임이 남성 발기부전과는 다른 것이라는 것을 전혀 알지 못한다."라고 그녀는 덧붙였다.

인혼 박사는 30년 동안 중동에서 남성 불임에 관한 연구를 수행했다. 이 지역에서 특정 유전적 정자 결함과 남성 불임 문제는 흔하며 종종 유전된다. 그러나 남편이 불임이라는 사실이 밝혀지더라도 여성이 불임의 원인으로 지목되는 경우가 많다. 여성은 때로는 남편의 불임을 자신의 문제라고 주장함으로써 남편의 체면을 세우려 한다고 인혼 박사는 지적한다. "그것은 흔히 사랑의 발로이다. 그녀들은 남자 파트너가 경멸 받는 걸 원치 않기 때문에 그렇게 한다."

물론 남성은 자신이 생각했던 것만큼 정력적이지 않다는 현실을 받아들이기 어려운 경우가 많다. 심지어 그 증거를 제시하는 경우에도 그렇다. 한 연구에서 영국의 연구원들은 불임을 겪는 남성들에게 그들의 경험에 관한 생각과 감정을 공유해 줄 것을 요청했다. 모든 이들은 생식 욕구를 '당연한 기대'와 '인간이 되는 것의 일부분'으로 규정하고 있었다. 따라서 생식 문제에 관한 도움을 구하는 것만으로도 '약함'의 표시로 간주되어 수치심과 당혹감을 안겨주었다.

불임, 생식능력 저하 또는 정자 결함 진단을 받은 남자들은 이런 말들을 했다. "나는 마치 남자가 아닌 것처럼 느껴진다. 생물학적인 일은 할 수 없다." "남자가 되는 것은 아이를 낳을 수 있다는 것이다…그들이 나는 할 수 없고, 내 정액이 좋지 않다고 말할 때, 그것은 마치…내 남성다움의 일부를 제거하는 것이다." "그것은 내 잘못이고 내 문제라는 걸 나는 안다. 내 파트너가 다른 사람과 아이를 가질 수도 있다…그녀는 선택권을 가지고 있다. 하지만 내겐 그런 선택권이 없다."

의료사회사업가 샤론 코빙턴(Sharon Covington)은 생식 정신건강 분야에서 35년을 보냈으며 워싱턴DC 지역의 개인과 부부에게 전문적인 출산 상담을 해 왔다. 책 〈출산 상담(Fertility Counseling)〉의 편집자인 코빙턴은 미국 전역 32개의 센터가 있는, 미국서 가장 큰 불임 치료 기관인 SGF의 심리 지원 서비스 담당 이사이며, 불임으로 정서적 스트레스를 겪는 남녀를 일상적으로 상담한다.

이런 종류의 뉴스는 남녀 모두 받아들이기 어렵지만, "남자가 정자 수가 적거나 다른 남성 불임 문제가 있다는 것을 알게 되면 그것은 진정한 충격으로 다가온다."라고 코빙턴은 말한다. 이런 충격은 부분적으로는 남성들이 생식 기능 확인이나 출산 전 검사를 위한 정기 건강 검진을 받지 않기 때문이다. 그들은 오직 자기 여성 파트너가 임신에 문제가 있을 때에만 자신에게 불임 문제가 있을지 모른다는 것을 깨닫는다.[*]

종종 불임 문제에 직면한 여성들은 즉각적인 지원을 구하는 반면, 남성들은 실망스러운 소식을 혼자 간직할 가능성이 높다. 코빙턴은 "남자들 사이에서 그 문제는 라커룸에서 공유하거나 맥주를 마시며 친구와 함께 나누는 그런 종류의 것이 아니다. 매우 사적인, 고립된 경험이다."라고 말한다. 자신의 불임에 대한 폐쇄성은 남성이 우울증상을 경험하는 위험 요인이며, 이는 놀랄 일이 아니다. 또 한 연구에서 밝혀진 바와 같이, 불임 문제를 가진 남성들이 그렇지 않은 남성들에 비해 훨씬 질 낮은 성생활을 하는 것도 피할 수 없다.

몬트리올의 연구자들이 불임 문제를 가진 남성들을 위한 온라인 토

---

[*] 러트거스(Rutgers) 대학교의 정치학 교수인 신시아 다니엘스(Cynthia Daniels) 박사는 책 〈남성 노출(Exposing Men)〉에서 "정치적으로 남성 강인함의 신화를 강화할 필요성 때문에 남성 생식건강에 관한 의문을 제기하는 데에 관심이 부족해졌다."라고 지적했다. 이것이 남성의 원대한 계획에 심각한 해를 끼치는 것은 명확하다.

론 게시판의 내용을 조사했을 때, 게시자들이 감정적, 정보적인 지원을 포함한 다양한 종류의 사회적 지원을 이 게시판에서 주고받는 것을 발견했다. 아이가 없는 것이 남성 불임 때문이었을 때 남성들은 "나는 정말 실망했고, 내 아내가 나에게 책임을 물을 것 같은 느낌이 든다."라고 썼다. 한 남성은 "내가 가장 싫어하는 것은 사람들이 내게 말을 걸 때 나를 어떻게 생각하는지에 관한 피할 수 없는 생각이다. 불쌍해?… 테이블을 뒤집으면 그 사람들과 같은 기분이 들 것이라는 걸 알기 때문에 너무 갈등이 심하다."

° 기다리기 게임의 위험성

남성 불임과 관련된 문제가 복잡하게 증가하고 있다. 그럼에도 서구 국가들의 많은 커플들은 30대가 될 때까지 가정을 꾸리지 않고 기다린다. 따라서 체외수정 등 보조생식기술(ART)에 의존해야 할 때까지, 그들 중 한 명 또는 두 명 모두 불임 문제가 있다는 사실을 발견하지 못할 수도 있다.

생식능력이 저하된 남성의 정자 생산을 개선하는 치료법은 없다. 효과적인 유일한 선택은 부부가 ART를 받는 것이다. 그런데 이 방법은 비용이 많이 들 뿐 아니라 여성의 몸에 침습적이다.* 충격 받을 준

---

* 〈프로스펙트(Prospect)〉 잡지의 2018년 기사에서 제안했듯이, '기술적' 해결책이 곧 나올지도 모른다. "고환에서 생존 가능한 정자를 생산할 수 없는 완전한 불임 남성의 경우에도 자신의 생물학적 아이를 가질 수 있는 날이 올지도 모른다. 교토대 생물학자들은 2016년 성인 쥐의 피부 세포에서 인공 정자를 재프로그래밍해 만들었다고 보고했다."

비가 됐는가? 남성 불임은 남성 파트너의 문제로 인해 여성이 고통스러운 시술 과정을 겪어야 하는 유일한 의학적 상황이다.

또 다른 잠재적 결함이 있다. 한 설득력 있는 연구기관은 남성이 나이가 들수록, 특히 40대 말에, 그들의 정자가 돌연변이에 더 취약하다는 것을 보여주었다. 이것은 그들의 아이들이 자폐증, 정신분열증, 다운증후군 같은 장애를 가지고 태어날 위험을 증가시킬 수 있다.

남성의 나이는 여성 파트너의 유산 위험에도 영향을 미칠 수 있다. 연구에 따르면 40세 이상 남성은 30세 이하 남성과 비교할 때 그들의 파트너가 유산할 위험이 60% 증가했다고 한다. 1차 임신 손실 위험은 더 커 보이는데, 이것은 염색체 이상일 가능성이 크다. 그렇다. 파트너의 정자에 결함이 있을 경우 임신한 여자는 유산할 가능성이 더 크다. 그러나 파트너는 이런 사실을 깨닫지도 못할 것이다.

안타깝지만 임신의 성공·유지와 관련하여 정자의 노화 문제에는 쉬운 해결책이 없다. 보조생식기술은 가까운 것처럼 보일지 모르지만 만병통치약이 아니다.*

최근 수 년 동안 정자 수 감소에 대한 두려움, 그리고 남성 불임 요인에 대한 예방적 검사 부족에 대한 우려 때문에, 남성이 집에서 비밀리에 자신의 정자 샘플을 채취한 후 특별한 회전 장치에 넣고 정자 수를 읽는 몇 가지 가정용 정자 검사법이 개발되었다.

하지만 이들 정자 수 검사법은 개발된 지 얼마 안 돼 정확성과 신뢰

---

* 우선 ART, 특히 세포질내정자주입술(ICSI)을 통해 잉태된 아이들은 자폐스펙트럼장애와 지적 장애의 위험이 더 높다.

성이 아직 확실하지 않다. 또 운동성이나 형태학 같은 다른 요소는 평가하지 못한다. 반면 '레거시(Legacy)' 같은 정자 냉동은행 서비스는 젊은 남성들이 장래에 아이를 낳고 싶을 때를 대비해 건강한 정자를 냉동은행에 맡기는 것을 가능하게 한다. 여성에게 난자 냉동 서비스를 하는 것과 같은 방식이다.

대중의 인식과는 달리, 출산 문제는 여성에게 국한된 것이 아니라 남녀 간 동등한 기회의 문제다. 그리고 현대 세계에서 일어나고 있는 정자 수와 질의 하락은 문제 해결에 도움이 되지 않는다. 탱고나 폭스트롯을 추려면 두 사람이 필요하듯이, 임신과 건강한 자손을 낳는 것도 마찬가지이다. 남성이 자신의 생물학적 시계가 똑딱거리는 소리를 듣지 못한다고 해서 시간이 가지 않는 것은 아니다. 이것이 차이점이다.

제 3장

탱고에는 두 사람이 필요하다

여성 편에서 본 이야기

° 생식의 실수들

1985년 마거릿 애트우드(Margaret Atwood)의 소설 〈시녀 이야기(The Handmaid's Tale)〉가 처음 출간되었다. 당시 사람들은 여성주의자에게 악몽인 삶을 사는 여성들에 관한 불편한 묘사에 주로 반응했다. 소설 속 여성들은 엄격한 가부장적, 사회적 통제 하에 있고 직업이나 돈을 갖는 것이 금지되어 있다. 정숙하고 아이가 없는 아내에서부터 가정부, 출산용 시녀에 이르기까지 여성들은 다양한 계층에 배정되어 있다.

출산용 시녀는 자신이 거주하는 집의 가장(家長)의 아이를 낳아 '도덕적으로 건강한' 그의 아내에게 넘겨주는 것이 목적이다. 당시에 아무도 출산율의 재앙적 감소에 관한 묘사가 공기와 물속의 독성 화학물질과 관련이 있다고 생각지 않았다. 어쨌거나 그 일은 작가의 특권인 것처럼 보였다. 그러나 이제 그 소설과 거기서 나온 시리즈물은 불안할 정도로 예언적인 것으로 보인다.

서구 국가에서 정자 수와 출산율은 급격히 감소했다. 〈시녀 이야기〉에서 묘사된 시나리오의 '상호 합의' 버전인 임신대리모의 비율은 1999년에서 2013년 사이 매년 약 1%씩 꾸준히 증가했다. 이런 추세는 출산율의 침체를 반영한다. 또 정자 수의 급격한 감소는 세계 여러 곳에서 볼 수 있는 출산 부진의 중요한 요인이다. 아울러 여성의 생식기능에도 변화가 일어나고 있다. 그 중 많은 것들이 남성에게 영향을 미치는 것과 동일한 생활방식 및 환경적 원인과 관련이 있다.

지금까지 내가 언급한 몇몇 사실들은 큰 그림을 설명하기 위한 것이다. 1960년에서 2015년 사이에 전 세계 출산율이 50% 감소했다. 일부 국가에서는 감소세가 더욱 가팔랐다. 예를 들어 1901년과 2014년 사이에 덴마크의 합계출산율은 여성 1인당 4.1명에서 1.8명으로 떨어졌다. 언뜻 보기에 이러한 감소는 여성이 더 늦은 나이에 첫 임신을 선택하고 부부가 더 적은 가족을 원하는 등 사회적 경향에서 기인한다고 치부하기 쉽다. 그런 것들이 변화에 영향을 미친 것은 의심의 여지가 없다.

하지만 그렇게 간단하지는 않다. 같은 기간 동안 모든 연령대에서 출산율이 감소했기 때문이다. 놀랍게도 임신하여 출산하는 능력의 감소, 즉 '출산력 저하'가 실제로 젊은 여성들에게서 더 극적이었다.*

더 충격적인 사실이 있다. 20세기 첫 10년 동안 덴마크의 30세 이상 여성은 1949년에서 2014년 사이 30세 미만 여성보다 출산율이 높았다. 달리 보면, 오늘날 덴마크의 평균 20대 여성은 할머니가 35세였던 때보다 출산력이 떨어진다. 이러면 안 돼!

암울한 상황은 미국도 마찬가지다. 1960년에서 2016년 사이 여성 1인당 합계출산율이 50% 이상 감소했다. 이 아기 부족이 얼마만큼 경제적, 교육적, 사회적 또는 환경적 요인에서 비롯된 것인지는 분명하지 않다. 그러나 이 정도는 부인할 수 없다. 2017년 미국 여성의 총 출산율은 시간이 지남에 따라 인구의 현상 유지에 필요한 것보다 16%나 낮다.

그것은 걱정거리가 분명하다. 이 점은 2017년에 사실이었고 COVID-19 시대에도 여전히 사실이다. 윌리엄 셰익스피어의 구절을 빌리자면, 이러한 경향은 덴마크, 미국 그리고 다른 국가에서 무언가가 썩었다(또는 적어도 골칫거리가 되었다)는 것을 암시한다.

실제로 난소예비력 감소(DOR 생물학적 연령에 비해 난자의 수와 질이 예상보다 낮은 상태)가 이전 세대보다 더 자주 발생하고 유산(임신 후 20주 이전의 임신 손실) 위험이 모든 연령대에서 증가했다는 강력한 증거가 있다.

최근 여성의 출산력 문제가 증가한 것은 남성만큼 극적이지 않을

---

* 나와 동료는 1982년부터 1995년까지 여성 연령에 따른 출산력 저하의 변화를 살펴보았다. 그 결과 최연소 여성(14세에서 24세 사이)의 경우 출산력 저하를 경험한 사람이 42% 증가한 반면 35세에서 44세 사이의 여성은 6%만 증가했다. 우리는 이 사실에 놀랐다. 이는 나이 듦과 출산 연기 외의 무언가가 출산력에 영향을 미치고 있음을 시사한다.

수도 있다. 하지만 우리는 무슨 일이 일어나고 있는지에 관한 전모를 파악하지 못하고 있을 수도 있다. 우선 한 가지 이유는 남성의 생식기능에 대한 연구가 더 많기 때문이다. 이는 부분적으로는 남성에 관한 의학 연구가 더 많이 이루어지기 때문이다. 더 이상 언급하고 싶지 않다! (그렇다. 의료 연구뿐만 아니라 급여 형평성, 고용 기회, 드라이클리닝 수수료 그리고 현대 세계의 다른 요소들에서도 성차별이 있다.)

생식건강 연구에 관한 한, 여기서 실용성의 요소가 작용할 수 있다, 남성의 성기는 완전히 공개되어 있고, 큰 노력이나 어려움 없이 남성의 사정에서 정자 샘플을 얻을 수 있는 점이다.

이와는 대조적으로 여성의 경우 어떤 노력에도 출산 잠재력이나 그 한계가 드러나지 않는다. 여성의 출산력은 내부 작용이 더 복잡하고 시야에서 가려져 있다. 예를 들어, 여성이 비축하고 있는 난자의 수를 세는 쉬운 방법은 없다.* 그리고 난자가 많이 남아 있고 규칙적 배란을 한다고 해도, 여성은 임신을 시도하기 전까지는 나팔관이 막혀 있는지, 자궁이 수정란에 적합한 환경인지, 아니면 적절한 타이밍에 적절한 호르몬이 분비되어 배아에 안전한 안식처를 제공하게 될지 알 길이 없다.

따라서 겉보기에 건강한 여성의 출산을 전망하는 것은 남성의 생식 가능성을 전망하는 것보다 더 까다롭다.

---

* 난소예비력을 추정하기 위해 의사들은 종종 난포자극호르몬(FSH), 에스트라디올, 인히빈 B 또는 항뮬러관호르몬(AMH)의 혈중 수치를 측정한다. 하지만 이것들은 신뢰할 수 있는 지표로 간주되지 않는다. 이 말은 그런 결과가 잘못된 희망을 주거나 불필요한 걱정을 심어줄 수 있다는 것이다.

° 생물학 지식이 부족하다

여성의 몸은 아기의 첫 번째 집이다.

이런 사실에도 불구하고 많은 여성들의 생식건강 관련 세부 지식은 일반적인 기대에 미치지 못한다. 이것은 단지 교육의 문제가 아니다. 그것은 성공적인 생식을 위한 현실적이고 실용적인 의미를 가지고 있다. 거듭된 연구의 결과 출산에 관한 여성들의 인식은 충격적일 정도로 낮다는 사실을 발견했다.

평균적으로 여성들은 불임의 원인과 확산에 관한 질문의 50%에서만 옳은 대답을 했다. 의대생들은 약간 나은데 F 대신 D를 받는 것에 불과했다. 미국에서 18세에서 40세 사이 여성 1,000명을 대상으로 한 연구에서, 참가자의 40%는 자신들의 임신 능력에 우려를 표명했다. 하지만 이들의 3분의 1은 성(性)매개 감염, 비만, 불규칙한 생리가 그들의 출산 능력에 미칠 수 있는 부작용을 알지 못했다. 더욱 놀라운 것은 40%가 생리주기의 배란 단계(수정이 일어날 수 있는 유일한 시기)에 익숙지 않다는 점이다.

배란에 관한 혼란을 감안하여 여기서 간단히 상기해 보자. 배란은 28일 생리주기(1일차는 여성 월경주기의 첫 날)의 14일경에 발생한다. 이때 황체형성호르몬(LH)이 급증하면 여성의 난소 중 하나가 성숙한 난자를 방출한다. (평균 생리주기는 28일이지만, 21일에서 45일 사이도 정상으로 간주된다.)

여성은 배란 직전 순간을 파악하기 위해 여러 가지 방법을 사용할 수 있다. 첫째, 자궁경부 점액의 변화인데 배란 직전에 달걀흰자처럼 얇고, 맑고, 미끄러워진다. 아니면 아침에 침대 밖으로 나오기 전 제일 먼저 기초체온을 살필 수도 있다. 배란이 일어나면 체온이 약 0.5도 정도 상승하기 때문이다. 아니면 배란 예측 키트를 사용할 수도 있다. 여성이 키트에 오줌을 누면 배란을 12시간에서 24시간 전에 예측한다. (이 기술들은 피임법으로서 누구나 이용할 수 있는 방법이 아니며, 임신을 시도하는 부부에게 더 유용하다는 점에 유의하라.)

방출된 후 난자는 자궁을 향해 가장 가까운 나팔관을 천천히 이동한다. 자궁 내벽은 프로게스테론 호르몬의 수치가 높아짐에 따라 임신 가능성에 대한 준비를 갖추었다. 건강한 정자가 질에서 자궁경부를 거쳐 나팔관으로 헤엄쳐 올라간다면, 임무를 완수하고 거기서 난자와 수정할 수 있다. (놀랍게도 정자는 성교 후 특히 비옥한 자궁경부 점액에 의해 보호된다면 적어도 5일 동안 여성의 생식기관에서 생존할 수 있다. 즉, 부부가 임신을 위해 정확한 배란일에 피임하지 않는 성관계를 가질 필요가 없다는 것이다. 배란과 연결되는 약 3일의 좋은 기회가 있다.)

일단 수정되면 난자가 자궁으로 이동하고, 모든 것이 제대로 되면 자궁 내벽에서 착상이 일어날 것이다. 그러지 않으면 수정되지 않은 난자가 여성의 몸에서 빠져 나갈 것이다.

이는 여성 생식기능의 기본 사실이며, 시간이 흘러도 변하지 않았다. 그러나 최근 수십 년 동안 여성의 생식 발달, 건강, 출산에서 몇 가지 당혹스러운 변화가 나타났다. 특히 앞서 언급한 대로 남녀노소 간에 성욕이 감소하였다. 한 연구에 따르면, 낮은 성적 욕망은 중년 여성들 사이에서 가장 흔한 성적 문제이며 40세 이상 여성의 69%가 이 영향을 받는다고 한다. 폐경 후 여성들의 낮은 성욕은 종종 남성 파트너의 발기부전과 관련이 있다. 불행한 이중고(二重苦)인 셈이다. 성욕의 급감이 스트레스, 약물 사용, 화학물질 노출,* 또는 다른 요인에서 비롯되는지 여부를 떠나, 침실에서 그들이 실망스러운 존재가 되는 것을 부인할 수 없다.

° 빨라진 시간표

예상치 못한 사건들 속에서 미국을 포함한 세계 일부 지역의 소녀들은 일찍 성숙하고 '조기 사춘기'라고 불리는 것을 경험한다. 즉, 그들은 종종 8세 이전에 유방 발달과 월경 시작을 경험한다.

이 경보는 1997년 한 연구가 처음 울렸다. 이 연구는 7세인 아프리카계 미국인 소녀의 27%와 백인 소녀의 7%에게서 유방 및(또는) 음모(陰毛) 발달 징후를 발견하였다. 연구진은 평균적으로 아프리카계 미국인 소녀들은 8세에서 9세 사이에, 백인 소녀들은 10세까지에 사춘

---

* 흥미롭게도 내가 관여한 한 연구에 따르면, (화학가소제에 노출되어) 디-2-에틸헥실 프탈레이트(DEHP) 대사산물의 소변 속 농도가 가장 높은 폐경 전 여성들은 항상 또는 종종 성행위에 관심이 부족할 확률이 2.5배 높았다. 이것은 DEHP 같은 프탈레이트가 남녀 성욕에 중요한 역할을 하는 테스토스테론을 낮추는 등 항안드로겐 효과를 갖는 것으로 잘 알려져 있기 때문일 수 있다. 그것은 또한 여성의 에스트로겐 생산을 방해하여 여성의 성욕을 억제할 수 있다.

기를 시작한다는 것을 발견하였다. 이는 이전 연구들에서보다 6개월에서 1년 일찍 시작하는 것이다.

2006년 덴마크의 소녀들은 1991년 같은 지역에서 태어난 소녀들보다 1년 일찍 선상 유방 조직(사춘기의 특징적 표시)이 나타났다. 마찬가지로 소녀들이 첫 생리를 시작한 나이도 빨라졌다. 덴마크의 한 연구에서 소녀들은 그들의 어머니보다 3개월 반 더 빨리 생리를 시작한 것으로 나타났다.

비슷한 현상은 일본에서도 나타났다. 생리의 시작이 1930년대에 태어난 소녀들은 13.8세였고 1950년대에 태어난 소녀들은 12.8세, 1970년대와 1980년대에 태어난 소녀들은 12.2세로 빨라졌다는 연구 결과가 발표되었다.*

이런 것들이 극적인 차이로 들리지는 않겠지만, 그것을 경험하는 소녀들에게는 의미가 있다. 초등학교의 많은 소녀들은 만화를 주제로 한 책가방에 탐폰이나 월경 패드를 가지고 다녀야 한다는 생각에 흥분하지 않는다. 사춘기를 일찍 겪는 소녀들은 또래들보다 먼저 감정 기복을 경험할 수 있다. 그것은 사회적 고립, 우울증 증상, 알코올이나 레크리에이션 약물 같은 불법적인 물질의 사용으로 이어질 수 있다.

---

* 여성 생식 관련 지표의 추세는 전 세계적으로 계속 변화하고 있다. 10개국에서 50만 명 이상의 여성이 참여한 한 메타 연구는 1970년에서 1984년 사이에 태어난 여성들이 1930년 이전에 태어난 여성들보다 1년 일찍 생리를 시작했다는 것을 발견했다. 다른 주목할 만한 변화는 출산하지 않는 여성의 증가이다. 이런 미(未)분만의 비율은 1940년에서 1949년 사이에 태어난 여성들의 경우 14%였으나 1970년에서 1984년 사이에 태어난 여성들 사이에서 22%로 증가했다.

그리고 이 소녀들은 종종 실제보다 더 성숙해 보이기 때문에 감정적 준비가 안 된 상태에서 성적 관심을 받을 수도 있다. 이 모든 것들로 인해 소녀들은 순진무구함을 조기에 잃게 될 수 있다.

이런 조숙한 변화가 소녀들을 괴롭히는 정도는 상당히 다르지만 사춘기 곡선을 앞서 겪는 것은 종종 불편하다. 케이트(Kate)는 이런 경험을 생생하게 기억한다. 9살 때 가슴이 발달하고 10살 때 첫 생리를 한 후, 케이트는 학교에서 소년들로부터 끈질긴 놀림을 받았다. 그녀는 종종 '브렌다 스타(Brenda Starr)' 또는 '브릭 하우스(brick house)'라고 불렸다. 이는 그녀의 잘 발달한 관능적인 몸매를 가리킨다. "남자아이들한테서 더 많은 관심을 받았다. 내가 남자아이를 꽤 좋아했기 때문에 그런 관심의 일부는 고마웠다. 하지만 일부는 나를 꼬집고 욕하는 것이어서 그렇지 못했다."

딸도 사춘기를 일찍 겪은 45세의 케이트는 회상한다. "내게 가장 안 좋았던 점은 10살 여름에 체중이 10파운드나 늘었고 감정 기복도 극심했다는 것이다." 케이트에 관한 한, 유일하게 긍정적인 측면은 생리를 하고 브래지어를 입기 시작한 친구들에게 생리 멘토가 되었고 조언을 해 주었다는 것이다.

조기 사춘기를 겪는 소녀는 도전적으로 보일 수 있다. 하지만 그것에는 종종 높은 수준의 심리적 고통, 성인으로서의 신체 이미지 문제 등 지속적인 파급 효과가 있다. 또한 여성의 신체적 건강에 미치는 잠재적인 장기(長期) 영향도 있다.

가장 주목할 만한 것은, 이른 나이에 생리를 시작하면 유방암과 자궁내막암 위험이 증가할 있다는 점이다. 그런 암의 위험은 한 여성이 평생 겪는 생리주기의 횟수에 따라 커지기 때문이다.

° 출산에서 여성이 겪는 어려움

여성의 생식 영역에서 다른 걱정스러운 변화가 일어나고 있다. 임신을 하지 않으려고 몇 년 혹은 수십 년을 보낸 여성이 돌연 아기 갖기를 원하는 경우가 있다. 이런 여성은 자신이 적절한 타이밍에 피임하지 않는 성관계를 통해 빨리 임신할 것이라고 생각할 수도 있다.

하지만 특히 요즘은 모든 사람이 그렇게 되지 않는다. 사실 인간의 생식은 매우 비효율적이다. 특히 대다수 포유류 종과 비교하면 그렇다. 주어진 생리주기 동안 사람들이 적절한 타이밍에 피임하지 않는 성관계를 할 경우 임신 확률은 기껏해야 나이에 따라 30%에 불과하다. * 출산을 위해 여성은 기능 좋은 난소, 건강한 난자의 비축, 건강한 나팔관, 건강한 자궁이 필요하다. 이러한 장기에 영향을 미치는 어떤 의학적 상태도 여성 불임의 원인이 될 수 있다.

이런 것들 중 하나는 호르몬 및 대사 장애인 다낭성난소증후군(PCOS)이다. 그것은 불규칙한 생리, 얼굴 또는 신체의 과다 모발, 여드름, 체중 증가 및 난소의 다수 낭종이 특징이다. 나팔관 장애 또는 흉터도 PCOS에서 발생할 수 있다. 불임에 영향을 미치는 또 다른 의학

---

* 이와는 대조적으로, 설치류는 임신할 확률이 95%이고 토끼는 96%의 확률을 가지고 있다. 그것들은 얼마나 행운아인가!

적 문제는 자궁내막증이다. 이는 일반적으로 자궁 안에서 막을 형성하는 조직이 자궁 밖으로 옮겨져 자라는 종종 고통스러운 질환이다. 자궁에서 발달하는 근육과 섬유조직의 양성(良性) 성장인 섬유질도 여성의 임신 가능성을 줄일 수 있다.

그리고 이 모든 생식 장애가 증가하고 있다는 징후가 있다. 예를 들어, 약 7,000명의 여성을 대상으로 한 캐나다의 회고적 연구에서 자궁내막증 진단을 새로 받은 18세에서 24세 사이의 여성들의 수는 1996년에서 2008년 사이에 3배 이상 증가한 것으로 나타났다. 언뜻보기에 이런 진단 증가가 실제로 그 질환이 더 자주 발생하기 때문인지, 아니면 의사들이 증상을 더 잘 인식하고 진단을 더 잘하기 때문인지는 알 수 없다. 나는 두 가지 원인이 함께 작용한 결과라고 생각한다.

놀랍게도 뉴욕의 학교 사회복지사인 32살 이사벨(Isabel)은 1년간 임신을 시도했지만 실패하고 나서야 가장 심각한 형태인 4기 자궁내막증을 앓고 있다는 사실을 발견했다. 그녀가 임신에 어려움을 겪는 이유를 조사하기 위해 CT 스캔과 예비 수술을 시행한 후 자궁내막증이 발견되었다. 수술 도중 외과의사들은 잘못된 자궁내막 조직을 최대한 제거하고 손상된 나팔관도 잘라냈다. 그 후 이사벨은 체외수정을 통해 임신할 수 있었고 지금은 2살 아들이 있다.

그녀는 가족 중 아무도 자궁내막증을 앓지 않았기 때문에 어떻게, 왜 자궁내막증을 앓았는지 계속 궁금해 한다. "나는 최근 불임 치료를 받은 다른 10명의 여성들과 함께 일한다. 우리는 그렇게 많은 불임 문제를 야기한 우리의 환경에서 무슨 일이 일어나고 있는지에 관해 자주 이야기한다,"라고 그녀는 말한다. "물이나 우리 음식에 뭔가가 있을지도 몰라. 누가 알겠어? 요즘 같은 시대에는 더 이상 건강한 것이 없다는 느낌이 들어."

여성 불임의 원인

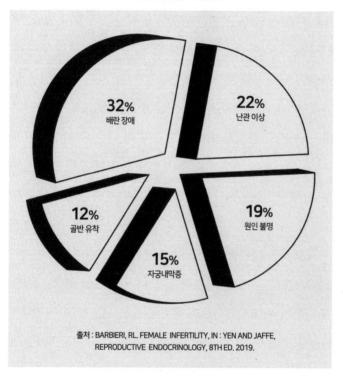

출처 : BARBIERI, RL. FEMALE INFERTILITY, IN : YEN AND JAFFE, REPRODUCTIVE ENDOCRINOLOGY, 8TH ED. 2019.

° 난자의 좌절

배란장애는 여성의 불임 원인 중 가장 큰 비중을 차지하며, 나이가 증가함에 따라 주요한 역할을 한다. 놀랍게도 여성은 자신이 가질 수 있는 모든 난자를 가지고 태어난다. 대략 100만 내지 200만 개인데,

이것은 그녀가 평생 필요로 하는 것보다 훨씬 많다.

그녀가 사춘기에 도달할 때쯤에는 약 30만 개의 난자가 남고, 매달 그 중 한 개를 제외하고는 모두 조용히 쉰다. (보통 배란 중에 난자가 한 개만 방출되지만, 일부 불임치료제는 배란을 자극하여 난소가 두 개 이상의 난자를 방출한다. 이것이 불임치료제가 종종 쌍둥이 출산을 초래하는 이유다.)

수십 년이 지나면서, 한 여성이 보관하고 있는 난자의 수는 37세에 평균 2만 5,000개로 꾸준히 감소하다가 51세(미국의 평균 폐경 연령)에 1,000개로 더 극적인 하락세를 보인다. 하지만 정자와 마찬가지로 단순한 숫자 게임이 아니다. 나이와 관련한 난자 수의 감소 외에도, 40세에 가까워지면 난자의 질(건강하고 성공 가능성이 있는 난자)도 상당히 떨어진다.

항상 여성들은 나이가 들수록 임신이 어려웠다. 하지만 예전에는 어린 나이에 아기를 낳았기 때문에 이것이 그리 큰 문제가 되지 않았다. 이제 여성들이 점점 더 늦은 나이에 아이를 갖는 일이 증가하고 있다. 그것은 사회적 관점에서 좋은 일일 수도 있지만 생식의 관점에서는 그렇지 않다. 생물학적으로 임신, 출산하기에 가장 쉬운 나이에 많은 여성들이 아이를 가질 생각을 하지 않는 것은 아이러니하다. 안타깝게도 대자연은 출산에서 여성의 변화하는 욕망을 따라가지 못하고, 그에 따른 생식 수명을 연장하지도 못했다.

물론 난자가 소멸하거나 아니면 그 품질을 유지하는 비율은 유전적, 환경적, 생활습관적 요인에 따라 상당한 차이가 있다. 그것은 생일이 지남에 따라 직선 형태로 효과가 발생하는 것이 아니다. 환경이라는 무대와 생활방식 영역에서 새로운 배우들이 이 비율에 영향을 미칠 수도 있다. 이제 그 얘기로 넘어가자.

첫째, 폐경의 평균연령은 감소하지 않지만 난소예비력 감소(DOR)는 이전 세대보다 더 자주 발생한다는 증거가 있다는 점에 주목한다. 2004년과 2011년 사이 미국에서 보조생식기술(ART) 치료를 원하는 여성들의 DOR 유병률은 19%에서 26%로 증가했다. 그것은 단지 7년 만에 37% 증가한 것이다. DOR을 가진 여성은 자연 임신이 가능하지만, 많은 여성들이 임신에 어려움을 겪기 전까지는 자신의 DOR을 발견하지 못한다.

때때로 이런 종류의 문제는 마치 의외인 것처럼 느껴진다. 예를 들어 종종 10㎞를 달리는 날씬한 변호사 엘리사(Elissa)는 31살에 3년 터울의 건강한 두 아들의 엄마가 되었다. 엘리사가 34살 때 그들 부부는 세 번째 아이를 원했고, 두 아이와 마찬가지로 쉽게 그런 일이 일어날 것이라고 기대했다. 그러나 그러지 못했다.

9개월간 임신을 시도하고 나서야 엘리사는 진단을 받으러 갔고 '늙은 난자'를 가지고 있다는 말을 들었다. 간단히 말해서, 그녀의 난자는 일찍 늙었고 생물학적 나이를 고려할 때 남은 난자의 질은 비교적 좋지 않았다. 이미 두 아이를 가져 운이 좋다는 것을 깨달은 엘리사는 '썩은 난자'에 관한 농담을 시도했다. "내부적으로는 부서지는 느낌이었다." 그녀는 왜 이런 일이 일어났는지 이해할 수 없었다.

임신 가능성을 높이기 위해 부부는 체외수정을 선택했다. 엘리사는 두 번의 체외수정 시술에 실패한 후 세 번째 체외수정 시술에서 임신에 성공했다. 그러나 불행하게도 엘리사는 임신 11주 만에 유산했다. 그 때 그 원인이 무엇이었을까 하고 생각하기 시작했다.

베스 이스라엘 디코네스 메디컬 센터의 보스턴 지역 체외수정 수석 심리학자이자 책 〈임신부를 위한 마음의 평화(Finding Calm for the Expectant Mom)〉의 저자인 앨리스 도마르(Alice Domar) 박사는 그것은 흔한 일이 아니라고 말한다. 여성이 유산 후 무엇이 잘못되었는지를 추적하기 위해 최근의 일들을 되짚는 것은 드문 일이다. "사람들은 이유를 찾아야 한다. 끔찍한 일이 무작위로 그들에게 일어나기는 어렵다."라고 도마르 박사는 말한다. 그러나 여성이 한 일 때문에 유산하는 경우는 거의 없다.* 종종 유산은 염색체 이상과 관련이 있다.

° 시간이 적이 될 때

사실 건강한 임신을 하고 그 임신을 유지하는 일에, 시간은 여성의 편이 아니다. 여성이 나이가 들수록 3중고를 경험하는 경향이 있다. 이는 불임, 유산, 염색체 이상(흔히 다운증후군으로도 알려진, 21번 염

---

* 연구에 따르면 유산으로 끝난 임신의 50~66%가 염색체 이상 때문이라는 것이 밝혀졌다. 임신 초기에 임신 사실을 알지 못한 상태에서 염색체 이상이 발생할 확률이 훨씬 더 클 것이다. 고등학교 생물학에서 배웠듯이, 염색체는 각 세포의 핵 안에 있는 유전자를 포함하는 구조다. 인간의 경우, 각 세포는 보통 23쌍의 염색체를 포함한다. 수정하는 동안 난자와 정자가 융합하면 (남자와 여자로부터) 두 세트의 염색체가 함께 나온다. 수정란에 염색체 이상이 발생하면 (또는 중복되거나 누락되거나 불완전한 염색체가 있는 경우) 배아 착상 이상 또는 조기 유산이 발생할 수 있다.

색체의 삼염색체증 포함) 등 서로 연관된 세 가지 부정적 결과의 위험이 증가한다.

합리적 관점에서 보면 다음과 같다. 25세에서 35세 사이의 여성들은 어느 달이건 적절한 타이밍에 피임하지 않은 성관계를 할 경우 25~30%의 임신 확률을 가지고 있다. 또 유산할 위험이 10%, 다운증후군 아기를 가질 확률은 900분의 1이다. 반면 40세 여성은 동일한 조건에서 임신 가능성은 10%, 유산율 40%, 다운증후군 아기를 가질 확률 100분의 1이다. 여러 면에서 그들에게 유리하지 않다.

가능성 게임

여성은 나이 들수록 건강한 아기를 임신·출산하기가 어려워진다.

여성나이	월별 임신율	유산율	다운증후군 출산 위험
25~35	25~30%	10%	1/900
35	20%	25%	1/300
37	15%	30%	1/200
40	10%	40%	1/100
45	5%	50%	1/50
50	1%	60%	1/10

출처 : HTTP://MARINFER TILITYCENTER.COM/NEW-GETTING-STARTED/INFERTILITY-BASICS

임신 초기 수 주간에 유산의 80%가 발생하므로 일부 여성들은 임신 12주의 규칙에 주의를 기울이고 두 번째 3개월이 그들의 상태를 알려줄 때까지 기다린다. 그 시점에서 그들은 완전히 위기에서 벗어나는 것은 아니지만 임신 손실의 위험은 감소한다. 그 예외는 나이가 증가함에 따라 전체 위험 수준은 계속 증가한다는 것이다.

나이가 들수록 여성 불임의 상당 부분은 알아차리지 못한 임신 손실의 결과이다. 즉, 여성이 임신 사실을 깨닫기도 전에 배아를 잃는 것이다. 이러한 초기 손실은 주로 수정란의 염색체 이상(남성 또는 여성이 원인이거나 둘 다인 경우)에서 기인한다.

여성이 임신 사실을 알아내는 유일한 방법은 소변검사를 통해 사람 융모성생식샘자극호르몬(hCG)의 수치가 높아졌는지를 체크하는 것이다. 이는 임신 6~7일 후 소변에서 발견할 수 있음에도 많은 여성들이 임신 테스트 기간을 놓친다. 그 시점에 이르는 동안에 임신이 소실될 수 있다. 특히 40대 후반이면 그럴 가능성이 더 크다.

스페인 바르셀로나대학의 산부인과 의사 후안 발라슈(Juan Balasch)가 여성 출산은 35세 이전이 가장 좋은 반면 남성의 생식 기간은 45세에서 50세(때로는 그 이상)까지 연장된다고 주장한 이유 중 하나일 것이다.

° 유산의 미스터리

연령대와 무관하게 여성들이 임신에 성공하더라도, 요즘 그들의 임신은 점점 더 위협받는 것 같다. 최근 수 년 동안 임신부의 나이와 무관하게 미국 여성의 유산율이 증가하고 있다. 미국 질병통제예방센터(CDC)의 2018년 연구에 따르면, 1990년부터 2011년까지 미국 임신부의 유산 위험이 매년 1%씩 증가했다.

이는 서구 국가들에서 정자 수와 전체 출산율이 감소한 것과 같은 비율이라는 점에서 주목할 필요가 있다. 이 모든 출산 관련 비율은 거의 같은 속도로 하락하고 있다. 새로운 1% 효과는 현실적이고 걱정스러우면서도 소득과는 아무런 상관이 없다!

많은 여성들이 유산 후 우울증이나 불안증을 경험하는 것은 놀라운 일이 아니다. 도마르(Domar) 박사에 따르면 "여성이 임신한 사실을 깨닫는 순간 그것은 그녀에게 아기이다. 그녀는 아기의 이름과 육아 시설에 관해 생각한다. 그래서 유산하게 되면, 그것은 죽음으로 인식될 가능성이 있고 슬픔의 과정은 강렬할 수 있다."

전 영부인 미셸 오바마(Michelle Obama)는 회고록 〈비커밍(Becoming)〉에서 현실에 관한 신선한 언급과 함께 "외롭고 고통스러운, 거의 세포 수준에서 상심되는 유산"을 한 후, 그녀와 버락(Barack)은 체외수정을 통해 말리아(Malia)와 사샤(Sasha)를 임신했다고 밝혔다. 그녀가 썼듯이 "출산은 당신이 정복하는 것이 아니다."

유산한 여성들은 종종 자신의 몸에 배신감을 느낀다. 여성의 몸은 아기 출산에 적합하게 만들어져 있다는 개념에 의해 양육되었기 때문이다. 셰이디 그로브 불임센터의 심리 지원 서비스 책임자이자 사회복지사인 샤론 코빙턴(Sharon Covington)은 아기를 낳지 못할 때 "종종 여성의 몸에 어떤 결함이 있다는 느낌이 있다. 이것은 그녀의 자아 이미지, 신체 이미지, 자존감에 심대한 영향을 미칠 수 있다."라고 지적한다.

다시 임신할 만큼 운이 좋은 사람들조차도 건강한 아기를 낳은 후 생리기간에는 우울증에 더 취약할 수 있다. 습관성 유산을 경험하는 사람들에게 감정적인 영향은 매우 크고 오래 지속될 수 있다. 마찬가지로 지속적인 불임 문제는 부부의 삶에 영향을 미칠 뿐 아니라 여성의 마음 상태와 성적 행복에 상당한 파급 효과를 미칠 수 있다.

두 번 유산한 40세 다이앤(Diane)은 그 다음 임신이 16주까지 순조롭게 유지되자 감격했다. 다이앤은 자신의 나이와 다운증후군 등 염색체 이상의 위험성을 감안하여, 자궁에서 소량의 양수액을 뽑아 염색체 상태와 태아 감염을 검사하는 양수천자검사를 예약했다. (이 시술은 35세 이상의 임신부에게 일상적으로 행해진다.)

시술 의사는 다이앤의 태반이 자궁의 앞 벽에 위치해 양수 추출에 어려움을 겪었다. 그리고 적절한 액체 샘플을 얻기 위해 바늘을 여러 번 재삽입해야 했다. 다이앤은 건강한 여자아이를 임신하고 있다는 소식을 듣기 전까지 마음이 불안했다. 다이앤과 남편은 아이의 이름을 엘라 로즈(Ella Rose)라고 지었고, 우주복처럼 생긴 예쁜 옷을 입은 아기를 안고 있는 모습을 상상했다. 다이앤이 이전 결혼에서 낳은 두 아이도 그랬다.

다음 산전 검진에서 산부인과 의사는 아기의 심장 박동을 찾을 수 없었다. 다이앤은 이후 초음파검사 결과 엘라 로즈가 자궁에서 사망했다는 충격적인 소식을 들었다. 의사들이 유도분만을 하면 과다출혈 위험이 매우 크기 때문에 그녀는 몸이 자연스럽게 죽은 아기를 출산할 준비가 될 때까지 기다려야 했다. 그녀는 "내 인생에서 가장 긴 3주였다."고 회고했다.

그 유산이 다이앤의 나이 때문인지, 양수천자검사(그 시술은

0.1~0.3%의 유산 위험이 따른다) 때문인지는 판단할 수 없었다. 하지만 그것은 너무나 가슴 아픈 일이었다. 다이앤은 "남편이 진정으로 아이를 원했기 때문에 아이를 낳지 못하면 결혼생활이 위태로워질까 봐 걱정했다."라고 말했다. "내가 무능하다고 느꼈다." 수년이 지난 뒤에야 그녀는 습관성 유산(임신 20주 이전에 세 번 이상 연속 임신 손실)의 원인이 자신보다 남편에게 있을 수도 있다는 점을 알았다.

실제로 최근 연구에 따르면, 자신의 파트너가 습관성 유산을 경험한 남성은 그렇지 않은 남성에 비해 정자에서 두 배 수준의 DNA 분절화, 정액에서 네 배 이상의 활성산소(정자의 DNA 손상을 유발할 수 있다)를 보였다. 습관성 임신 손실을 겪은 부부들에게서 남편들은 또래 남성들에 비해 정자 운동성과 형태학이 떨어져 있었다. 정액의 질이 떨어지면서 나쁜 정자 때문에 유산의 위험이 커진다. 이런 일은 여러분이 읽은 바와 같이 점점 더 흔해지고 있다.

여성은 배아를 가지고 있기 때문에 유산으로 인한 감정적 고통을 받는다. 하지만 유산에서 남자의 역할은 인정되지 않는 일이 흔하다. 습관성 유산을 한 여성들은 그 이유를 알아내기 위해 생식 평가를 받는 것이 흔한 관행이다. 최신 연구 결과들은 그녀들의 남성 파트너들 또한 검사를 받아야 한다는 것을 암시한다.*

일부 자료 또한 습관성 임신 손실이 증가하고 있음을 보여준다. 2003년과 2012년 사이 스웨덴에서 18~42세 여성 6,852명의 습관성

---

* 최근에 영국왕 헨리 8세의 여러 왕비들(그녀들 중 2명은 그가 처형한 것으로 유명하다)이 습관성 유산을 겪은 것은 그가 원인이었을 수 있다는 이론이 등장했다.

유산 발생률이 74% 증가했다. 불과 9년 만에 급속하게 증가한 것이다! 그것이 적어도 부분적으로는 환경적 요인이 그 원인일 수 있다고 연구자들이 의심하는 이유이다. 하지만 그 중 어느 것이 비난의 대상인지에 관한 주먹구구식 추측은 하지 않았다.

° 유명인 임신의 잘못된 희망

언론은 종종 40대에 아이를 가진 유명인 엄마들(레이첼 와이즈, 자넷 잭슨, 니콜 키드먼, 할리 베리 등)에 관해 보도한다. 그리고 그 엄마들은 별일 아닌 것처럼, 할리우드의 또 다른 행복한 날인 것처럼 행동한다. 그녀들에게 엄청나게 행복한 일이다. 하지만 우리는 그 엄마들이 불임 치료기관의 도움을 받았는지에 관해서는 들은 소식이 거의 없다.

따라서 일반인 여성들이 오해할 소지가 있다. 몇몇 유명한 여성들은 불임 치료제를 복용하고 체외수정을 하거나 기증 받은 난자를 사용했다. 하지만 그 뒷이야기가 항상 알려지는 것은 아니다. 물론 그것이 대중의 일은 아니지만, 실상을 모르는 젊은 여성들은 자신들 역시 40대까지 임신을 연기할 수 있다고 생각할 것이다.

여성들은 모든 연령대에서 임신 가능성을 상당히 과대평가한다. 거의 2,100명의 여성을 대상으로 한 미국과 유럽의 조사에서 미국 여성의 83%가 임신에 소요되는 시간을 과소평가한다고 말했다. 마찬가지로 가임기 여성들은 나이 듦이 출산과 임신에 미치는 영향에 대해 거의 알지 못하며, 많은 사람들은 불임 치료의 성공률이나 높은 유산 위험에 익숙지 않았다.

노스웨스턴대의 한 연구에서 연구자들은 20~50세 여성 300명에게 자연 임신 가능성과 보조생식기술에 의한 임신 가능성을 추정해 달라고 요청했다. 추정의 대상자는 5세 간격(25세, 35세, 40세, 45세)으로 구분했다. 그 결과 여성들의 추정이 현실에서 크게 벗어나는 전환점이 되는 대상자의 나이는 35세였다. 예를 들어, 40세에 의학적 도움 없이 임신할 가능성에 관한 추정치는 발표된 연구 결과보다 거의 50%나 더 높았다.

환경적 요인과 나이 증가가 임신의 가능성과 임신 유지에 영향을 미친다. 따라서 여성들은 이 영역에서 현실적이 되는 것이 중요하다. 주사위를 굴린 뒤 승리를 기원하는 것은 너무 가슴 아픈 일이다. 풍부한 지식을 갖고 합리적 기대를 하는 것은 현재 남녀가 직면한 생식 문제의 일부를 잠재적으로 완화할 수 있다. 불행하게도 산부인과 레지던트들조차 나이와 관련된 출산 문제에 관해 잘 알지 못한다.

따라서 이런 문제들에 관해 여성들을 교육하는 것은 여성의 책임일 수도 있다. 여성은 여성 출산율이 감소하는 나이를 과대평가하고 보조생식기술의 성공 가능성을 과대평가하는 경향이 있다. 여성 대학원생들을 대상으로 한 듀크대의 연구에 따르면, 대상자의 70%는 언론의 영향으로 40세 이후에도 아기 엄마가 될 수 있다는 인상을 받는다고 말했다. 때로는 그렇기도 하지만, 때로는 그렇지 않다.

최근 몇 년 사이 일부 젊은 여성들은 이러한 현실 불일치를 인식하는 경우가 더 증가했다. 이것이 선택적인 인간 난자 동결의 증가 이유이다. 그로 인해 여성들은 출산을 더 뒤로 연기할 수 있다. 난자 동결은 생식 보험에 가입하는 것과 약간 비슷하다. 하지만 여기서도 나이는 계속 중요하며 난자를 일찍 얼릴수록 더 효과적이다. 이상적인 시기는 생식력이 최고조인 35세 이전이다.

하지만 많은 여성들은 난자의 질이 이미 떨어진 40세가 되기 전까지는 그 절차를 고려하지 않는다. 출산을 위한 경주가 확실히 존재하는 것은 아니지만, 출산이나 난자 동결의 기회에는 시간제한이 있다.

그 이유와 상관없이 최근 수 년 동안 더 많은 여성들이 보조생식기술을 사용해 왔다. 2000년부터 2010년까지 미국 전역의 불임센터에서 체외수정을 위한 난자 기증이 연간 1만 801명에서 1만 8,306명으로 거의 80% 증가했다. 2017년 전 세계 보조생식기술 시장은 210억 달러(미국 통화)의 가치가 있는 것으로 추정되었고 2025년까지 매년 10%씩 확대될 것으로 보인다.

최근 수십 년 동안 불임 서비스의 '노령화' 경향도 있어 40세 이상 여성이 체외수정을 추구하고 경우가 증가하고 있다. 이들은 체외수정이 자신들의 출산 문제를 해결하는 데 도움이 되기를 바라지만 기술이 모든 여성의 불임 문제를 해결할 수는 없다. 여성은 나이가 들수록 임신으로 진행되는 ART 시술(신선한 비기증 난자의 신선한 배아 포함)도 정상 출산으로 이어질 가능성이 낮다. 유산으로 끝나는 임신 비율이 증가하기 때문이다.*

불임 치료는 ART(보조생식기술), IVF(체외수정), IUI(자궁내정자주입술), ICSI(세포질내정자주입술) 등 어려운 약어를 포함한 선진화된 신세계를 열었다. 그럼에도 건강하지 못한 생활습관, 환경호르몬, 노령화 등에 의해 뒤죽박죽된 난자나 손상된 나팔관처럼 과학조차 효과가 없는 지점이 있을 수 있다. 나이나 생활방식에 따라 변하지 않는 것도 있다. 그것은 불임 치료의 비용과 불편함이다.

물론 여성의 생식 잠재력은 〈시녀 이야기〉의 묘사만큼 심각한 곤경에 처해 있지는 않다. 어쨌든 아직은 아니다. 그러나 조기 사춘기, 자궁내막증, 다낭성난소증후군, 유산, 난소예비력 감소의 증가는 확실히 골치 아프고 미래에 불길한 조짐일 수 있다. 여성의 생식건강과 전반적인 건강 사이의 연결고리가 강화되면서 출산 상태를 여섯 번째 바이탈 사인(vital sign)으로 간주하려는 움직임이 생겨났다.

조기 난자 손실과 조기 폐경은 향후 심혈관 질환 발병의 위험 증가와 관련이 있다. 다낭성난소증후군과 당뇨병 및 심혈관 질환의 위험 증가 사이에 강한 연관성이 발견되었다. 무(無)배란 이력은 자궁암 발병 증가와 관련 있으며, 자궁내막증과 난관 관련 불임은 난소암 위험을 높이는 적신호가 되었다. 모두 증가하는 것으로 보이는 이런 생식장애는 미래에 폭풍우와 같은 건강 문제를 야기할 것으로 전망된다.

---

* 또한 임신부의 나이에 따라 임신 합병증에 의한 태아성장지연, 고혈압, 조산 등의 가능성이 높아진다. 그리고 나이든 부부에게서 태어난 아이들은 정신분열증이나 자폐스펙트럼장애와 같은 신경발달 문제의 위험이 더 크다.

제 4장

성의 유동성
남녀를 뛰어 넘어

유명한 생물학자 겸 성(性)연구가 알프레드 C. 킨제이가 1948년에 쓴 것처럼, "살아 있는 세계는 그 모든 측면의 연속체다. 인간의 성행위와 관련하여 이 사실을 빨리 알수록 우리는 성의 실체를 더 빨리 이해하게 될 것이다." 킨제이는 더 솔직한 단어를 사용하지 않았지만 성행위, 성별(gender) 표현, 성 정체성의 현실은 점점 복잡해지고 있다.

무엇이 인간을 남성, 여성, 또는 제3의 성, 이성애자, 동성애자, 양성애자, 무(無)성애자로 만드는지에 관한 과학적 질문은 복잡하고, 걱정스럽고, 매력적이기도 하다. 하지만 대답하기는 쉽지 않다. 사람들은 성 정체성과 성적 지향이 유전적으로 결정되는지 아니면 환경의 영향을 받는지, 또는 그것이 자연의 문제인지 아니면 양육의 문제인지 오랫동안 궁금해 왔다.

"임상에서 동성애 환자들은 거의 항상 왜 자신들이 동성애자인지를 묻는다. 이성애자들은 왜 자신들이 이성애인지를 질문하지 않는다." 라고 컬럼비아대학 정신과 교수(의사) 잭 드레스셔(Jack Drescher)는 말했다. 그는 미국정신의학협회의 DSM-5(정신질환 진단 및 통계 매뉴얼의 다섯 번째 개정판) 중 성 장애 및 성 정체성 장애 연구팀에서 봉사했다.

'동성애 유전자'의 존재 여부는 수십 년 동안 뜨거운 논쟁 대상이 되어 왔다. 그 답은 그렇게 간단하지 않다는 것이다. 의사인 싯다르타 무케르지(Sidhartha Mukherjee)는 책 〈유전자(The Gene)〉에서 다음과 같이 썼다. "10년 가까이 집중적인 사냥을 한 끝에 유전학자들이 발견한 것은 '게이 유전자'가 아니라 몇 개의 '게이 위치'[염색체 영역에서]이다. '게이 유전자'는 적어도 전통적인 의미에서는 유전자가 아닐 수도 있다. 근처에서 유전자를 통제하거나 아주 멀리 떨어진 곳에서 유전자에 영향을 미치는 DNA의 긴 구간일 수도 있다."

다시 말해, 그것은 복잡하다. 하지만 그렇다고 해서 유전적 요인이 성적 지향성에 영향을 미치지 않는다는 의미가 아니다. 유전적 요인의 영향은 의심의 여지가 없다.

레이디 가가(Lady Gaga)의 노래 〈본 디스 웨이(Born This Way)〉는 2011년 발매 이후 차트 최상위까지 급상승했고, 다양한 성행위를 하는 사람들에게 빠르게 받아들여졌다. 그것은 부분적으로 동성애자의 권리와 그 문화적 수용을 촉진하고, 부분적으로는 디스코 같은 비트를 사용했기 때문이다. 그러나 LGBTQ(레즈비언, 게이, 양성애자, 트랜스젠더, 성 정체성에 갈등하는 사람 또는 성 소수자) 커뮤니티의 일부 구성원들은 '이런 식으로 태어났다'는 설명이 성적 취향이나 성별(性別)이 유동적인 사람들에게 반드시 적용되는 것은 아니기 때문에 그 설명을 거부한다.

LGBTQ 인구는 꾸준히 증가하고 있다. 미국 성인 34만 명을 대상으로 한 2017년 갤럽 여론조사에 따르면, 2012년에는 5.8%가 LGBT(레즈비언, 게이, 양성애자, 트랜스젠더)로 나타난 반면 2017년에는 8.1%가 LGBT로 확인되었다. 이런 증가는 1980년부터 1999년 사이에 태어난 밀레니얼 세대가 주도했다.

° 성적 취향 대 성 정체성

성의 스펙트럼이 존재한다고 인식하는 사람들이 점점 더 늘어나고 있다. 이는 배타적으로 한 성별에만 끌리지 않는 사람들이 많다는 의미이다. 또 성 지향성이 성의 이분법 밖에 존재하고 때로는 그것이 움직이고 있다는 것을 의미한다. 같은 이야기를 성별에 대해서도 할 수 있다.

사람들은 종종 성별(gender)과 성(sex)을 혼동하지만 두 개념은 같지 않다는 것이 명확하다. 사람의 성은 생물학(태어날 때 특정 염색체, 호르몬, 생식기의 존재에 근거함)에 의해 결정되는 반면, 성별은 근본적이고 내적인 자아감과 그에 수반되는 감정, 행동, 태도에 의존한다.

최근 성 정체성에 관해서는 남성과 여성이라는 양극단 사이에 상당한 변형이 존재할 수 있다는 것이 더 널리 받아들여지고 있다. 그러나 일부 전문가들은 개인의 성별 확립에 무한한 가능성이 허용되지 않는다고 지적하며 성별의 연속체 개념을 문제 삼는다. 다이앤 에렌사프트(Diane Ehrensaft) 박사는 저서 〈젠더 본, 젠더 메이드(Gender Born, Gender Made)〉에서 '젠더 웹(gender web)'이라는 용어의 사용을 선호한다. "젠더 웹에는 3차원적으로 상하 좌우로 복잡 미묘한 통로가 있다."

실제로 일부 트랜스젠더들은 성 정체성의 관점에서 일관성을 경험하지 못한다. 로스엔젤레스에 기반을 둔 작가 겸 프로듀서 제이콥 토비아(Jacob Tobia)는 생물학적 성에 적응하지 못하고 있다. 그는 회고록 〈계집애 같은 사내(Sissy)〉에서 "나 자신에 관해 많은 것을 항상 알고 있었지만 성별은 그 중 하나가 아니다. 내가 소녀인 줄은 몰랐다…그렇다고 내가 소년이 아니라는 확신도 들지 않았다."라고 썼다. 토비아는 "내 성별이 양파 같다는 사실을 받아들이게 되었다."라고 말했다. 즉, 여러 겹으로 되어 있지만 뚜렷한 핵은 없다.

일반적으로 성 유동성은 남성성과 여성성에 관한 우리의 문화적 개념이 혼합된 것이라는 느낌을 반영한다. 이 유동성의 정도는 사람마다 다를 수 있다. "어떤 사람들에게는 그들의 성별이 삶의 과정에 따라 변한다는 개념이다. 다른 사람들에게는 더 자주, 아마도 매일 또는 시간마다 변한다."라고 리치 사빈-윌리엄스(Ritch Savin-Williams) 박사는 말한다.

그는 코넬대학 발달심리학 명예교수이자 책 〈대부분 이성애자(Mostly Straight)〉의 저자이다. 사람들이 잠에서 깨면서 이런 저런 감정을 느낀다거나, 어떤 일이 일어나 갑자기 더 남성이거나 더 여성임을 느낀다고 보고할 때, 무엇이 변화를 일으키는지 명확하지 않다. 그것은 생물학적, 심리적, 환경적 영향인가 또는 이러한 영향의 어떤 조합인가?

성 유동성을 가졌다고 밝히는 사람들의 수가 증가했다는 인식이 늘고 있다. 그러나 이것이 사실인지 아니면 단순히 "그것이 더 인정받는 구조이기 때문에 지금 사람들이 성 유동성이 더 허용된다고 느끼는 것"인지는 알 수 없다고 사빈-윌리엄스 박사는 말한다.

어쨌거나 이런 정체성 문제는 수용하기가 항상 쉽지는 않다. 성적 위화감이라는 상태에서 사람들은 남녀로서의 감정적, 심리적 정체성이 타고난 생물학적 성과 조화를 이루지 못하거나 단절되었다고 느끼면서 심한 스트레스를 경험한다.

이런 일은 어린 시절에 시작될 수 있다. 이 경우 종종 '조기 성적 위화감'이라고 불린다. 다른 아이들에게는 성적 위화감이 사춘기 즈음에 시작될 수 있다. 여자로 태어난 어떤 아이들은 항상 그들이 잘못된 몸으로 태어났다고 느꼈을 수도 있다. 반면에 다른 아이들은 젖가슴과 치골이 생기기 시작하면서, 다른 사춘기 변화들을 경험하기 시작하면서 이런 식으로 느끼기 시작할 수도 있다.

성 정체성과 성적 지향은 종종 서로 혼동되지만 상당히 다르다. 어떤 사람들은 성 정체성이 바뀔 수 있다. 하지만 그것은 자신이 성적 매력을 느끼는 대상의 성별이 변화하는 것을 의미하지는 않는다. 하지만 다른 사람들에게는 성 정체성과 성적 매력이 모두 변동할 수 있다.

한편 자신의 성을 이분법(분명히 남성 또는 여성)으로 밝히는 일부 사람들은 이성(異性) 또는 동성에 지속적으로 끌릴 수 있고, 또는 (양성애자처럼) 두 성에 모두 끌릴 수 있다. 어떤 의미에서 성 정체성과 성적 지향은 시간의 경과에 따라 변화하는 광범위한 결과를 갖는, 짜 맞추어 만든 명제이다.

누군가의 성별을 가리키는 단어는 수없이 많고 복잡하며 어휘는 계속 진화하고 있다.* 나는 이 문제의 전문가는 아니지만, 성 발달과 생식 발달이 어떻게 환경의 영향을 받는지에 관해서는 전문가다. 여기서 그 점에 관해 말할 수 있다.

° 모호해진 성별의 이면

성 정체성 이슈와 관련해 과학자와 정신건강 전문가들이 먼저 고려하는 질문들이 있다. 사회적 태도의 변화, 그리고 본연의 자신이 될 권리의 폭 넓은 수용이 깊은 내면의 인식에 영향을 미치는가? 생물학적 요인이 역할을 하고 있는가? 보이지 않는 환경 화학물질이 인간의 성적 취향과 성 정체성 발달에 영향을 미치고 있는 것은 아닐까?

---

* 성 정체성은 매우 복잡해졌고 사회적 실수의 가능성도 너무 커졌다. 이에 로스앤젤레스 소재 캘리포니아대학 '사회학과 성별 연구' 교수 두 명은 최근 "모든 사람에게 they/them 대명사를 사용한다는 장기적인 목표 아래 성 중립 대명사를 기본으로 사용할 것"을 제안했다. 그러나 어떤 사람들은 때때로 xe/xem 또는 ze/hir와 같은 신대명사라고 불리는 것을 선호한다. 여러분이 이런 선호도나 제안에 동의하든 동의하지 않든, 그들은 성별의 개념이 사회적으로나 언어적으로 우리 세계에서 얼마나 많이 변화하고 있는지를 보여준다. 요즘은 사람들에게 어떤 대명사를 더 선호하는지, 혹은 단순히 그 사람의 이름을 사용하는지를 물어보는 것이 더 안전하다. 심지어 제3자에게 그 사람을 언급할 때에도("줄리안이 말했다…").

조지타운대 의과대학 정신의학과 임상교수 로버트 헤다야(Robert Hedaya)는 〈사이콜로지 투데이〉에 실린 2019년 논문에서 "수십만 년의 인류 역사를 거치면서 인간의 성별에 대한 근본적인 구별이 흐려지고 있다는 것은 놀라운 일이다. 여기에는 여러 가지 이유가 있다. 하지만 유력한 원인으로 논의되지 않은 한 가지는 내분비계 교란 화학물질(EDC)의 영향이다."

다른 많은 임상의들과 연구자들도 이에 관해 궁금해 하고 있다. 우리 주변에 있는 화학물질이 성 정체성에 영향을 미치고 있는지에 관한 문제는 '방 안의 코끼리'와 약간 비슷하다. 분명하고 의미심장하지만 불편하고 다루기 어렵다.

한 과학 이론은 자궁이 EDC(환경호르몬) 특히 프탈레이트에 노출되면 태아의 테스토스테론 노출 정도를 낮출 수 있고, 그것이 성 정체성에 영향을 줄 수 있다고 시사한다. 이러한 화학물질은 남성에게서 자폐스펙트럼장애(ASD) 증가와 관련이 있었다. ASD와 성적 위화감은 표면적으로는 무관할 것 같지만 예상보다 더 자주 함께 발생한다.

또 다른 이론에 따르면, EDC가 뇌의 복잡한 생화학적 경로를 방해할 수 있다. 그 방식은 사람이 출생 시 생리적 성에 연관되는 방식 혹은 행동을 통해 그들의 성을 표현하는 방식과 동일하다.

이 두 가지 방식 중 하나는 성적 위화감을 초래할 수 있다는 것이다.

우리는 또한 아세트아미노펜(타이레놀)이 항안드로겐(예: 테스토스테론 저하) 효과를 가질 수 있다는 것을 이제 안다. 발달의 관점에서 말하면, 기본 뇌는 여성이다. 남아를 임신한 어머니가 항안드로겐 화학물질에 노출되면, 우리 연구에서 나타났듯이 그 남자 아기는 약간 덜 '남성 전형적인' 뇌를 갖고 덜 '남성 전형적인' 행동을 보일 가능성이 있다는 것을 의미한다.

최근 우리는 임신 중에 호르몬 모방 화학물질에 노출되면 여아와 남아 사이에서 흔히 보이는, 두뇌 관련 성차(性差)의 일부를 무디게 할 수 있다는 것을 발견했다.

보통 생후 30개월에 언어가 지연되는 남아가 여아의 약 두 배이다. 즉, 50단어 미만을 이해한다는 뜻이다. 임신부가 디부틸 프탈레이트(DBP)라고 불리는 항안드로겐 프탈레이트에 대한 노출이 적거나 임신 중 타이레놀을 사용하지 않을 경우, 아기의 언어 지연의 성별 차이가 크다. 대조적으로 임산부가 높은 수준의 DBP나 타이레놀에 노출되었을 때, 여아와 남아 사이에 언어 습득에 거의 차이가 없다.

간단히 말해서, 성별 간의 언어 발달 차이는 이러한 화학적 노출로 인해 흐려진다. 다른 많은 자질들도 그럴 것 같다.

진실은 EDC가 '성 정체성'에 영향을 미치는지 아닌지 그 뿌리를 파악하는 것은 어렵다는 것이다. 우선 우리는 동물 연구에 의존할 수가 없다. 왜냐하면 많은 사람들이 환경 화학물질에 노출되면 성적 행동(예를 들어, 동성 짝짓기로 귀결)과 생물학(개구리, 물고기의 중성화로 귀결)이 바뀔 수 있다는 것을 보여주었지만, 이러한 결과들 중 어느 것도 성 정체성을 반영하지 않기 때문이다. 몇몇 예외(침팬지, 코끼리, 돌고래 등)를 제외하면 대부분의 동물들은 자의식이 없다. 그들 자신이 분리된 명백한 개인이라는 감각 외에 성 정체성은 없다.

인간은 자각하기 때문에 다른 이야기가 된다. (어쨌든 우리 대부분은 그렇다.) 하지만 인간의 경우 유전적인 것을 거의 똑같이 공유하는 일란성 쌍둥이를 대상으로 무작위 대조 임상시험을 하는 것은 엄청난 비윤리성은 말할 것도 없고, 거의 불가능할 것이다.

그 임상시험은 EDC가 성적 취향과 성 정체성에 어떤 영향을 미칠 수 있는지 보기 위해 그들이 어릴 때 고의적으로 높은 수준의 EDC에 노출시키는 것을 말한다. 설사 그것이 가능하다고 해도, 그러한 연구의 결과는 성적 취향과 성 정체성 발달의 중요한 시기가 임신 중이라면 유익하지 않을 것이다. 임신 기간이 성기와 뇌가 발달하는 시기이기 때문이다(제5장에서 이 문제에 대해 더 많이 알게 될 것이다).

그런데 몇 살에 어떤 끝점들을 측정해야 하는지에 관한 질문이 있다. 뇌 기능, 사회적 행동, 자아 개념 또는 다른 것에 기초해야 하는가? 그 대답은 매우 복잡하다. 조사는 종종 이분법적 정의(남성 또는 여성)에 의존하지만 성 정체성의 문제는 매우 개인적이기 때문이다.

이러한 이유들 때문에 일부 연구자들은 이제 사람들의 성 식별을 평가하기 위해 여성성과 남성성의 등급을 측정하는 척도의 사용을 옹호한다. 스탠퍼드대 연구진이 성인 1,500명 이상을 대상으로 성 식별(자기 인식과 타인의 시각을 바탕으로)에 관한 전국 설문조사를 실시한 결과, 응답자의 3분의 1 미만이 자신을 본래 성 유형(출생 시 주어진 성별) 식별 척도의 최대치로 평가한 것으로 나타났다.

여기에 진짜 깜짝 놀랄 결과가 있다. 응답자의 76%는 여성성과 남성성이 부분적으로 겹치는 성적 윤곽을 가지고 있었다. 응답자들에게 자신의 반응을 조정할 기회를 주었다. 그러자 그들은 남성성이나 여성성에 대한 전반적인 느낌을 나타낼 때 외모, 성격 특성, 직업, 취미 등 다양한 요인을 고려했다는 것이 분명해졌다.

예를 들어, 시스젠더 남성(남성으로 태어나 자신을 남성으로 인식하는 사람)은 여성성의 척도에서 6점 만점에 2점, 남성성 스펙트럼에서 6점 만점에 5점으로 자신을 평가했다. 그들은 "나는 메트로섹슈얼(도시에 살면서 패션, 쇼핑 등에 관심이 많은 이성애자 남자) 집단에 속한다고 생각한다. 나는 여자를 좋아하고 피부, 옷, 외모에 관해 대부분의 내 친구들보다 조금 더 신경을 쓴다."라고 말했다.

그 연구의 저자 중 한 명인 스탠포드대 사회학과 부교수 알리야 사퍼스타인(Aliya Saperstein) 박사는 나중에 2018년 성 식별에 관한 한 논문에서 "성 다양성은 여성과 남성의 범주 내에서 그리고 시스젠더(생물학적 성과 성 정체성이 일치하는 사람)와 트랜스젠더의 범주 내에도 존재한다. 민주당과 공화당 간의 정치적 연대의 차이가 자유주의에서 보수주의에 이르는 이념적 입장에 의해 교차되는 방식과 마찬가지로, 같은 성별 범주를 가진 사람들도 그들의 여성성과 남성성에서 변화를 보인다. 자아 인식과 타인의 인식을 통해 그렇게 된다."라고 썼다.

즉, 우리들 대부분은 극단적인 남성성과 극단적인 여성성 사이의 어디쯤에서 살고 있다. 그리고 우리의 정확한 위치는 어느 날이든 다를 수 있다.

° 성별 사이에서

기본적인 해부학적 차이를 넘어 무엇이 사람을 남성이나 여성으로 만드는가?

이 질문에는 여전히 결정적인 해답이 없다. 생물학적으로 말해도 그렇다. 그것은 특정한 생식기관의 존재 그리고 다른 생식기관의 부재인가? 더 깊고 낮은 목소리, 더 많은 머리카락, 더 많은 근육량 같은 2차 성징의 존재인가? 개인이 갖는 에스트로겐과 테스토스테론의 비율과 관련이 있을까?

일반적으로 에스트로겐은 여성호르몬으로, 테스토스테론은 남성호르몬으로 여겨지지만 두 성별의 신체는 비록 다른 비율이지만 두 호르몬을 모두 가지고 있다. 혹시 유전적 이상 때문에 특정 여성의 몸이 대부분의 여성보다 테스토스테론을 더 많이 생산한다면, 그녀의 세포가 테스토스테론에 비정상적으로 민감하다면, 그녀는 더 큰 근육, 얼굴과 몸의 더 많은 털, 그리고 아마도 확대된 클리토리스 같은 남성 2차 성징이 발달할 가능성이 있다.

이 문제는 수년에 걸쳐 특히 엘리트 스포츠에서 반복되는 골치 아픈 문제였다. 최고 경쟁력을 갖춘 일부 여성 선수들은 자연히 평균적인 여성보다 더 높은 수준의 테스토스테론과 근육량을 가지고 있다. 이는 일부 남성이 다른 남성들보다 더 높은 수준의 테스토스테론과 근육량을 가진 것과 마찬가지다. 그러나 스포츠에서 경쟁력 있는 강대국들은 종종 성별 검증 테스트를 해왔다.

염색체 검사(운동선수의 입에서 면봉으로 체세포를 채취해 여성형 XX 염색체 패턴을 검사하는 방식)는 1968년 여름 국제올림픽위원회가 도입했다. 염색체 검사는 이전의 성별 검증 관행에서 획기적으로 개선된 것으로 받아들여졌다. 과거 여성 운동선수들은 의사 심사위원들 앞에서 벌거벗은 채 퍼레이드를 하고 의무적인 성기 검사를 받거나, 무릎을 가슴에 대고 누워 의사들이 자세히 볼 수 있도록 해야 했다.*

염색체 검사는 항상 논란이 되었고, 일부 유전학자와 내분비학자들은 염색체 검사를 지지하지 않았다. 그들은 한 사람의 성별은 한 가지 요인이 아니라 유전적, 호르몬, 생리적 요인의 결합에 의해 결정된다고 주장했기 때문이다. 그러나 남성은 남성성을 증명하기 위해 그런 조치를 받은 적이 없다는 점에 주목할 필요가 있다.

중요한 것은 해부학, 호르몬 수준, 신체 구성 및 기타 생리적 요인에 관한 한 남녀 모두에게 상당한 변화가 존재한다는 점이다. 테스토스테론을 추가로 생산하는 여성들의 여성대회 출전이 자연스럽게 금지된다면, 그것은 다른 생리적 이상을 가진 선수들을 출전 금지하는 단초가 될 수 있다는 것이다.** 이 같은 근본적인 우려가 염색체 검사에

---

* 이 테스트를 통해, "목표는 남성들이 여성대회에서 여성으로 가장하는 것을 막고, 성 발달 장애를 가지고 태어난 여성 선수들이 '불공정하고, 남성적인' 이점을 누리는 것을 막는 것이었다."라고 스포츠 성별 식별 정책에 관한 국제 실무그룹의 공동 창립 멤버인 앨리슨 칼슨(Alison Carlson)은 설명한다. 이 문제는 20세기 중반으로 거슬러 올라간다. 당시 많은 여성 선수들, 특히 많은 동구권 국가 출신의 여성 선수들이 외모가 근육질이고 여성성이 부족한 것으로 간주되어 대회에 참가하지 못했다.
** 남아프리카공화국의 중거리 육상선수이자 두 차례 올림픽 금메달리스트인 캐스터 세메

내재되어 있다.

여러 가지 관점에서 볼 때, 이것은 단순히 성별 식별의 문제가 아니다. 인권, 사생활의 권리, 태어날 때 부여된 성별에 따라 운동하여 경쟁할 권리 등이 극도로 뒤엉킨 문제다.

결국 엘리트 프로선수들과 유능한 선수들은 자연스럽게, 어쩌면 유전적으로, 경쟁 우위의 속성을 부여받은 것이다. 올림픽 금메달을 8개 딴 자메이카 단거리 선수 우사인 볼트(Usain Bolt)의 예외적으로 긴 다리를 생각해 보라. 뛰어난 수영선수 마이클 펠프스(Michael Phelps)의 믿을 수 없는 날개폭(팔을 쭉 폈을 때 손가락 끝에서 다른 쪽 손가락 끝까지 80인치)을 생각해 보자. 그는 28개 메달로 역대 가장 성공적인 올림픽 선수가 되었다.

그들 같은 사람들은 타고난 생물학적 이점 때문에 대회 출전이 금지되어야 하는가? 남성은 테스토스테론 수치가 유별나게 높거나 낮으면 대회에서 실격되어야 하는가? 스포츠 경기에서 성별을 어디에 두어야 하는가? 이것들은 정말 까다로운 질문들이다.

냐(Caster Semenya)는 수년 동안 여성으로 대회에 참가할 권리를 위해, 세계 최고 여성선수의 한 명이라는 자신의 지위를 지키기 위해 싸웠다. 출생 시 법적으로 여성으로 분류된 세메냐는 안드로겐과잉증을 가지고 있기 때문에 자신의 성별이 지속적인 조사의 대상이 되는 것을 목격했다. 그녀의 몸은 대부분의 여성들보다 더 높은 수준의 테스토스테론을 생산했다. 마찬가지로 인도의 단거리 챔피언인 더티 찬드(Dutee Chand)에 대해 경쟁자들과 코치들은 국제육상경기연맹에 그녀의 체격이 남성 같아 보인다고 경고했다. 이후 그녀는 여성으로서는 높은 수준의 테스토스테론 수치를 자연스럽게 가진 것으로 밝혀졌다. 그녀는 2014년 1년간 여성대회 출전이 금지됐고, 테스토스테론 수치를 의학적으로 낮출 경우 대회에 복귀할 수 있다는 말을 들었으나 거절했다.

° 자기 발견의 시대

해부학과 생물학은 차치하고라도, 사람의 성 정체성에 관한 감각은 유아기에, 보통 세 살 때까지 발달한다. 연구 결과에 따르면 아기들은 생후 1년 동안 남성과 여성을 구별할 수 있지만, 성별 차이를 분류하고 이해하는 능력은 생후 18개월에서 24개월이 되기 전에는 나타나지 않는다. 그 후 어린 아이는 성별과 신체적 외모 또는 활동에 관한 구체적인 연관성이 발달하기 시작한다.

흥미로운 사례가 있다. 수년 전 트레이시(Tracy)의 세 살배기 아들 에이든(Aiden)이 남동생을 얻기 위해 그녀에게 아기를 낳아 달라고 했다. 2015년 아기 배리(Barry)가 도착했을 때 에이든의 소원은 실현된 것 같았다. 하지만 배리는 세 번째 생일 직전에 엄마의 옷을 입기를 좋아했다. 핑크색에 매료되었고 전통적인 남자아이 장난감보다는 인형을 가지고 놀고 싶어 했다. 어느 날 배리는 트레이시에게 "나는 엄마 같은 여자야!"라고 선언했다.

배리는 몸 구조에 대해 상당히 불안해했고, 두 사람이 함께 화장실에 가려고 할 때 배리는 엄마의 음경이 어디 있는지 물어보곤 했다. 집에서 일하는 34세의 재택(在宅) 그래픽디자이너 트레이시는 "배리는 내가 음경을 잃어버렸다고 우겼고 우리는 그것을 찾으러 가야 했다."라고 회상했다. 어느 날 트레이시가 배리의 옷을 갈아입히는 동안 배리는 자신의 음경을 움켜쥐고 "페니스는 안 돼! 페니스는 안 돼!"라고 말했다. 어머니에게 몹시 화가 난 혐오 행위의 표시였다.

그 직후 배리는 여자아이로 인정받고 대우받아야 한다고 고집을 부렸다. 분홍색 옷만 입고 공공연히 여성 옷을 입었다. 배리의 부모는 이런 욕망을 수용하여 비록 이름을 바꾸지는 않았지만 배리를 '그녀'라고 부르기 시작했다. 에이든도 배리를 여동생으로 소개한다. "그녀는 어린 소녀일 뿐입니다. 허리 아래로부터 모든 것이 완전히 남성이라는 사실만 빼면요."

트레이시가 말한다. "일단 여자 옷을 입기 시작하더니 다른 사람으로 변했다. 그녀의 말투가 바뀌었고 더 많은 이야기를 하기 시작했다. 사진을 찍으려고 포즈를 취하라면, 엉덩이를 내밀 것이다. 춤출 땐 소녀처럼 움직이며 손을 흔들어댄다. 더 행복한 아이가 되었다."

이제 네 살인 배리는 더 이상 내성적이지 않고 유치원에 가서 친구들과 놀고 티파티도 즐긴다. 트레이시는 "우리는 그녀가 누구인지에 상관하지 않고 100% 그녀를 받아들이고 있다. 그러나 이것은 배리가 세상에서 마주치게 될 고난 때문에 내 아이에게 바라는 것이 아니다."라고 말한다.

배리의 조기 발병 성적 위화감과는 대조적으로, 임상의들은 최근 십대들이 사춘기 동안이나 사춘기 이후에 처음으로 '돌발적 성적 위화감(ROGD)'을 경험하는 현상을 언급했다. 거꾸로 성 정체성이나 성적 위화감 문제로 고심하는 청소년들은 증가하는 소셜미디어에서 정신적 위안과 지지를 찾는 방법을 얻고 있다. 여기에는 단점이 따른다. 일부 전문가들은 이러한 온라인의 영향이 일부 사람들에게 성적 위화감을 가중시킬 수 있다고 우려한다.

논란이 되고 있는 한 2018년 온라인 조사는 세 개의 웹사이트를 통해 자녀의 성적 위화감이 조기에 시작되는 징후를 인식한 부모 256명을 모집했다. 그리고 이들에게 90개의 질문에 답하게 함으로써 관찰을 공유했다. 부모들에 따르면 표본이 된 아이들 중 83%는 여자로 태어났고 41%는 다른 성별로 인식하기 전에 비이성애자였다. 63%는 성적 위화감을 인식하기 전에 적어도 하나 이상의 정신건강 문제(불안, 우울증 또는 섭식장애 등) 또는 신경발달장애(가령 주의력 결핍 과잉행동 장애 또는 자폐스펙트럼장애) 진단을 받은 것으로 알려졌다.

이 연구는 아이들이 아닌 부모들을 대상으로 이런 질문을 했기 때문에 논란을 유발했다. 사회적 전염의 요소가 작용할 수 있기 때문이다. 그리고 다른 요인들도 이 성적 위화감 형성에 영향을 미친 것 같다는 연구자의 결론은 또 다른 불편함을 초래했다. 연구자가 거론한 다른 요인들은 정신건강 문제, 성적 또는 성별 관련 트라우마, 감정과 어려운 현실에서 벗어나고자 하는 욕구, 부모의 이혼 및 죽음 같은 주요 가족 스트레스, 높은 수준의 부모·자녀 갈등 등이다.

브라운대학 박사과정 학생이자 성전환 옹호자인 아르지 자벨라나 레스타(Arjee Javellana Restar)는 2019년 〈성행위 기록집(The Archives of Sexual Behavior)〉에서 이 연구를 비판했다. "방법론과 디자인 문제의 대부분은 병리학적인 틀과 병리학 언어를 사용하여 이 현상을 전염병('성적 위화감의 집단 발병')과 장애('섭식장애와 거식증')에 버금가는 현상으로 생각, 묘사, 이론화한 데서 비롯된다." 많은 트랜스젠더 활동가들은 레스타의 관점에 동의하며, 일부는 조사 방법론과 분석이 생물학적 성에 불응하는 젊은이들의 경험을 더욱 낙인찍는다고 믿고 있다.

또 다른 생각이 있다. 자신을 트랜스젠더로 소개하는 일부 사춘기 전 아이들은 청소년기에 도달할 때까지 더 이상 성적 위화감을 느끼지 않으며 나중에 시스젠더(생물학적 성과 성 정체성이 일치하는 사람)로 인식할 것이다. 이것은 '단념'이라고 불린다. 이것은 종종 이런 아이들의 사회적 또는 호르몬의 전환을 위축시키기 위한 주장으로 사용된다. 범죄학 분야에서 '단념'은 공격적 또는 반사회적 행동의 중단을 의미하기 때문에 잠재적으로 의미심장한 용어이기도 하다.

흥미롭게도 호르몬 치료를 받고 사회적으로 전환하는 사람들은 트랜스젠더 정체성에 대해 더 높은 지속성(또는 영구성)을 가질 가능성이 높다고 펜실베니아주립대학의 심리학 및 소아과 교수인 셰리 베렌바움(Sheri Berenbaum) 박사는 지적한다. 그러나 이러한 행동들이 아이들이 '진짜 자신'이 될 수 있게 해주기 때문인지 아니면 본질적으로 이분법적 정체성 하의 한 길을 선택하도록 강요하기 때문인지는 분명하지 않다.

벤(Ben)은 자신의 성 정체성을 받아들이는 데 오랜 시간이 걸렸다. 여자로 태어난 그는 항상 다르다고 느꼈고 적응하기 위해 노력했다. 어린 시절 그는 나무에 오르고 배구를 하고 건물 세트를 가지고 노는 것을 즐겼다. 그는 인형을 가지고 있었지만, 인형을 가지고 노는 것보다 어떻게 작동하는지 보기 위해 인형을 분해하는 데 관심이 더 많았다.

19살에 벤은 결혼했고, 25살에 '그'('그녀'보다는 이 호칭이 어울린다)와 그의 남편은 임신을 하려고 했지만 소용이 없었다. 결혼생활은 실패했고, 이혼 후 벤은 남성과는 일련의 관계를, 여성과는 3번 짧은 관계를 가졌다. 그때부터 그는 치료를 받기 시작했고 결국 까다롭기 짝이 없는 성별 문제를 건드렸다. 그는 힘을 더 받기 위해 무술과 복싱을 시작했다. 하지만 아무 도움도 되지 않았다.

벤의 생리는 언제나 길고 고통스러웠고, 감정적으로도 고통스러웠기 때문에 치료사는 생리를 잠시 쉬자고 제안했다. 그래서 벤은 생리를 조절하기 위해 3개월마다 프로게스테론 주사인 데포-프로베라를 맞기 시작했다. 그 약은 그를 육체적으로 더 나쁘게 만들었다. 그래서 그는 데포-프로베라의 부작용에 대응하기 위해 테스토스테론을 저용량 주입하기 시작했다. 테스토스테론을 주입한 것은 "따뜻한 목욕 같았다. 내 몸에 맞는 화학물질인 것 같았다."라고 벤은 말한다. 그 전에는 "내부에 에스트로겐 중독이 있었던 것 같았다."라고 했다.

이 신체적인 변화는 그가 고심하던 모든 감정과 함께 자신이 트랜스젠더라는 것을 깨닫는 데 도움이 되었다. 테스토스테론 치료를 받고 결국 가슴과 자궁을 제거했을 때 그는 39세였다. 요즘 그는 동성애자임을 밝히고 오랫동안 동성애자로 살아온 에드(Ed)와 행복하게 결혼했다. 이제 56세인 벤은 뉴욕시의 상담가 겸 교육자로 일하면서 "내가 이 여행을 해냈고 내 삶과 몸에 관해 행복과 평화를 느끼는 것은 행운이다."라고 말한다.

° 흐릿해지는 이분법적 경계

성별과 성을 정의하는 것은 의심할 여지없이 많은 뉘앙스와 여러 측면을 가진 복잡한 문제이며, 그 중 일부는 육체적인 것이다. 일부 연구자들은 모호한 성기를 가지고 태어나는 물고기, 개구리, 파충류와 함께 모호한 성기를 포함한 인터섹스(intersex 암수로 구분하기 힘든 것) 변이를 가지고 태어나는 아이들이 증가하고 있다고 지적한다. '자웅동체'라는 용어의 사용은 비하로 인식되고 있어 그 대체 용어로 '인터섹스'가 도입되었다. 더 최근에는 성발달장애(DSD)가 선호하는 의학 용어가 되었다.

하지만 인터섹스 변이의 확산에 관한 신뢰할 만한 통계는 나오기 어렵다. 부분적으로는 연구자들이 인간을 대상으로 인터섹스 변이의 정의를 내리는 것에 항상 동의하지는 않기 때문이다. 이 용어는 일반적으로 남성이나 여성의 일반적인 정의에 부합하지 않는 생식 또는 성적 인체 구조를 가지고 태어난 다양한 조건을 설명하는 데 사용된다.

아주 간단해 보이는가? 반드시 그렇지는 않다. 이런 비정상에는 외부 성기 또는 내부 생식기 이상, 외부 성기와 내부 생식기 사이의 불일치, 성 염색체 이상 또는 기타 특이한 조건이 포함될 수 있기 때문이다.

예를 들어 전형적인 남성과 전형적인 여성의 인체 구조 사이의 그 어디쯤에 있는 것처럼 보이는 성기를 가지고 태어난 사람이 있다. 즉 아마도 유별나게 큰 클리토리스나 질 개구부가 없는 '여아' 또는 아주 작은 음경이나 음순 같아 보이는 갈라진 음낭을 가진 '남아' 등은 인터섹스로 간주될 수도 있다.

겉으로는 여성으로 보이지만 안쪽에는 주로 남성 인체 구조를 가지고 있는 아기들, XX 염색체와 XY 염색체 사이에서 변형된 세포를 가진 아기들도 마찬가지다. 이 범주에는 낮은 수준의 스트레스호르몬 코티솔과 높은 수준의 안드로겐(남성호르몬)을 유발하는 유전 질환인 선천성 부신 과형성증(CAH)을 가지고 태어난 아이들이 포함되어 있다. 이 질환은 여성 영아에서, 사춘기 초기에는 남녀 모두에게서 성기의 남성화를 초래한다.

이들 중에는 사춘기가 되거나 불임이라는 사실을 알게 된 뒤에야 비로소 인터섹스 인체 구조라는 것을 알게 되는 사람도 있다. 그리고 북미인터섹스협회에 따르면, "어떤 사람들은 아무도 모르는 사이에 인터섹스 인체 구조를 가지고 살다가 죽는다."고 한다.

이러한 문제의 확산을 식별하는 것은 말할 것도 없고, 인터섹스를 정의하는 것은 매우 어렵다. 의료기관의 의사가 눈에 띄는 비정형 성기를 가진 아기의 분만을 도운 사례를 토대로 하면, 인터섹스 아기의 발생률은 약 1,500명 중 1명으로 추산된다. 그러나 많은 아기들이 더 미묘한 성적 구조 변형을 가지고 태어난다. 이것은 진단되지 않을 수도 있다.

실제로 '어린이 국민건강시스템'의 전문가들은 어떤 형태로든 성발달장애(DSD)가 신생아 100명 중 1명에게 영향을 미친다고 주장한다. 이

시점에서 이런 상황이 얼마나 흔한지 결론내리는 것은 단지 추측 게임일 뿐이다.

그럼에도 불구하고, 일부 연구원들은 환경호르몬(EDC)과 환경의 다른 화학물질이 어떤 형태로든 중성화에 영향을 미칠 수 있는지에 관해 궁금해 했다. 결국 연구는 태아의 EDC 과다 노출(예를 들어, 부모가 살충제나 프탈레이트에 직업적으로 노출되었다면)과, 남성 신생아의 높은 외부 생식기 기형 위험 사이의 관련성을 발견했다. 그리고 노스텍사스대의 연구원들은 EDC가 인간의 성적 분화에 영향을 미치는 생리적 경로를 탐구했다.

Y염색체를 지닌 태아는 임신 중 고환이 적기에 충분한 양의 안드로겐을 생산하면 표현형 남성이 된다. 만약 환경호르몬이 이 과정을 방해하면, 태아는 본질적으로 여성(생물학적으로 말하면 기본 성)으로 발전하거나 모호한 성기를 발달시킬 것이다(즉, 남성과 여성 생식기의 요소를 모두 가진다). 노스텍사스대 연구진이 지적했듯이, 이러한 화학물질은 뇌의 복잡한 생화학적 경로를 방해할 수 있다. 이는 "사람이 생리적 성과 어울리거나, 성을 행동으로 구체화하는 방식"에 영향을 미칠 수 있다.

우리는 동물 연구를 통해 자궁에서의 호르몬 노출이 성 관련 신체·신경 발달에 영향을 미치는 원리에 관한 증거를 가지고 있다. 예를 들어, 연구에 따르면 설치류의 성행위는 같은 자궁 내 옆 태아의 성별에 달려 있다. 자궁 내에서 두 마리의 수컷 새끼 사이에서 발달하는 암컷 새끼는 이웃한 새끼들로부터 테스토스테론을 약간 더 많이 받는다.

그 결과 그 암컷의 성기는 다소 남성적이 된다. 성적으로 활동적이 되면 다른 암컷에 올라탈 가능성이 크고 수컷에게 끌릴 가능성은 적다.

또 다른 연구에서, 자궁에서 비스페놀 A(BPA)에 노출된 수컷 원숭이들은 출생 후 어미에게 매달리고 사회적 탐사 같은 여성적 행동을 더 많이 보이는 것으로 밝혀졌다. 호르몬이 자궁의 어디에서 왔는지(화학물질인지, 천연 호르몬인지)는 원칙적으로 중요하지 않다. 생식기 발달 및 성별 특이 행동에서도 같은 변화를 초래할 수 있다.

인간도 자궁 내에서 특정 화학물질에 노출되면 자라면서 성 정체성에 영향을 받을 수 있을까? 이에 관한 많은 것들이 여전히 미지의 상태에 놓여 있다. 하지만 우리가 알고 있는 것도 있다. 태아의 환경호르몬 노출은 소년들이 노는 방식에 영향을 미치는 것 같다.

내가 시행한 한 연구에서 우리는 엄마들에게 표준 '놀이 행동' 설문지를 사용하여 4세에서 7세 사이의 자녀들이 어떻게 놀았는지를 물었다. 우리는 자궁에서 높은 수준의 디-2-에틸헥실 프탈레이트(DEHP 태아 테스토스테론을 낮출 수 있는 강력한 화학물질)에 노출된 소년들은 '남성성 척도'가 유의미하게 낮다는 것을 발견했다. 즉, 이들은 인형을 가지고 놀 가능성이 크고 트럭과 총을 가지고 놀 가능성이 더 적다는 의미이다.

동일한 '놀이 행동' 설문지를 사용한 네덜란드의 2014년 연구도 마찬가지 결과를 보였다. 즉, 다이옥신과 PCB(폴리염화바이페닐)에 노출된 남학생은 더 여성적인 행동을 보였고, 여학생의 경우 덜 여성적인 놀이 행동을 하는 것으로 나타났다.

한편 CAH(선천성 부신 과형성증)를 가지고 태어난 여성들(결과적으로 어린 시절에 높은 수준의 안드로겐에 노출)을 대상으로 한 연구에 따르면, 그들은 소녀로 자랐음에도 불구하고 종종 남성형 행동을 보였다. 그들은 일반적인 남성보다는 더 남성적이지는 않았지만, 일반적인 여성보다는 더 남성적이었다. 자유놀이 시간에 CAH를 가진 2살 반에서 12살의 소녀들은 CAH가 없는 소녀들보다 더 많이 남자 장난감, 특히 트럭 놀이를 선택했다. 또 CAH가 없는 소녀들보다 전형적인 소녀 장난감(인형 등)에 관심을 덜 보였다.

베렌바움(Berenbaum) 박사는 그들은 성적 위화감을 겪거나 자신을 덜 여성적이라고 인식할 가능성이 약간 더 높다고 말한다. "하지만 CAH를 가진 여학생들 중 압도적 다수는 자신을 여학생으로 인식한다."는 것이 그의 설명이다.

그렇다면 이 책의 맥락에서 이 모든 것은 무엇을 의미하는가? 간단히 말해서, 환경 화학물질은 생식 발달에 영향을 미치는 것 외에도 성 정체성과 성적 선호에 영향을 미칠 수 있다. 이러한 형태의 유동성은 본질적으로 좋지도 나쁘지도 않지만, 밝은 희망을 줄 수 있다.

그런 추세는 틀림없이 증가하고 있다. 비록 그들이 성별의 관점에서 존재하고 인식하지만, 우리는 하나의 사회로서 사람들을 받아들이는 데 점차 더 개방적이 되고 있다. 우리가 용감하고 새롭고 포괄적인 비(非)이분법적 세계를 만드는 방향으로 나아가기 때문에 그것은 논쟁의 여지없이 좋은 일이다.

제2부

성 전환기, 그 원천과 타이밍

제 5장

취약한 윈도

타이밍이 가장 중요하다

° 프로그램에 참여하기

정자는 현미경으로 볼 수 있는 미세한 크기이지만 강하고 회복력이 있는 수영선수들이다. 이 올챙이 같은 세포들은 수많은 형태의 환경 공격으로부터 생존할 수 있다. 또 빠르게 움직이고, 다양한 장애물(안녕! 자궁경부 점액!)을 관통하여 자신들의 길을 헤쳐 간다. 수컷과 암컷 생식기를 통과하는 힘든 여행에서 살아남고, 배아 발달에 강력한 유전적 영향을 미친다. 하지만, 그들은 또한 놀라울 정도로 취약하다. 남성의 발달에 있어서 중요한 시기에 특히 그러하다.

남성은 삶의 어느 시점에서도 섬세하고 근면한 이 '극미동물'(안토니 반 레벤후크가 1677년 현미경으로 처음 그들을 보았을 때 이렇게 언급하였다)들에게 손상을 줄 수 있다. 또 정자의 손실과 손상에 특히 취약한 시기가 있다. 이런 위험한 시기는 생식세포(정자로 성숙할 원시세포) 또는 정자 자체가 빠르게 분열하여 증식할 때이다.

생식기 발달에 가장 민감한 시기는 생식기와, 정자를 생산할 생식세포가 형성되는 임신 첫 3개월이다. 이 시기는 '생식 윈도(window) 프로그래밍'이라고 불리는 단계. 테스토스테론을 포함한 안드로겐이 급증해 종종 '작은 사춘기'라고 불리는 생후 두 달에서 네 달 사이의 기간도 외부의 영향에 매우 민감한 것으로 생각된다. 흥미롭게도 테스토스테론 수치는 '작은 사춘기'가 끝날 때 최고조에 달한 다음 생후 6개월에 최저 수준으로 떨어진다. 이후 진짜 사춘기 직전까지 낮게 유지된다.

'생식 윈도 프로그래밍'은 발달하는 태아의 성 분화에 필수적이다. 아기의 생물학적 성은 임신에서 결정되며, 특정 염색체 쌍에 기반한다. 즉, XX는 여자이고 XY는 남자이다. 임신 3개월의 초반에 태아의 생식기는 남녀 구분 없이 동일하게 보인다. 그것은 같은 긴 산등성이 같은 조직이다. 원시 생식선은 오직 남성 성기로 진화할 것인지 여성 성기로 진화할 것인지를 알려주는 화학적 메시지(작동 지시)를 기다리고 있다.

대략 임신 8주차에 이 중립적인 생식선은 큰 변화를 겪기 시작하며 호르몬 생산에 따라 점차 구조와 기능 면에서 남성 또는 여성이 된다. 내부적으로 아기의 생식선은 난소나 고환이 될 것이다. 외부적으로 태아는 클리토리스가 생기거나 조직이 길어져 음경이 되고, 생식 주름은 음순이나 음낭이 된다. 성기가 어느 쪽으로 (그리고 얼마나 완전히) 발달하느냐는 이 기간 동안 테스토스테론의 분비 여부와 분비량에 달려 있다. Y염색체를 가진 배아에서 테스토스테론은 의무적으로 분비되고 음경이 발달하게 된다. 테스토스테론이 없으면 여성 생식기관이 형성될 것이다.

다른 관점에서는, 여성은 인간의 기본 성이다. 특정 호르몬이 생식기와 뇌를 남성화하기 위해 작용하지 않는 한 여성은 인체의 생물학적 성이다. 남성이 되기 위해서는 태아의 중립적인 성기가 고환, 음낭, 음경 및 기타 남성 기관으로 발전해야 한다.

한편 고환은 육체적 남성성으로의 여행을 완료하기 위해 적기에 충분한 테스토스테론을 생산해야 한다. 임신 2개월 이후 남성 태아에 존재하는 테스토스테론의 양은 음경의 크기와 출생 시 성기의 다른 부분을 결정하는 주요 요인이다. 임신 22주가 되면 고환은 복부에 형성되어 이미 미성숙 정자를 포함하고 있다. 머지않아 고환은 음낭으로 점진적으로 하강하기 시작하여 임신 말기에, 어떤 남아들의 경우 출생 후에 궁극적인 목적지에 도달한다.

이 같은 성 관련 기관들이 발달하는 동안 핵심 호르몬 생산의 변화는 심오하고 영구적인 해부학적 변화를 초래한다. 정상적인 프로그램의 중단은 적은 정자 수, 애매모호한 성기, 짧은 항문-생식기 거리(AGD), 그리고 음낭으로 내려가지 않는 고환 같은 선천성 생식기 결함을 초래한다. 이 단계에서 이 모든 부분이 정상적으로 발전하기 위해서는 고도로 조직된 일련의 사건들이 적절한 시기에 정확한 역학 관계를 이루고 있어야 한다.

마치 발레와 같다. 발레단 단원은 주요 댄서들과 부딪히지 않기 위해 적절한 시간에 무대에 올라야 한다. 주요 댄서는 파트너가 잡아주기를 기대하며 공중으로 높이 뛰어오른다. 만약 파트너가 적기에 그곳에서 그녀를 잡지 않으면 다칠지도 모른다. 배아의 성기 발달 과정에서의 안무도 비슷하게 복잡하다. 너무 많은 요소들이 관여하고 있음에도 불구하고 그 과정이 잘 진행되는 것은 놀라운 일이다.

° 마스터 스위치

성적 발달 및 생식 발달에 관한 한 호르몬은 커튼 뒤에 있는 위대하고 강력한 오즈와 같다. 보이지 않지만 강력하다. 호르몬은 신체의 모든 세포와 다양한 장기에 영향을 미친다는 점에서 조종의 달인이다. 전체 남성 생식 시스템은 생식세포와 생식 장기의 활동을 자극하거나 조절하기 위해 주요 호르몬에 의존한다.

남성 생식의 주요 호르몬은 난포자극호르몬(FSH), 황체형성호르몬(LH), 테스토스테론이다. 영향을 받는 기관에는 고환, 음경, 음낭, 요도(방광에서 몸 밖으로 소변을 유출하고 오르가즘 동안 정자를 배출하는 관), 다양한 분비선(전립선 포함)이 포함된다. 중요한 발달 기간 동안 이러한 호르몬의 분비 시기나 분비량이 방해 받으면 성 관련 장기의 성장 및(또는) 그 기능의 발달이 저해될 수 있다.

남녀 생식 호르몬의 변화

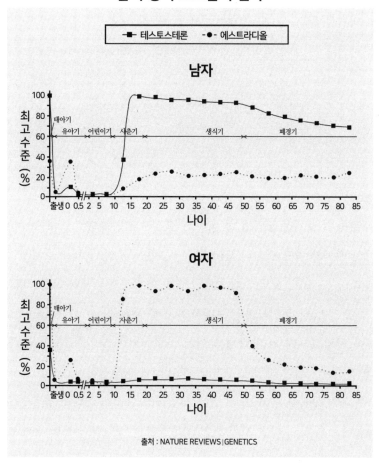

출처 : NATURE REVIEWS | GENETICS

　마찬가지로 여성 생식 시스템도 호르몬 특히 대부분 에스트로겐, 프로게스테론 및 테스토스테론에 의존한다. (그래, 소녀와 여자도 남성호르몬 테스토스테론을 생산한다. 남성은 고환에서 만들지만 여성은 난소에서 생산한다. 반면 남성보다 훨씬 적은 양을 만든다.) 자궁에 있는 동안 남녀 태아는 태반에서 생산되는 에스트로겐에 목욕한다. 일단 여자아이가 태어나면, 그녀의 난소는 기본적으로 난자의 창고 역할을 한다. 그녀는 2개월에서 4개월 사이 호르몬 급증이 특징인 '작은 사춘기'를 경험한다. 하지만 그녀의 성호르몬 수치는 남자애들보다 훨씬 작다. 진짜 사춘기가 시작되면서 뇌하수체는 난소를 자극하여 에스트로겐과 프로게스테론을 생산하기 시작한다. 이는 다시 생리와 성적 성숙의 시작으로 이어진다.

여아는 난소에 있는, 액체로 가득 찬 주머니(난포)에 둥지를 틀고 있는 약 100만에서 200만 개의 미성숙한 난자를 가지고 태어난다. 이는 놀라운 양처럼 들리며 한 여성의 필요량보다 확실히 많다. 하지만 여성 배아가 자궁에 있는 동안 600만 개 또는 700만 개의 난자를 가지고 있었을지도 모르기 때문에 그 출발점은 하향 궤도를 나타낸다.

이것은 남성의 생식과는 극명한 대조를 이룬다. 정자 생산은 초기 태아 발달로부터 여러 단계를 거쳐 이루어지며 성인기 내내 계속된다. 건강한 사람은 매달 최소 10억 개의 정자를 생산한다.

현대 세계에서 흔히 볼 수 있는 특정 화학물질뿐 아니라 한 인간의 생활습관은 삶의 다른 시기에 인간의 호르몬 체계를 장악할 수 있다. 만약 특정 화학물질에 대한 노출이 배아가 자궁에 있는 동안에 일어난다면, 생후 살아가면서 생식기 이상, 불임 문제, 그리고 다른 건강 이상을 유발하는 시한폭탄이 될 수 있다.

예를 들어, 여성이 임신 첫 3개월('생식 윈도 프로그래밍'이라고 불리는 기간)에 안드로겐의 작용을 차단하는 화학물질에 노출되면, 여러 가지 방법으로 남성 태아의 생식 발달에 영향을 미칠 수 있다. 한 가지는 AGD를 단축하는 것이다. 짧은 AGD는 적은 정자 수, 작은 음경과 상관관계가 있다는 연구 결과가 나와 있기 때문에 AGD는 중요하다.

게다가 태아기 남성호르몬계 장애는 테스토스테론 수치를 낮추고 남자아이가 태어날 때 잠복고환(고환이 복강에 머물러 음낭으로 내려가지 않는 상태)이나 기형적 음경인 요도하열(요도 구멍이 귀두 끝부분에 위치하지 않고 아래쪽에 있는 것)을 가질 위험을 증가시킬 수 있다.

정자 수 감소와 병행하여 일부 서구 국가에서는 남성 성기 이상 발생률이 증가하고 있다. 영국 연구에 따르면, 잠복고환 발생은 1950년대부터 2000년대 초반까지 거의 두 배로 증가했고 덴마크에서는 그 발생률이 1959년에서 2001년까지 4배 이상 급등한 것으로 나타났다. 마찬가지로 요도하열 발생은 스웨덴에서 1990년부터 1999년까지 뚜렷한 이유 없이 증가했다. 덴마크에서는 1977년에서 2005년 사이에 그 유병률이 두 배 이상 증가했다.

이런 이상을 가지고 태어난 소년들이 성인이 됨에 따라, 호르몬의 근본적인 대혼란은 고환암, 불임, 그리고 정자 수 감소의 위험을 증가시킬 수 있다. 대부분의 엄마들은 아들에게 이런 유산을 남기지 않기 위해서라면 어떤 것도 할 것이다.

교육전문가인 사만다(Samantha)와 그녀의 남편은 2018년 아들 에단(Ethan)이 태어난 후 이런 걱정들로 고심해 왔다. 고대했던 임신의 이정표인 20주차 초음파검사 결과 에단의 신장이 정상보다 크다는 것이 밝혀졌다. 에단은 심한 신장 감염으로 생후 4일차에 기저귀에 피를 묻혔다. 이 때문에 열흘 동안 입원해 항생제 정맥주사를 맞아야 했다.

소아비뇨기과 전문의는 에단의 부모에게 고환이 정상적인 위치로 내려가지 않았으며 이 때문에 아들이 불임 문제와 고환암을 겪을 위험이 높아졌다고 말했다. 그것은 새내기 부모들을 깜짝 놀라게 하는 폭탄선언이었다.

다행스럽게도 고환 한 개는 결국 저절로 내려왔다. 생후 7개월이 되었을 때 에단은 정상 위치에서 1㎝ 떨어진 곳에 있는 다른 한 개를 끌어내리는 수술이 필요했다. 부모 중 어느 쪽 가계도 잠복고환 가족력이 없었다. 사만다는 임신 기간 동안 건강하고 유기적인 음식을 고수하고 정기적으로 고성능 미립자 제거 필터를 장착한 진공청소기로 청소하는 등 '오염되지 않은 생활'을 했다고 말했다.

그래서 그녀는 왜 아들에게 이런 일이 일어났는지를, 그 주제에 관해 광범위하게 조사한 후에도 알아내지 못했다. 24살에 에단을 낳은 사만다는 "내가 생각할 수 있는 단 한 가지는 공기가 나쁘고 독소와 화학물질로 둘러싸인 캘리포니아의 센트럴 밸리에 우리가 살고 있다는 것이다."라고 말했다. "아기였을 때 우리가 치료해준 작은 문제 때문에 아들이 아이를 낳고 싶어도 아이를 갖지 못할지도 모른다는 생각에 정말 슬프다."

자궁에 있는 동안, 여성 배아의 생식기관 발달은 남성 배아만큼 취약하지 않다. 하지만 그렇다고 문제가 없다는 뜻은 아니다. 자궁에서 남성 생식기 발달에 영향을 줄 수 있는 화학물질 중 일부는 소녀의 사춘기 발현 시기에 영향을 줄 수 있다. 그것은 특히 음모(陰毛) 및 유방의 조기 발달, 빠른 생리 시작으로 연결된다는 증거가 제시되어 있다. 또 자궁 내에서 이런 화학물질 중 일부에 노출되면 여성 배아의 난소 기능이 부정적인 영향을 받아 나중에 그녀가 성인이 되거나 폐경 초기에 난자가 급감할 수 있다.

어떤 방식으로든 자궁에서 일어나는 일은 자궁 안에서만 머물지 않는다. 이러한 노출은 남녀 모두에게 생식 및 성적 발달에 장기간 지속되는 영향을 미칠 수 있다.

° 민감한 남성

성 평등에 관한 한 자궁은 공평한 경쟁의 장을 제공하지 않는다. 남녀 배아 발달 및 태아 생존의 잠재적 위협에 관한 한 이 말은 진실이다. 우선 심각한 태반 기능장애는 남성 태아 임신에서 더 흔하다. 이는 남성 태아에게 초기 유산 위험이 증가하는 것을 부분적으로 설명할 수 있다.

여성의 몸은 스트레스가 많은 시기에 남성 아기들을 더 많이 자발적으로 낙태시킨다는 증거가 있다. 예를 들어 2001년과 2012년 사이에 전 세계적으로 5건의 테러 공격이 있은 후, 3개월에서 5개월 동안 여아에 대한 남아의 정상출산 비율이 감소했다. 여기서 남성 배아가 염색체 취약 등을 감안하더라도 환경 화학물질로 인한 손상에 얼마나 취약한지는 아직 밝혀지지 않았다.

또 다른 요인이 있다. 남성 태아는 자궁에서 더 빨리 자라 영양실조 위험이 더 크다. 태아의 영양 부족은 저체중아로 이어질 수 있다. 또 남자 아기는 조산 위험이 더 크다. 문제는 저체중아나 조산아로 태어난 남자 아기들이 같은 임신 기간 후에 같은 몸무게로 태어난 여자 아기들보다 생존 가능성이 낮다는 것이다.

° 자궁 내 무죄는 없다

자궁은 물론 자궁이며, 임신 중 그 벽에 붙어 있는 것은 태반이다. 이 필수적이면서도 일시적인 장기는 태아의 생명 유지 시스템과 약간 비슷하게 기능한다. 산소, 호르몬, 영양분을 제공하고 태아의 혈액에서 폐기물을 제거한다. 하지만 놀랍게도 사람들은 태반을 예상만큼 잘 이해하지 못하고 있다.

예컨대 임신부의 혈액 순환과 태아의 혈액 순환을 구분하는 막인 태반 장벽은 박테리아, 화학물질, 그리고 다른 잠재적 위협으로부터 태아를 보호하는 벽 또는 해자와 같다고 오랫동안 믿었다. 이러한 믿음은 심지어 임신부를 위한 건강 권고사항들 중 일부로 알려지기도 했다. 그래서 1940년대와 1950년대에 임산부들은 종종 신경 진정과 체중 증가 억제를 위해 흡연을 권장 받았다. 입덧 치료와 긴장 이완을 위해 샴페인과 와인을 처방받기도 했다. 이런 권고는 오래 전에 공룡의 길을 따랐다.

다행히 태반이 어떻게 작동하는지에 관한 우리의 통찰력은 향상되었다. 우리는 이제 태반 장벽이 불투과성과는 거리가 멀다는 것을 알고 있다. 니코틴, 알코올, 그리고 수은(특정 물고기를 섭취함으로써)과 같은 다른 독성 화학물질이 태반 장벽을 건너거나 손상시켜 발달하는 태아를 해칠 수 있다는 사실을 안다. 임신한 엄마는 단순히 임신한 것이 아니다. 그녀가 삼키거나 흡입하는 모든 것이 잠재적으로 그녀의 아기에게 영향을 줄 수 있다.

이런 사실은 비극적인 계기를 통해 발견되었다. 1947년에서 1971년 사이에 유산과 다른 임신 합병증을 막기 위해 임신부들에게 에스트로겐의 합성 형태인 디에틸스틸베스트롤(DES)을 처방한 것이다. 나중에 임신 중 DES를 복용한 여성의 사춘기 딸들은 이전에 젊은 여성에게는 없었던 희귀한 질암과 자궁경부암의 위험이 증가하였다.

그들은 또한 불임 문제, 유산, 조산, 그리고 자궁외임신의 비율이 더 높았다. 자궁외임신은 태아 생존이 불가능하며 어머니의 생명을 위협할 수 있다. 오랫동안 내분비 교란 화학물질로 인식되어 온 DES는 1971년 이후 임신 중에는 처방하지 않았다.

생식 발달에 해로운 영향을 미치는 타이밍을 식별하는 것은 어렵다. 특히 인간에게는 그렇다. 그러나 실험동물은 훨씬 쉽다. 예를 들어 태아기에 특정 환경 화학물질, 특히 테스토스테론을 낮출 수 있는 화학물질에 노출되면 그것이 생식기의 발달 방식에 영향을 미치는 것이 분명하다고 하자. 그러면 과학자들은 노출 타이밍이 어떻게 남성 생식기 발달에 영향을 미치는지를 보기 위해, 임신한 동물이 이런 화학물질에 노출되는 시기를 의도적으로 조절할 수 있다.

과학자들은 쥐의 경우 임신한 쥐가 짝짓기 후 8일 내지 21일 사이에 프탈레이트(우리 식품, 플라스틱, 기타 일상용품에서 발견되는 내분비교란물질)에 노출되면 새끼 수컷의 테스토스테론 수치가 감소하고 정상적인 남성 생식기 발달에 장애가 생길 수 있다는 사실을 발견했다. (이런 변화가 인정되었을 때, 매우 중요한 것으로 간주되어 '프탈레이트 증후군'이라는 특별한 이름을 갖게 되었다.)

하지만 이런 일의 발생은 까다롭다. 프탈레이트 노출이 18일 전이나 21일 후에만 일어난다면 그 증후군은 발생하지 않는다. 그래서 이 화학물질들이 자궁에서 악영향을 미칠 수 있는 기회는 비교적 적은 것이다.*

여성이 임신 중 잠재적으로 유해한 화학물질에 의도적으로 노출되는 연구를 하는 것은 윤리적으로 용납될 수 없다. 따라서 우리는 임신 중 프탈레이트 노출과 관련한 민감한 타이밍을 확인하기 위해 다른 접근법을 취해야 했다.

1999년부터 2009년 사이에 동료들과 내가 시행한 연구들에서, 임신부의 '부수적인' 프탈레이트 노출이 남성 자손의 생식기 발달에 미치는 영향을 조사했다. 우리는 임신의 여러 단계에 걸쳐 임신부의 소변에서 이런 화학물질의 수치를 측정했다. 프탈레이트 증후군과 남성

---

* 쥐의 임신 기간과 그에 따른 발달 기간은 인간의 것과는 상당히 다르다는 것을 명심하라. 쥐새끼는 자궁에서 약 20일을 보낸 후에 태어나는 반면, 인간 아기는 자궁에서 평균 280일을 보낸다. 출생 후 생식기를 포함한 쥐의 몸은 인간 아기보다 훨씬 덜 발달한다. 다른 중요한 발달상 차이가 있다. 쥐는 출생 후 약 40일에 사춘기에 접어드는 반면 인간은 일반적으로 그 형성 이정표에 도달하는 데 11년에서 12년이 걸린다.

생식기의 발달의 프로그래밍 시기를 찾았을 때, 우리는 그것이 임신 첫 3개월의 후반부 특히 임신 8주에서 12주 사이에 일어났다는 것을 발견했다.

출생 후 이 남자 아기들을 조사했을 때, 어머니가 특정 프탈레이트에 더 적게 노출된 경우보다 항문-생식기 거리(AGD)가 더 짧고, 음경이 더 작다는 것을 발견했다. 테스토스테론이 남성 배아에서 음경을 형성하게 하는 동시에 AGD를 증대시킨다는 점을 기억하라. 이 중요한 시기에 테스토스테론이 충분하지 않다면, 우리 연구팀이 2005년에 처음 밝힌 것처럼, 남자아이는 AGD가 짧고, 음경이 작으며, 고환이 음낭으로 덜 내려온 상태로 태어날지도 모른다.

남자들의 말이 맞다. 성기에 관한 한 크기가 중요하다. 단지 그들이 생각하는 방식으로는 아니다. 출산의 관점에서 짧은 AGD는 더 작은 음경, 더 적은 정자 수와 관련 있기 때문에 AGD는 중요하다.

내 연구 결과가 발표된 후 남성들로부터 자신의 AGD가 충분히 긴지를 묻는 이메일과, 여성들로부터 임신 중 프탈레이트 함유 화장품을 사용한 것이 아들의 AGD나 성적 발달에 영향을 미칠 수 있었는지 걱정하는 이메일이 쇄도했다. 나는 도움이 되려고 노력했지만, 어느 한 예에서 생식 발달과 특정 범인 사이의 인과관계를 특히 회고적으로 도출하는 것은 어려운 일이다. 이 경우 지나간 일은 알 수 없는 법이다.

AGD는 생식건강과 내분비 교란의 중요한 지표여서 아마도 모든 유아를 대상으로 측정해야 할 것이다. 하지만 그 일은 아직 실행되지 않고 있으며 연구 영역 밖에 있다. 나는 AGD를 고대 로마의 '시작과 전환의 신' 야누스와 약간 비슷하다고 생각한다. 하나는 미래를, 하나는 과거를 바라보는 두 얼굴의 신. 아기의 AGD는 태아가 자궁에서 어떤 화학적 영향을 받았는지, 그리고 그 사람의 생식건강 및 출산의 미래가 무엇인지를 말해줄 수 있다. 따라서 AGD는 자동차의 백미러 같은 시각과 미래 건강에 관한 예측을 제공한다.

그러나 아무도 AGD에 관심을 기울이지 않는 현실이 나를 계속 놀라게 한다. 물론 고상한 사람들 사이에서 어색한 화제다. 아이들이 'gooch'나 'taint' 같은 다양한 속어를 사용하여 AGD를 가리키지만, 그런 문구나 약어에 익숙한 성인은 거의 없다. 그들은 그 길이가 얼마나 중요한지에 관해서는 거의 인식하지 못한다.

어떤 이름으로든 AGD는 성별에 따라 가장 큰 차이가 나는 신체 부위다. 보통 상대적인 체격을 조절한 후에도 남성이 여성보다 50~100% 더 길다. 여성의 경우 AGD는 항문의 중심에서 클리토리스의 꼭대기까지의 거리를 나타내며, 그것은 여아들에게도 의미가 있다.

임신부가 다낭성난소증후군(PCOS)을 가지고 있을 때 여성 배아는 자궁에서 너무 많은 테스토스테론에 노출될 수 있다. 그렇게 되면, 여아는 성관계를 위해 정상치보다 긴 AGD를 가지고 태어날 것이다. 달리 표현하자면 AGD는 태아 안드로겐 활동의 생물학적 표지로 볼 수 있다. 여아의 더 긴 AGD와 PCOS 사이의 연관성을 고려할 때, PCOS는 자궁에서 유래할 수 있는 것으로 보인다.

특정 환경 화학물질에 노출되면 체내에 안드로겐 효과가 있을 수 있다. 이것들은 안드로겐을 낮추는 화학물질들에 비해 수적으로 드물다. 환경보호청에 따르면 펄프와 제지 공장의 액체 폐기물은 "남성화 및(또는) 성 역행 암컷 물고기를 만들기에 충분한" 안드로겐 활동을 보여준다고 한다. 공상과학 소설에 등장하는 신기한 장면들을 상상해 보라. 많은 종의 물고기는 성인기에 성기 그리고 색깔이나 신체 모양 등 2차 성징을 바꿀 수 있는 능력을 가지고 있다.

이런 일은 자연적으로, 무작위로 일어나는 것이 아니다. 하지만 야생에 영향을 미치는 수온 변화나 호르몬 수치를 바꿀 수 있는 약제 같은 환경 자극에 대응하여 발생할 수 있다(제9장에서 더 자세히 설명).

° 나쁜 노출의 핵심

앞서 보았듯이 발달하는 태아의 생식체계 변화는 말 그대로 평생 지속될 수 있다. 예를 들어 엄마(또는 아빠)의 흡연으로 인해 발생하는 남성 생식세포의 수 감소는 성인이 되었을 때 아들의 정액 품질에 영향을 줄 수 있다. 이와는 대조적으로 만약 화학적인 노출이 나중에 일어난다면, 그 변화는 되돌릴 수 있다. 담배를 피우는 성인 남성은 일반적으로 정자 수의 15% 감소를 경험하는데, 그가 그 습관을 그만두면 이는 역전될 수 있다. 하지만 임신부가 담배를 피운다면, 그녀의 다른 아들은 정자 수가 40%까지 매우 급격히 감소할 수 있고 그것은 돌이킬 수 없다.

부정적인 효과를 낼 수 있는 것은 화학물질뿐만이 아니다. 새로운 연구에 따르면 임신부가 남성 태아를 가진 임신 초기에 실직, 이혼, 사랑하는 사람의 죽음이나 질병 같은 중요한 삶의 스트레스를 경험하면, 그녀의 아들은 정자 수가 줄고, 점진적으로 운동성 정자가 적어지고, 20세에 테스토스테론 수치가 낮아질 위험이 증가한다고 한다.

과학자들은 이러한 유형의 영향을 구별하기 위해 '조직적인 영향'과 '활성화한 영향'이라는 용어를 사용한다. '조직적인 영향'은 개인의 생애 초기에 발생하며 세포, 조직 및 장기의 구조와 기능에 영구적인 변화를 유도한다. 이와는 대조적으로 '활성화한 영향'은 대개 빠르게 발생하지만 성인기에 일어나는 일시적인 영향이다. 간단하게 들리는가? 음, 복잡한 문제이다. 같은 성호르몬과 내분비 교란 화학물질 중 일부는 노출 시기에 따라 배아, 태아, 어린이 또는 성인에게 조직적인 또는 활성화한 영향을 줄 수 있다.

직관적으로 보면 단지 고농도의 화학물질만이 문제가 될 것 같다. 그러나 현실에서 배아는 작고 높은 비율의 세포분열을 겪고 있기 때문에 적은 양의 환경 화학물질에 민감하다. 우리는 올림픽경기장 크기의 수영장에서 베이비오일 한 방울만큼 작는 극소량에 관해 이야기하고 있다. 그럼에도 불구하고 임신부(그리고 그녀의 발달하는 아기)가 배아의 생식 및 신경(뇌) 조직에 민감한 시기에 저용량의 특정 화학물질을 노출되면 그 효과는 실질적이고 영구적일 수 있다.

그렇다. 영향을 받는 것은 생식기관뿐이 아니다. 임신 중 성호르몬이 태아의 뇌에 '조직적인 영향'을 미치는 시기에 예비 엄마가 내분비 교란 화학물질에 노출되면, 차후 자손의 행동 패턴(전통적인 남성이나 여성의 행동 패턴)에 영향을 미칠 수 있다.

흥미로운 동물의 예를 보자. 쥐를 대상으로 한 실험에서, 연구원들은 수컷과 암컷 쥐가 어미의 자궁에 있는 동안, 어미 쥐를 PCB라고 불리는 내분비 교란 화학물질에 노출시켰고, 새끼 쥐가 청소년기이었을 때 다시 노출시켰다. PCB의 양은 인간이 현실 세계에서 경험하는 것과 비슷했다. 연구자들은 태아기와 청소년기 모두 PCB 노출은 쥐의 불안이나 공격성 표현뿐 아니라 성적 행동이나 위험 감수 행동에 유의한 영향을 미치는 것을 발견했다. 흥미롭게도 청소년기 노출은 태아기 노출이 불안 관련 행동에 미친 영향을 증폭시켰다. 즉, 쥐가 두 번 노출되었을 때 변화가 더 뚜렷했다. 부가(附加) 효과가 발생한 것이다.

이러한 효과는 질병 발달의 '2-히트(two-hit) 모델'이라고 불리는 것과 일치한다. 간단히 말해서 암에 관한 한, 이 모델은 암을 유발하기 위해서는 DNA에 두 번의 '타격'이 필요하다는 것을 암시한다. 첫 번째 타격은 유전적 돌연변이에서 비롯될 수 있는 반면 그 후의 타격은 환경적 노출과 다른 유전적 요인에서 비롯될 수 있다. 생식기관과 뇌 발달의 관점에서 볼 때, 첫 번째 타격은 자궁에서 일어날 수 있고, 두 번째 또는 세 번째 타격은 생후 수개월 만에, 사춘기에,

심지어 성인기에 일어날 수 있다는 것을 인식하게 되었다.

2-히트 모델은 부상에 모욕감을 더하는 것과 맞먹는 증강 모델이다. 시간이 지남에 따라 독성의 영향은 생식 발달과 생식 기능에 누적된 영향을 미칠 수 있으며, 남성이나 여성이 아이를 갖는 것을 고려하기 훨씬 전에 잠재적인 불임 또는 기타 건강상의 문제로 이어질 수 있다.

사춘기 아이들이 종종 위험한 행동을 하는 것은 비밀이 아니다. 그들이 노출되는 물질과 화학물질은 10대들의 뇌와 생식 시스템 발달에 영향을 줄 수 있고, 그들의 건강에 지속적인 영향을 미칠 수 있다. 이것은 적어도 사춘기가 호르몬의 '조직적인 영향'에 민감하고 지속적인 영향을 받은 시기이기 때문이다.

예를 들어 청소년기에 10대들은 특히 술과 흡연의 영향에 민감하다. 한 연구는 초기(6학년 정도) 알코올 소비가 사춘기 발달을 지연시킬 수 있다는 것을 밝혀냈다. 소녀의 발달하는 유방 조직은 특정 프탈레이트의 영향에 취약하여 유방 밀도를 증가시킨다. 소년에게 유방이 생기는 '사춘기 여성형 유방증'은 특정 프탈레이트의 혈중 수치가 높아지는 것과도 관련이 있다.

벨트 아래에 미치는 영향을 보자. 정자는 사춘기에 생산되고 있으며 많은 요소들의 악영향에 취약하다. 여기에는 젊은이의 호르몬을 바꾸는 화학물질, 그리고 정자 생산에 함께 관여하는 복잡한 생리과정을 바꾸는 화학물질이 포함된다.

여러분은 태아의 삶에서 불안정한 시기를 높은 고도에서 바라보고 있다. 발달의 관점에서 말하면 놀라운 부분은 다음과 같다. 이 취약성의 시기는 새로운 것이 아니라 항상 일정했다. 비교적 최근에서야 우리는 아이들의 성적 발달 및 생식 발달이 부모의 생활방식과 화학적 노출에 의해(아이의 태아기), 또 그들 자신의 화학적 노출에 의해(아이의 유아기 및 청소년기) 얼마나 영향 받을 수 있는지를 알았다.

타이밍이 임신에서 가장 중요한 것처럼, 타이밍은 아이의 생식 발달에서 가장 중요하다. 한 연구 그룹은 체외수정 중인 여성에게서 채취한 난자의 수를 조사하여 여성의 소변에서 'DINCH'라는 비(非)프탈레이트 가소제의 양과 비교했다. 연구원들은 이 화학물질의 수치가 높은 여성들로부터는 더 적은 수의 난자를 채취할 수 있었다.

흥미로운 사실은 37세 이상 여성들 사이에서 채취한 난자의 수가 젊은 여성들에 비해 더 적었다는 것이다. 이것은 여성과 그녀의 파트너가 나이 듦에 따라, 그들의 몸이 유해한 화학물질의 영향에 탄력성이 더 떨어진다는 것을 암시한다. 나이든 부모들을 위해 목록에 추가해야 할 또 다른 문제!

따라서 생식 발달에 관한 한 단순히 '무엇'을 소비하느냐가 아니라 그것을 '언제' 소비하느냐가 중요하다.

임신 전 담배를 피우는 남자라면 그건 위험한 일이다. 임신한 여성이라면, 특히 첫 3개월은 태아의 생식기 발달에 미묘한 시기이다. 그 부정적 결과는 그녀의 아들이 더 적은 정자를 갖거나 딸이 더 높은 안드로겐 수치를 가질 가능성에 국한되지 않는다. 나중에 살펴보겠지만, 여러분의 향후 아들딸의 성적·생식적 미래에 미칠 잠재적 파급 효과는 매우 크다.

제 6장

정자를 지켜라
불임을 야기하는 생활습관

° 측정의 문제

남성이 기증을 위해 정자은행을 방문할 때, 어떤 생활습관들은 그를 빠르게 기증금지자 목록에 올릴 수 있다. 불법 약물의 사용은 명백한 것이다. 기증 희망자가 어떤 약을 거의 매일 단위로 복용하거나 성병(STD)에 노출·감염된 적이 있는 경우에도 마찬가지다. 많은 정자은행들은 또한 열(熱)이 정자의 질 저하와 관련이 있기 때문에 최근의 열병에 관해 묻는다. 하지만 이것들은 영구적인 거래 중단이라기보다 일시적인 제재이다.

또 특정 생활방식 요인들은 관문을 통과하지 못할 정도로 정자 품질에 부정적인 영향을 미칠 수 있다. 여기에는 직업적·환경적 위험에 노출, 흡연, 과도한 음주, 영양 결핍, 과열, 종일 TV만 보는 습관 등이 포함된다.

이런 이슈들 외에도 정자은행마다 약간 다른 자격요건을 가지고 있다. 예를 들어 '캘리포니아 냉동은행'은 지원자에게 키 최소 172.72cm 이상,* 나이 19세에서 38세 사이, 대학 졸업자(또는 재학중),** 건강 양호, 합법적으로 미국에서 일할 수 있을 것, 독점적인 여성 섹스파트너가 있을 것을 요구한다. '캘리포니아 정자은행'도 비슷한 기준을 가지고 있지만 키에 관해서는 약간 유연하다(170.18cm가 최소). 태평양 북서부의 '노스웨스트 냉동은행'은 지원자가 근육질 체격이고 키에 맞는 체중 제한 내에 있어야 한다는 추가 요구사항을 가지고 있다.

궁극적으로 한 남성이 주요 정자은행의 기증자가 되는 것은 하버드대, 프린스턴대, 예일대에 입학할 확률보다 낮다. 일부 정자은행들은 합격률이 1%에 이를 정도로 낮다.

주로 고객의 선호에서 비롯된 미적, 교육적 요구사항 외에도, 이런 고도의 선택 기준에는 타당한 이유들이 있다. 이런 요소들은 정자 질과 임신한 아기의 건강에 영향을 미칠 수 있기 때문이다. 예를 들어

---

* 일반적으로 사람들은 자녀들이 큰 키를 갖기를 원한다. 그렇게 해서 스포츠에서 뛰어나든, 체중 관리를 더 쉽게 하든, 성적으로 더 매력적이든, 더 많은 봉급을 받든. 일부 연구들에 따르면, 키가 큰 사람들이 더 많은 돈을 벌고 경영직 진출 기회가 더 많은 것으로 나타났다.
** 정자를 구하는 사람들에게 지능의 징후는 특히 정자가 IQ 검사를 받을 수 없기 때문에 매우 소중하다.

대부분의 정자은행들은 40대 이상 남성으로부터는 기증을 받지 않을 것이다. 나이든 남성은 20대나 30대 남성보다 정자가 더 많은 DNA 손상을 가질 가능성이 크기 때문이다. 특정 생활방식은 정자의 DNA뿐 아니라 정자의 농도, 운동성 및 형태학을 위태롭게 할 수 있다. 그러나 대부분의 남성은 이런 사실을 모르고 있다.

° 출산을 좌절시키는 생활방식

일상적인 일을 하는 동안 남녀는 자신도 모르는 사이에 생식건강과 출산력을 해칠 수 있다. 그럼에도 그들은 임신의 어려움을 겪을 때까지 이런 문제들을 알지 못한다. 이것이 현실이다.

현대 식생활과 생활방식은 정자에 좋지 않으며 여성의 생식 기능은 그 영향에 대해 면역력을 가지고 있지 않다. 흡연이나 과음 같은 생활습관은 심장, 폐, 뼈, 기타 부위에 해로운 것으로 알려져 있기 때문에 놀랄 일이 아니다. 하지만 의사는 이런 장기와 조직에 나쁜 것들이 생식 기능에도 나쁜 영향을 미칠 수 있고 남성의 정자 품질뿐 아니라 여성의 월경 기능, 유산, 난소예비력, 기타 생식 매개변수에도 문제를 야기할 수 있다는 사실을 말하지 않았을 수 있다. 그리고 여러분의 어머니는 이런 사실을 알지 못했다.

남녀의 신체적 부담이 약간 다르다는 것은 아무런 가치가 없다(스포일러 주의: 여성의 난자보다 남성의 정자를 해칠 수 있는 생활습관 요인이 훨씬 더 많다). 그리고 이런 영향이 잠재적으로 가장 큰 피해를 줄 수 있는 시기도 그렇다. 여성의 생식 수명은 25년에서 35년 정도 지속되는 반면, 남성의 경우 훨씬 더 길다(가장 나이 든 아버지는 96세였다!). 성인기에도 정자는 지속적으로 생산되기 때문에, 생활습관이 정액의 질을 손상시킨 남성은 행동을 바꿈으로써 정액을 향상시킬 수 있다. 그들은 재도전할 수 있고 재설정 버튼을 누를 수 있는 기회를 가지고 있다.

이런 관점에서 여성이 항상 운이 좋은 것은 아니다. 운동으로 인한 무월경(월경의 부재)을 가지고 있거나 충분히 먹지 않아 저체중인 여성은, 운동을 적게 하고 더 많이 먹는 것이 에스트로겐 수치를 정상 범위로 회복하고 생리를 더 규칙적인 주기(더 일관된 배란 포함)로 되돌릴 수 있다. 그러나 그런 예외를 제외하면 여성은 자신에게 닥친 생식 문제의 불행을 잠재적으로 되돌릴 기회가 더 적다. 특정한 생활방식과 관련된 요소들이 생식건강에 얼마나 해를 끼칠 수 있는지 자세히 살펴보자.

° 체중

남녀의 생식 기능에 동등하게 영향을 미치는 한 가지 요인은 체중이다. 물론 체중은 생활방식 요인은 아니다. 하지만 식습관과 운동 패턴은 생활방식 요인으로 체중에 실질적인 영향을 미친다. 우리 주변에 있는 플라스틱 및 화학물질들은 체중과 거의 관련이 없지만, 그 중 일부는 '비만 유발 화학물질(obesogens)'로 불려왔다. 즉, 우리가 체중을 얼마나 많이 늘릴 수 있는지에 영향을 미칠 수 있다는 것이다. 그것은 선택하는 음식의 질, 신체 활동 수준과 많은 관련이 있다.

고칼로리, 가공식품, 초가공식품이 거의 모든 곳에 있다는 점을 감안할 때, 현대 세계에서 체중 관리가 매우 어려운 일임은 부인할 수 없다. 그리고 우리는 모든 것을 자동화하는 시대에 살고 있기 때문에 거의 움직이지 않고 하루를 보내기도 쉽다. 이런 현실은 체중뿐 아니라 인간의 생식 기능에도 타격을 줄 수 있다.

실질적으로 과체중과 저체중은 정자의 질에 부정적인 영향을 미친다. 비만(체질량지수 30 이상)은 정자 수, 농도, 부피가 감소하고 정자 운동성이 떨어지며 비정상적인 정자의 발생률이 높기 때문에 특히 해롭다.

여성의 경우 체중과 유산의 연관성에 관해서도 U자형 곡선이 있다. BMI(체질량지수)가 30 이상 그리고 18.5 미만인 여성은 유산 위험이 증가한다.* 마찬가지로 여성의 체중이 너무 크거나 너무 작으면 임신할 확률에 영향을 미칠 수 있다. 정기적으로 배란하지 않거나, 건강한 임신을 지원하는 적절한 양의 에스트로겐과 프로게스테론을 가지고 있지 않을 수 있다. 이것은 골디락스 원칙(Goldilocks principle)의 또 다른 예다. 골디락스의 말로 표현하자면, 남녀 모두 최적의 생식 기능과 출산에 관한 한 체중에도 '매우 적당한' 구역이 있다.

이러한 연관성을 고려할 때 정자 수 감소, 출산 문제 증가와 서구 국가의 비만율 상승이 동시에 일어났다는 것은 우연이 아닐 수도 있다.

---

* 현실 점검: 유산에 관한 한 비만은 저체중보다 훨씬 위험하다.

1999년부터 2016년까지만 해도 미국 성인의 비만율은 30% 증가했고, 2016년에는 성인의 40% 가까이가 비만 범주에 진입했다.

° 사적 영역으로 파고든 담배연기

몇 쪽 앞에서 내가 말한 것까지 포함하여 여러분은 수없이 들었을 것이다. 흡연은 지구상에서 가장 해로운 건강습관 중 하나이다. 그것은 또한 남성의 생식 기능에 가장 해로운 것 중 하나이다. 흡연은 정자 수와 운동성 감소, 형태 결함의 증가와 관련이 있다. 가벼운 흡연자보다 중간 내지 중증 흡연자에게 더 극적인 악영향을 미친다. 그러나 어떤 양의 흡연도, 심지어 간접흡연에 노출되는 것조차 정자에 해롭다.

쥐를 대상으로 한 연구에 따르면, 담배 연기에 노출된 쥐들은 꼬리가 빠진 정자를 가지고 있었다. 이 때문에 작은 수영선수가 난자에 도달하는 것이 불가능하지는 않지만 어려워진다. 인간에게서 담배 속의 화학물질은 정자의 DNA 손상을 일으키고, 테스토스테론 수치를 낮추며, 정자의 난자 수정 능력을 손상시키는 것으로 밝혀졌다. (그런데 흡연은 발기부전의 위험도 증가시킨다.)

여성에게도 흡연은 생식건강에 관한 한 가장 해로운 생활방식 요인이다. 담배에 들어 있는 화학물질인 니코틴, 시안화물, 일산화탄소 등은 난자에 독성이 되어 난자의 사망 속도를 높인다. 불임률은 흡연 여성들 사이에서 상당히 높고, 그 위험도는 여성이 피우는 담배개비의 수만큼 높아진다. 흡연은 또한 여성의 난관임신(자궁외임신)이나 유산의 위험을 증가시킨다. 그리고 여성이 정상적인 방법을 임신하려고 하든 체외수정을 통하든 임신에 걸리는 시간을 증가시킨다. 게다가 흡연은 난자와 정자 모두의 유전물질을 손상시키기 때문에, 흡연 여성은 다운증후군 같은 염색체 이상 태아를 가질 가능성이 더 크다.

간접흡연에 노출되는 것도 여성의 생식 기능에도 해롭다. 간접흡연에 노출된 여성들은 임신하는 데 종종 더 오래 걸린다는 연구 결과가 나와 있다. 게다가 흡연을 한 적이 없지만 간접흡연에 가장 많이 노출된 여성들은, 간접흡연을 가정에서(어렸을 때나 성인일 때) 겪었든 직장에서 겪었든 무관하게 유산, 사산, 자궁외임신의 위험이 훨씬 더 높았다. 같은 집단은 또한 50세 이전에 자연 폐경을 겪을 가능성이 증가한다. 그리고 수동흡연(즉 간접흡연 노출)이 실제로 어머니가 담배를 피운 것과 거의 마찬가지로 발달하는 태아의 건강에 해를 끼친다는 것은 의심의 여지가 없다.

미국의 성인 남녀 흡연율은 1964년 이후 50% 이상 감소했지만 그 중 거의 3,800만 명(100명 중 14명)은 여전히 매일 또는 자주 흡연한다. 전 세계적으로 흡연율은 상당히 높아 2014년 세계 인구의 거의 20%가 흡연을 했다. 흡연율은 미국에서 여성(12%)이 남성(16%)보다 약간 낮다. 그러나 전 세계적으로 남성은 여성보다 거의 5배나 흡연하며 서태평양 국가 남성의 흡연율이 가장 높은 것으로 밝혀졌다.

마리화나는 미국에서 가장 널리 사용되는 레크리에이션 약이다. 특히 더 많은 주들이 마리화나를 합법화함에 따라 그 사용은 계속 증가하고 있다. 특히 젊은 사람들은 현재 니코틴보다 대마초를 피우는 것이 안전하다고 생각하지만 마리화나가 정자에 독성이 덜하다고 생각하는 것은 실수일 수 있다. 이 문제에 관한 연구는 많지 않았지만, 점점 늘어나기 시작했다.

덴마크의 2015년 연구에 따르면 일주일에 한 번 이상 정기적으로 마리화나를 피우는 것은 정자 수 29% 감소와 관련이 있다. 더 나쁜 것은 다른 기분전환 약물뿐 아니라 마리화나를 일주일에 한 번 이상 사용한 18세에서 28세 사이의 남성은 총 정자 수가 55%나 줄었다는 점이다. 보조 생식의 전단계인 불임 평가에서 마리화나를 대량 사용한 남성들은 불량 정자를 가질 가능성이 4배였고, 적당량 사용 남성들은 비정상적인 형태의 정자를 가질 가능성이 거의 3.5배였다.

여성도 이 같은 악영향에서 자유롭지 못하다. 2019년 한 연구에 따르면, 보조생식기술로 불임 치료를 받았을 때 마리화나를 피운 여성들은 그렇지 않은 여성들에 비해 유산율이 두 배 이상 높았다.

전자담배도 피우면 정자가 손상될 수 있다는 예비 증거가 있다. 일부 동물 연구는 대마초에서 두 번째로 많은 유효 성분인 카나비디올(CBD)도 정자 발달을 저해하고 정자의 난자 수정 능력을 감소시킬 수 있다고 제시한다. 이 물질에 대한 연구는 별로 이루어지지 않았지만 CBD 제품이 최근에야 널리 유행되고 있기 때문에 그리 놀라운 일이 아니다.

고등학생 1만 명 이상을 대상으로 한 2019년 조사에 따르면, 전자담배는 특히 젊은 성인들 사이에서 인기를 끌었고 미국 고등학생 28%

가 이 제품을 정기적으로 사용하기 위해 애쓰고 있다. 이런 새로운 추세가 이 세대의 젊은 성인들의 출산에 어떤 영향을 미칠지는 아직 정해지지 않았다. 계속 주목하라!

° 좋은 정액을 위한 건배

어떤 양의 흡연도 정자에 나쁜 소식이지만, 정액은 술에 관한 한 조금 너그럽다. 술은 체중과 마찬가지로 가장 좋은 지점을 가진 또 다른 변수다. 적당한 알코올 섭취량(주당 4~7단위로 정의하며, 1단위는 와인 한 잔 또는 맥주 한 병으로 각각 구성된다)은 정액 부피와 정자 수를 늘리는 것으로 알려져 있다.

하지만 많은 섭취량(주당 25단위 이상)은 정자와 정액의 품질 면에 위험하다. 만성적이거나 과도한 알코올 섭취는 테스토스테론 생산을 감소시킬 수 있고, 이것이 정자 생산과 정액 품질을 저하시킬 수 있다. 그리고 지속적인 효과는 아니지만, 과도한 알코올 소비와 발기부전 위험 증가를 연관시키는, 상당히 과학적인 일화성(逸話性) 증거가 있다. 남자들은 이런 효과를 종종 '위스키 음경(whiskey dick)'이라고 지칭한다. 잡지 〈멘스 헬스〉는 이를 "인간에게 알려진 가장 큰 저주"라고 부른다.

동일한 알코올 지침은 여성에게도 적용된다. 늘 절제하라. 임신 전 저용량에서 중간 정도까지의 알코올 소비(하루 한 잔)는 여성의 유산이나 사산 위험과는 관련이 없다. 이와는 대조적으로 폭음(여성의 경우 한 번에 4잔 이상 마시는 것)은 심장, 정신, 그리고 신체의 다른 부분에 해로운 것으로 알려져 있다.

연구에 따르면 여성의 빈번한 폭음은 난소예비력에 악영향을 미칠 수 있다고 한다. 이는 난소가 생산하는 항뮬러관호르몬 수치가 더 낮은 것과 관련이 있는데, 한 연구에 따르면 26%나 낮다. 특히 미국 여성의 고위험 음주의 비율이 2001년부터 2013년까지 58% 증가하는 상승세를 보이고 있어 매우 우려된다. 그렇다고 임신 중 음주가 중요한 금기라고 말할 필요는 없다.

° 생식력을 돕는 음식

남성의 식습관은 좋든 나쁘든 그의 생식력에 영향을 미칠 수 있다. 식이요법과 영양이 정액의 질에 미치는 영향에 관한 가장 설득력 있는 연구 결과 중 일부는 '로체스터 청년 연구(RYMS)'에서 나온 것이다. 이 연구는 2007년부터 내가 주도하고 있으며 분석을 진행 중이다.

RYMS를 위해 2009년부터 2010년까지 뉴욕 로체스터대에 재학 중인 남자 대학생을 모집하여 정액 샘플을 제공받고, 그들의 음식 섭취 그리고 그들을 임신했을 때 어머니의 식습관에 관한 상세한 설문지를 작성하도록 하였다. RYMS는 환경오염 물질이 정액 품질에 미치는 영향을 평가하기 위한 다중심 국제 연구의 일부였으며, 그 결과는 계몽적이었다.

결과의 부정적인 측면을 보면 전지방 유제품(특히 치즈)을 많이 섭취하는 것이 정자 품질 이상과 매우 관련 있는 것으로 밝혀졌다. 이런 나쁜 영향은 유제품 내 많은 양의 에스트로겐, 또 환경오염 물질(살충제 및 염소화 오염물질 등)의 존재 때문일 수 있다.

도살 60~90일 전에 소와 양에게 에스트로겐, 프로게스테론, 테스토스테론 등 호르몬을 투입하여 성장을 촉진시킨다는 사실을 모르는 사람들이 많다. 우리는 한 연구를 통해 임신부가 일주일에 7회 이상 쇠고기가 함유된 식사를 했을 때, 그 아들들의 정자 수가 줄었다는 사실을 발견했다.

염장, 보존처리, 발효, 훈제 등 고기 가공과정도 걱정스러운 일이다. 가공육(핫도그, 베이컨, 소시지, 살라미, 볼로냐)을 많이 먹는 남성은 정자 수가 적고 정상 형태의 정자 비율이 낮은 경향이 있다. 또한 고기의 보존처리는 질산염과 아질산염을 포함한 화학물질을 생성한다. 이들 화학물질은 암을 유발할 수 있고 정자의 DNA를 포함한 DNA를 손상시킬 수도 있다.

마른 체격이지만 탄산음료, 스포츠 음료, 감미(甘味) 아이스티 등 설탕이 들어간 음료를 많이 마시는 건강한 젊은이들은 이런 음료를 거의 섭취하지 않는 남성들에 비해 정자 운동성이 떨어졌다. 이런 효과가 과체중이거나 비만인 남성들보다는 마른 남성들에게 집중되었다는 것은 인슐린 저항성과 산화 스트레스의 촉진 때문일 수도 있다는 점을 시사한다. 인슐린 저항성과 산화 스트레스는 정자 운동성에 부정적인 영향을 미치는 것으로 알려져 있다.

여성이 2인분(태아 포함)을 먹기 훨씬 전에, 그녀의 식단은 그녀의 생식건강과 생식 기능에 영향을 미칠 수 있다. 여성의 출산과 관련하여 고기와 트랜스지방을 많이 섭취하는 것은 최악의 식사법에 속한다.

긍정적인 면을 들여다보면 엽산의 적절한 섭취는 임신 중에 중요할 뿐 아니라(아기에게서 이분척추 같은 신경관 결함을 예방할 수 있기 때문에), 임신 전 섭취량이 증가하면 여성의 임신 가능성을 높이고 유산 위험을 줄일 수도 있다.

아침 자바 커피를 절대 포기할 수 없는 여성들은 자신감을 가져도 좋다. 이 습관은 여성의 출산, 난소 기능, 다른 생식건강에 해를 끼치지 않는다. 그러나 '절제'가 좌우명이다. 여기엔 과잉행동과 관련된 위험이 있기 때문이다. 우선 임신 중에 카페인을 너무 많이 섭취하는 것은 문제가 될 수 있다. 하루에 커피를 두 잔 마시는 것은 문제가 되지 않지만, 하루에 넉 잔 이상을 마시는 것은 유산 위험, 저체중아를 낳을 가능성을 20% 증가시킬 수 있다.

° TV 보며 빈둥거리는 습관

장시간 TV 몰아보기는 긴장을 푸는 기분 좋은 방법일 수 있다. 하지만 남성의 정액에는 아무런 도움도 주지 못한다. 건강한 젊은 덴마크 남성 1,210명을 대상으로 한 연구에서, 연구자들은 장기간의 텔레비전 시청이 정자 수를 극적으로 낮추고 테스토스테론 수치가 감소하는 것과 관련이 있다는 사실을 발견했다. 하루에 5시간 이상 TV를 시청

한 남성의 정자 농도는 전혀 TV를 보지 않은 남성보다 30% 낮았다. 시청 시간과 무관하게 TV를 보는 사람은 어느 정도 정자 농도가 감소하는 것으로 나타났다.*

이런 효과는 부분적으로 가만히 앉아 있기 때문에 발생하는 음낭 온도의 상승 때문일 수 있다. 음낭 온도가 상승하면 일시적으로 정자 생산이 감소한다. 흥미롭게도 한 번에 장시간 컴퓨터 앞에 앉아 일하는 남성들에게서는 같은 효과가 발견되지 않았다. 그래서 전모(全貌)는 여전히 약간 미스터리다.

° 또 다른 '움직이지 않으면 잃는다' 효과

미국 성인의 신체 활동 경향은 2008년부터 2017년까지 최소한의 유산소운동 지침(주당 150분간 중강도 또는 75분간 활발한 강도의 운동)을 충족하는 성인의 수가 24% 증가하는 등 건강한 궤적을 보이고 있다. 그것들은 확실히 올바른 방향으로 나아가는 단계이지만 여전히 개선의 여지가 많다. 성인의 46%는 권장 운동량을 충족하지 못하고 있기 때문이다. 규칙적인 신체 활동은 심혈관 및 뇌 건강뿐 아니라 생식 기능에 유익하다.

이 '강화하려면 움직여라' 역학에 예외가 있다. 자전거 타기이다.

---

* '넷플릭스를 같이 보다(Netflix and chill)'가 성적 기대를 가지고 TV를 보는 것을 가리키는 것처럼, 그 말이 언제 '어쩌다 만난 사람과의 섹스'를 의미하는 암호가 되었는지를 기억하는가? 요즘은 새로운 의미가 적당할 수도 있다. 그 말은 여러분이 성생활을 보류하는 동안 단순히 휴식을 취하고 영화를 보는 것을 의미할 수도 있다.

일주일에 90분 이상 자전거를 탄다고 응답한 남성은 자전거를 전혀 타지 않은 남성보다 정자 농도가 34%나 낮았다. 또 다른 연구는 자전거 타기가 정자의 질에 미치는 영향을 조사했다. 그 결과 장거리 자전거 애호가들은 정상 형체의 정자 수가 덜 활동적인 또래들의 절반도 안 되는 것을 발견했다*.

이에 관한 한 가지 이론은 뜨겁고 성가신 음낭이 정자 생산에 해로운 영향을 미칠 수 있다는 것이다. 다른 이론은 자전거 안장이 남자의 사적인 부분에 압박을 가해 고환으로 가는 혈류에 나쁜 영향을 미칠 수 있다는 것이다.**

생활방식과 관련하여 여성의 생식건강에 가장 큰 잠재적 위협 중 하나는 지나친 소식(小食), 과다 운동, 생리불순의 '3중 장애'이다. 이것은 여러 가지 이유에서 중요하고 주요한 위협이다. 여성이 생리 기간이 없거나(무월경을 의미한다) 생리주기가 매우 불규칙하면, 그녀 몸속의 에스트로겐 수치가 크게 낮아질 수 있다는 것이다. 당연히 그녀가 건강한 임신을 원한다면 이것은 문제다. 그러나 에스트로겐이 낮으면 골밀도와 뼈의 강도가 떨어져 피로골절과 골다공증의 위험에 처

---

*하지만 자녀를 원하는 남성들은 자전거 타기를 영원히 끊기 전에 일부 불임전문가들의 조언에 귀 기울일 필요가 있다. 그들은 자전거 시트의 높이와 모양을 수정하고 안장과 핸들 높이 사이의 기하학을 수정하면 생식기에 가해지는 압력을 줄이고 정자의 한계치를 향상시킬 수 있다고 믿는다.

** 열이 남자들의 사타구니를 따라잡을 수 있는 다른 방법들이 있다. 규칙적인 사우나와 뜨거운 욕조 사용은 정자의 수, 운동성 감소와 관련이 있다. 다행히도 일단 남성들이 이런 뜨거운 레크리에이션 활동에 참여하지 않으면 이 같은 효과는 모두 되돌릴 수 있는 것처럼 보인다.

하게 된다.

무분별한 식사(중증 섭식장애, 잠재적 섭식 장애, 과도한 운동 포함), 월경 기능 장애, 낮은 골밀도의 조합은 소위 '여성 운동선수 3종 징후'로 이어질 수 있다. 육체적으로 활동적인 어떤 여성이라도 나이와 무관하게 3종 징후 중 하나 이상을 겪을 수 있다. 가장 큰 위험에 처한 여성의 범주에는 외모에 프리미엄을 주는 신체 활동, 지구력을 소중하게 여기는 신체 활동을 하는 여성이 포함된다. 미학적 범주에는 치어리딩, 댄스, 피겨 스케이팅, 체조가 있다. 후자의 경우 중(장)거리 달리기 또는 조정과 같은 스포츠가 있다.

3종 징후의 다른 요소들이 없더라도, 매일 하는 과도한 운동(지칠 정도로 운동하는 것)은 배란 기능 장애와 불임의 위험을 두 배 이상 증가시킨다. 이것은 적어도 부분적으로 과도한 운동이 호르몬 수치를 낮추고 여성에게 무배란 또는 불규칙 배란을 조장할 수 있기 때문이다. 이와는 대조적으로 적당한 운동(매일 1시간 미만 적당한 강도의 신체 활동)은 불임 위험을 감소시킨다. 즉, 적당한 운동은 건강의 원천인 반면 과도한 운동은 신체 균형을 과부하 영역으로 기울인다.

대학원 시절 수재나(Susannah)는 가끔 조깅을 했으나 단계로 올려 횟수, 속도, 거리를 높였다. 그녀는 지난 여름 6.8kg를 감량해 새로 생긴 175.26cm의 날씬한 몸매에 관한 칭찬을 많이 들었다. 그녀는 일주일에 40~56km를 달리고 있음에도 불구하고 요요현상을 걱정하여 식사를 거르거나 아주 가볍게 먹기 시작했다. 그리고 가끔 과식 후에는 두 배로 뛰었다.

그 결과 수재나는 3.2kg을 더 감량했지만 생리가 사라졌다. "생리의 번거로움이 없어 은밀히 감격했지만, 5개월이 지나자 생리는 복수심에 불타 2~3주마다 돌아왔다, 그건 악몽이었다."라고 수재나는 회상한다.

그제야 수재나는 의사를 찾았다. 의사는 지나친 운동으로 인한 호르몬 장애라고 진단하고 수재나가 자신을 골소실과 피로골절로 몰아넣고 있다고 경고했다. 의사는 그 결과 출산에 문제가 생길 수 있다는 사실을 언급하지 않았지만, 수재나는 나중에 그런 일이 생길 수 있다는 것을 알게 되었다. 의사는 수재나에게 달리기를 줄이고 살을 좀 찌우거나, 월경주기 조절을 위해 경구피임약을 복용하라고 권고했다. 그때까지 그녀는 달리기에 중독되어 있었기 때문에 피임약이 자신에게 두통과 심한 유방압통(만지면 아픈 것)을 유발한다는 사실을 발견하기 전까지는 후자의 방법을 선택했다.

"더 날씬해지는 것을 좋아했기 때문에 그것은 힘든 거래였다. 그러나 호르몬이 만들어내는 느낌을 참을 수 없었다."라고 그녀는 회상한다. 그래서 그녀는 경구피임약 복용을 중단했다. 또 달리기를 일주일에 네 번으로 제한하고 다시 규칙적인 식사를 하기 시작했다. 3개월 만에 몸무게가 3.6kg 늘었고, 생리는 규칙적인 패턴으로 회복되었다.

° 스트레스와 출산

생활습관 요인이 정자 생산과 출산에 어느 정도 영향을 미칠 수 있는지를 인식하는 것은 불안감을 자극할 수도 있다. 하지만 스트레스 이슈는 아직 거론하지도 않았다. 현대 생활에서 피할 수 없는 스트레스와 압박은 남성의 정신 상태에 영향을 미칠 뿐 아니라 그의 정자 생산에 타격을 줄 수 있다. 특히 그의 개인적 스트레스가 '과부하'로 측정되면 더욱 그렇다. 요즘 들어 이런 일은 아주 쉽게 일어난다.

덴마크 남성 1,215명을 대상으로 한 연구에 따르면, 심리사회적 설문지에서 가장 높은 스트레스 수준을 보인 응답자들은 중간 스트레스 수준의 남성들보다 38% 낮은 정자 농도를 가지고 있는 것으로 나타났다. 몇몇 내 연구에 따르면, 가까운 친척의 죽음이나 심각한 질병, 이혼이나 심각한 대인관계 문제, 이사, 이직 등 스트레스가 많은 일을 최근에 두 가지 이상을 경험한 남성들은 정상 이하의 정자 농도, 운동성, 형태학을 가질 가능성이 더 높다는 사실이 밝혀졌다.

그리고 중간 정도나 높은 수준의 직장 스트레스는 정자 DNA 손상과 관련이 있다. 어떤 식으로든 과도한 심리적 스트레스를 경험하면 남성의 성욕은 말할 것도 없고 본질적으로 정자 생산 기계에 '고장' 표시를 붙일 수 있다.

스트레스라는 복잡한 문제는 여성들에게 더 심각하다. 여성은 심각한 스트레스로 고통 받을 가능성이 거의 남성의 두 배이다. 스트레스는 남성과 마찬가지로 여성의 성욕을 날려 버릴 수 있다. 이는 현대 세계에서 인간의 생식 잠재력에 영향을 줄 수 있는 또 다른 위험으로 부상하고 있다. 그리고 몇몇 연구 결과들에 따르면, 인지 스트레스 수준이 높은 여성들은 불규칙적이거나 고통스러운 생리, 더 많은 생리

전증후군을 겪을 가능성이 크고, 그것은 분위기를 깰 수 있다.

하지만 스트레스와 출산의 관계는 그리 간단하지 않다. 그 연관성은 수십 년 동안 뜨겁게 논의되어 왔으나 결론은 아직 내려지지 않았다. 그 이유는 체외수정 등 불임치료를 받고 있는 여성들이 높은 수준의 스트레스를 보고하지만, 스트레스 자체가 불임의 원인이 될 수 있는지 또는 불임에 기여할 수 있는지는 분명하지 않다. 그것은 닭이 먼저냐, 계란이 먼저냐의 미스터리이다.

일부 설득력 있는 증거에 따르면, 높은 수준의 심리적 스트레스는 유산, 특히 습관성 유산의 위험 증가와 연관되어 있음을 보여준다. 비록 이 연관성도 명확하지는 않지만 말이다.

실제로 샌디에이고 소재 해군보건연구센터의 연구진은 이라크와 아프가니스탄에 배치된 미군 여성들의 군사경험이 귀환 시 유산이나 출산 장애 가능성을 높였는지를 조사했다. 그 결과 그들은 군사 배치(한 번이라도 있었다면 극심한 스트레스 경험이다)가 유산이나 출산 문제의 위험을 증가시키지 않는다는 것을 발견했다. 이것은 스트레스를 받고 있으면서 임신을 원하는 민간인 여성들에게 고무적인 소식이다.

° 섹스, 약물, 생식 기능

많은 약물들 역시 생식 기능을 크게 손상시킬 수 있다. 특히 호르몬제와 암을 치료하는 데 사용되는 항신생물제들이 그렇다. 다른 약물들도 마찬가지다. 미국의 마약성 진통제 만연에 관해 널리 알려지지 않은 것은 이러한 강력한 진통제가 정자의 DNA 손상을 증가시킬 수 있고, 다량의 마약성 진통제는 테스토스테론 수치를 크게 떨어뜨릴 수 있다는 것이다.

진통제 효능 척도에서 아주 낮은 타이레놀(일반적인 이름은 아세트아미노펜, 유럽에서는 파라세타몰로 알려져 있다)은 DNA 분절화를 포함한 정자 이상을 일으키고 임신에 걸리는 시간을 지연시키는 것으로 나타났다. 게다가 타이레놀을 많이 복용하면 수정 능력을 손상시킬 정도로 정자의 모양을 바꿀 수 있다.

일부 남성 운동선수는 테스토스테론의 합성물이나 인공 변형인 단백동화 안드로겐성 스테로이드를 사용하여 성적을 향상시키거나 근육량과 힘을 증가시킨다. 이런 스테로이드는 생식 시스템을 포함한 다양한 장기 및 신체 시스템에 심각하고 돌이킬 수 없는 부작용을 초래한다. 이 외에도 호르몬 수치를 크게 떨어뜨릴 수 있다. 만약 이런 스테로이드를 과용하면 정자의 구조적, 기능적 변화를 초래할 수 있다. 남성의 고환 부피 감소, 가슴 확대, 그리고 생식력 감소로 나타날 수 있다.

테스토스테론 보충은 고환이 테스토스테론을 충분히 생산하지 못하는 생식기능저하증 남성을 치료하는 기준이다. 테스토스테론 대체 요법은 근육의 강도를 회복시키고, 골(骨) 소실을 예방하고, 생식기능저하증 남성의 에너지와 성욕을 증가시키는 데 도움이 된다. 하지만 종종 정자 생산을 손상시키고 어떤 남성들에게는 정자를 완전히 없앨 수 있다.

미국 연구에 따르면, 생식기능저하증의 발생률이 증가하고, 아이를 갖고 싶지만 충분한 테스토스테론이 없는 나이든 남성들(한 미국 연구에 따르면, 45세 이상의 남성의 39%가 생식기능저하증을 가지고 있다)도 늘어나고 있다. 의료서비스 제공업체는 고환 장애가 있지만 생식력 회복을 원하는 남성들을 점점 더 자주 만난다. 그건 간단한 문제가 아니다.

모든 연령에서 항우울제를 복용할 확률이 여성은 남성의 두 배이다. 이 약의 사용은 1999년부터 2014년까지 남녀 모두에게서 64% 증가했다. 그리고 주로 우울증이나 불안에 처방되는 SSRI(선택적 세로토닌 재흡수 억제제)를 사용하면 정자 농도와 운동성이 줄고 비정상적인 정자의 비율이 증가한다. 그 패턴을 알고 싶은가?

임신을 시도하는 여성의 경우, 항우울제를 복용하면 주어진 월경주기에서 임신 성공률이 25% 감소한다는 증거가 있다. 게다가 항정신병 약물, 항발작 약물뿐 아니라 항우울제 사용에서 야기되는 무월경, 생리불순 등에 대한 우려가 커지고 있다. 미국서 항우울제 사용이 급증했다는 점을 감안할 때 이런 효과는 복합적이지만 언급할 가치가 있다. 그것은 수백만 명의 가임기 여성의 생식건강과 생식 기능에 영향을 미칠 수 있는 강력한 요인이다.

° 피해 복구하기

좋은 소식은 내가 지금까지 이야기했던 해로운 영향들 중 많은 것들이 되돌릴 수 있다는 것이다. 담배, 과음, 자전거 타기, SSRI를 포기하면 남성의 정자 온전성은 상당히 향상될 수 있다.

일례로 몇 년 전 필라델피아의 '페어팩스 냉동은행'에서 정자 기증자로 활동하던 한 20대 남성은 정자 수와 운동성이 떨어지고 정액 샘플에서 원형세포*가 증가하였다. 냉동은행 직원이 이런 변화에 관해 이야기하자 그 남성은 흡연자인 여성과 함께 입주했고 스트레스 받는 새로운 일을 시작했으며 패스트푸드와 정크푸드를 많이 먹고 있다고 말했다. 직원은 식사 개선, 더 많은 수면, 스트레스 관리 개선, 담배 연기 노출 최소화 등을 권고하고 그를 돌려보냈다. 3개월 후 그는 돌아왔고 그의 정자의 질은 이전처럼 회복되었다.

앞서 보았듯이 정자는 60일에서 70일이 걸리는 과정에서 계속 생산되고 있다. 남성은 처음에 건강한 정자를 가지고 있었다면, 다시 깨끗한 정자를 생산할 수 있는 부러운 위치에 있다. 그래서 만약 남성이 생활습관을 개선한다면, 정자 생산을 재설정할 수 있다.

여성의 난자는 정자가 하는 방식으로 재생할 기회가 없다. 대신 일단 튀겨지면, 그것이 끝이다. 그것들은 요리되고 손상은 돌이킬 수 없다.

말하자면 많은 사람들이 이끄는 매우 바쁘고 압박감에 찬 삶은 그

---

* 원형세포는 잘 이해되지는 않지만 현재 미성숙한 정자로 생각된다. 그것은 "정자 발생 과정의 손상", 심지어 독감에서 비롯될 수 있다.

들의 성욕과 출산을 떨어뜨리는 것처럼 보인다. 이러한 감소가 주로 호르몬 수치의 변화, 스트레스 수준 증가, 생활방식의 좋지 않은 선택 또는 다른 요인에서 비롯되는지 여부를 판단하기는 어렵다. 그러나 이런저런 방법으로 현대 생활이 사람들의 생식건강과 건강에 차가운 영향을 미치고 있다는 것은 분명하다.

제 7장

만연하는 침묵의 위협

플라스틱과 현대 화학물질의 위험

° 플라스틱의 약속

더스틴 호프만이 대학을 갓 졸업한 벤자민 브래독(Benjamin Braddock)으로 연기한 영화 〈졸업〉에서 그가 테이블을 순회하며 손님들과 잡담하는 칵테일파티 장면을 기억하는가? 어느 순간 벤자민의 부모 친구인 맥과이어는 그를 한 쪽으로 데려가 한 마디 하겠다고 말한다. "플라스틱! 플라스틱에 엄청난 미래가 있다."

제2차 세계대전 이후 화학회사들은 플라스틱을 주조해 수많은 요구를 충족시키고 현대 생활에 더 큰 편의를 제공할 수 있다는 캠페인을 시작했다. 얼마 지나지 않아 플라스틱과 그 안에 들어 있는 화학물질은 물병과 식품 포장, 자동차, 컴퓨터, 기타 전자 기기, 그리고 다른 일상 제품의 어디에서나 볼 수 있게 되었다.

특히 플라스틱의 화학물질은 플라스틱을 부드럽고 유연하게 만드는 프탈레이트, 제품을 단단하게 만드는 비스페놀 A(BPA), 다용도로 사용되는 폴리염화비닐(PVC)을 포함한다. PVC는 어린이 장난감, 건축자재, 식품 포장 등 다양한 제품에 사용된다. 규제가 미흡하고 소비자 수요가 많아지면서 "화학을 통해 사는 게 더 낫다"는 시대가 도래했다.

플라스틱은 세계 모든 곳에 남아 있고, 우리는 그 편재성에 대한 대가를 치르기 시작했다. 살충제, 난연제(難燃劑) 그리고 널리 사용되는 다른 화학물질들도 마찬가지다. 레이첼 카슨(Rachel Carson)의 획기적인 1962년 저서 〈침묵의 봄(Silent Spring)〉이 과학자들과 운동가들 사이에서, 합성 화학물질이 야생동물과 환경에 부정적인 영향을 미치고 인간에게 건강상의 위험을 야기한다는 우려를 전 세계적으로 증폭시켰다. 그럼에도 불구하고 이후 상황은 더 악화될 뿐이다.

한 가지 문제는 이러한 화학물질에 대한 규제가 거의 없다는 것이다. 의약품은 시장에 나오기 전에 안전성과 효능이 입증된 기록을 가지고 있어야 한다. 이와는 달리 화학물질은 처음부터 무죄로 추정된다. 그렇지 않은 것으로 입증될 때까지는 안전하다고 간주된다. 이것은 제조사들이 감독이나 제한이 거의 없는 상태에서 이 화학물질들을 광범위하게 사용할 수 있다는 것을 의미한다. 그것은 무법천지이며 길들여지지 않은 야생 서부와 약간 비슷하다.

1976년 독성물질관리법이 제정된 지 수십 년이 지났다. 약 8만

5,000개의 화학물질이 상업적 사용을 위해 생산되었으며 그 중 많은 것들은 인간 건강의 잠재적 위협으로 인식되고 있다. 그럼에도 불구하고 그 중 금지, 규제는 말할 것도 없고 시험을 거친 것이 거의 없다.

드물게 화학물질을 시험하는 경우에도 연구계획서는 투여량의 차이(가령 고용량 대 저용량)에 의한 영향을 다루지 않는다. 따라서 시행된 연구들은 대체로 인간의 건강을 보호하지 않는다. 또 이들 물질이 인체 내부에서 서로 섞였을 때 잠재적으로 누적되거나 상호작용할 수 있는 효과를 고려하지 않는다.

요점은 방대한 종류의 소비재 제조에 사용되는 무수한 화학물질은 대부분 규제를 받지 않는다는 것이다. 즉 그런 제품들이 계속 시장에 나오고 있고, 우리는 그것들을 계속 사서 집으로 가져온다. 여기서 그 화학물질들이 우리 몸속으로 들어간다는 것이다. 일단 시중에 나와 있으면 이 화학물질들은 여러 가지 방법으로 우리 몸에 들어갈 수 있다.

우리가 먹고 마시는 오염된 음식과 음료에서, 호흡하는 공기 중 미세한 입자에서, 피부에 발라서 흡수하는 제품에서.

° 화학성분 이름 맞추기 게임

유해한 화학물질이 환경에 얼마나 남아 있는지 이해하기 위해서는 지속적인 화학물질과 지속적이지 않은 화학물질을 구별하는 것이 도움이 된다.

'지속성 화학물질'은 계속 남아 우리 몸과 환경에 들어온 뒤 장기간 문제를 일으킬 수 있다. 여기에는 다이옥신(산업 공정의 부산물), 디클로로-디페닐-트리클로로에탄(DDT 농약), 폴리염화바이페닐(PCB 산업용 화합물) 같은 '지속성 유기 오염물질'(POP)이 포함된다. "영원히 지속되는 것은 없다."는 격언은 지속되도록 정확히 고안된 이 화학물질에는 해당하지 않는다. 그것들은 수년간 환경과 우리 몸에 남아 있다.

문제는 이런 '영원한 화학물질'은 일단 인간과 다른 종의 몸에 들어가면 끝없는 해를 끼칠 가능성이 있다는 것이다. 수용성이 없기 때문에 분해되지 않고 체지방과 다른 조직에 저장된다.

2004년에 채택된, 세계적인 법적 구속력 있는 협정인 '지속성 유기 오염물질에 관한 스톡홀름 협약'은 모든 지속성 유기 오염물질(POP)의 생산, 사용, 배출을 금지한다. 그것은 가장 독성이 강한 물질인 알드린, 엔드린, 디엘드린, 푸란, 헥사클로로벤젠, PCB, 클로르단, DDT, 디옥신, 타클로르, 미렉스, 독사펜 등 12개를 제거 우선순위 목록에 올렸다.

이 국제협정의 채택에도 불구하고 미국을 포함한 많은 나라들이 비준하지 않았기 때문에 이러한 독성 화학물질은 계속 사용되고 있다. 현재와 과거의 사용으로 인해, 이러한 POP는 우리의 공기, 토양, 물, 음식 그리고 우리의 몸뿐 아니라 다른 종들의 몸에서도 계속 발견된다.

이런 화학물질들은 일단 우리가 먹는 음식, 우리가 숨 쉬는 공기, 우리가 마시는 물을 통해 인체로 들어가면, 지방 조직에 저장되어 그곳에서 수년간 축적되고 남아있을 수 있다. 예를 들어 DDT는 인체에서 15년의 반감기를 갖는다. (만약 여러분이 그것은 15년 뒤에 사라진다고 생각한다면 천만의 말씀이다. 반감기는 그것의 농도가 원래의 절반으로 떨어지는 데 걸리는 시간이다.)

이와는 대조적으로 BPA, 페놀, 프탈레이트 같은 비지속적인 화학물질은 수용성이다. 이는 본질적으로 우리 몸과 환경에서 씻겨 나가고, 몸의 지방에 축적되지 않는다. 이 단명한 화학물질은 반감기가 4시간에서 24시간이다. 그럼에도 불구하고 인간은 프탈레이트나 페놀과 같은 많은 비영구적인 화학물질을 함유한 제품들을 지속적으로 사용하기 때문에 그것들에 상당히 안정적으로 노출되는 경향이 있다.

화학물질은 현대 세계에서는 너무나 널리 퍼져 있어 그것을 완전히 피하는 것은 불가능하다. 우리는 매일 이런 화학물질에 노출되는 경우가 많으나, 종종 그런 사실을 깨닫지 못한다. 이런 화학물질, 특히 프탈레이트 및 난연제는 집 안 먼지에도 존재하며, 작은 입자는 흡입, 섭취 또는 피부를 통해 흡수될 수 있다.

여러분이 위생적인 거품 속에서 살아도, 그것을 만드는 데 사용되는 물질들 중 일부는 가소제, 접착제 또는 내분비 교란 효과를 가질 수 있는 다른 화학성분들을 포함할 가능성이 높다.

그러나 모든 인간이 똑같이 영향을 받는 것은 아니다. 러트거스대학 사회학 부교수 노라 맥켄드릭(Norah MacKendrick) 박사가 〈후회하는 것보다 조심하는 것이 낫다(Better Safe Than Sorry)〉에서 썼듯이 "모든 신체에는 합성 화학물질이 포함되어 있지만 신체적 부담은 위험, 성별, 사회적 불평등을 사회적 정치적으로 반영하는 핵심 방법에 따라 다르다."

예를 들어 남녀 모두 매일 이런 화학물질에 노출된다. 헤어 제품, 크림, 로션 등 대부분의 화장품은 주로 여성에게 판매되며, 이들 물질에는 중금속과 내분비 교란 화학물질이 포함되어 있다. 그러나 테스토스테론을 낮추는 프탈레이트를 포함한 대부분의 다른 화학물질의 경우 남성들의 전면 노출이 훨씬 더 많다.

아이들 역시 태어나기 전부터 위험에 처해 있다. 아기들은 이미 자궁에서 그들이 흡수하는 물질을 통해 화학물질로 오염된 세계로 진입하고 있다. 그리고 일단 아기들은 태어나면 모유의 지방에 저장되어 있는 많은 '영원한 화학물질'을 소비한다. 엄마가 모유 수유를 오래 할수록, 더 많은 짐을 내린다. 특히 첫째 자녀는 더 그렇다.

2010년 스웨덴 다큐멘터리 〈서브미션(Submission)〉에서 임신한 한 스웨덴 여배우가 내분비교란물질에 관한 혈액검사를 받은 뒤 그 결과에 소름 끼쳐 한다. 한 나이든 여성은 "나는 즉시 내 아들들을 생각했고 내가 그들을 얼마나 오랫동안 간호했는지를 생각했다."라고 말한다. 이것은 모유 수유를 통해 아기의 면역 기능과 뇌 발달을 촉진시키고 있다고 믿는 여성들에게 특히 고통스러운 깨달음이다.

° 호르몬 대혼란

환경독소는 일단 우리 몸 안에 들어오면 다양한 방법으로 피해를 준다. 가장 교활한 방법 중 하나는 내분비 교란을 통해 신체의 내분비

(또는 호르몬) 체계를 방해하는 것이다. 내분비계 교란 물질은 호르몬을 생산하고 분비하는 분비선과 장기의 복잡한 네트워크인 인체 내분비계의 정상적인 기능을 방해할 수 있다.

여러분이 읽은 것처럼 호르몬은 화학물질로, 내분비계의 한 부분에서 생성되어 중요한 정보를 전달하는 메신저처럼 혈류를 통해 신체의 다른 부분으로 이동한다. 특정 세포와 장기가 기능을 수행하도록 조절한다. 인체에는 서로 다른 형태의 많은 호르몬이 존재한다.

이 책의 주제와 관련하여 나는 주로 생식호르몬, 특히 에스트로겐과 테스토스테론에 초점을 맞출 것이다. 테스토스테론은 남성의 특성 발달을 자극하는 주요 안드로겐이다.

일부 내분비교란물질(EDC)은 호르몬처럼 작용하여 천연 안드로겐이나 에스트로겐이 도킹해야 하는 수용체 부위와 결합한다. 이렇게 하여 마치 진짜인 것처럼 우리 몸이 그것들에 반응하게 속인다. 그 결과 인체는 때때로 너무 많은 또는 너무 적은 천연 호르몬을 생성하거나 방출한다.

이 밖에 이것들은 호르몬의 수송을 바꾸고 목적지를 변경하여 호르몬이 할당 받은 임무를 수행하지 못하게 방해할 수 있다. 다른 EDC는 자연 생성 호르몬의 분해와 인체 내 저장에 영향을 미쳐 혈류 내 이런 호르몬들의 수치를 증가 또는 감소시킬 수 있다. 다른 EDC들은 다른 호르몬에 대한 인체의 민감도를 변화시킬 수 있다.

호르몬이 몸속에서 작용하는 방식을 외부 합성 화학물질이 변경하면 세포와 조직에서 이상이 발생할 수 있고 장기는 원래대로 기능하지 않을 수 있다. EDC는 항안드로겐 특성이나 강력한 에스트로겐 특성을 가질 수 있다. 여러분이 예상했을지도 모르겠지만 항안드로겐 특성은 특히 소년들에게 문제를 일으키는 반면 에스트로겐 특성은 소녀들에게 더 나쁘다.

내분비교란물질(EDC)에 잠재해 있는 파괴적 영향의 폭은 놀랍다. 그것들은 생식 시스템뿐 아니라 면역학, 신경학, 대사학 및 심혈관 시스템 등 거의 모든 생물학적 시스템에서 발생하는 수많은 건강 부작용과 관련이 있다. 설상가상으로 특정 건강상태에 대한 개인의 유전적 감수성은 다른 화학물질 노출 및 생활습관과 결부되어, 특정 EDC가 유발하는 효과를 증폭시킬 수 있다.

EDC은 사람의 성별과 성 정체성에 영향을 미치는 방식으로 발달하는 뇌에 큰 영향을 미칠 수도 있다. 여러분은 "뇌가 가장 강력한 성기"라는 말을 들었을지도 모른다. 성 치료사들은 종종 이렇게 말한다. 왜냐하면 뇌가 성적 흥분과 반응성을 활성화시키기 때문이다.

자, 흥미로운 반전이 있다. 2014년 로체스터대학의 독성학자였던 내 동료 버니 와이스(Bernie Weiss) 박사는 "뇌가 인체에서 가장 큰 성기"라는 것을 다른 방식으로 말했다. 그는 어떻게 특정 환경 화학물질이 남녀에게 다른 충격을 가해 뇌 기능과 행동을 변화시키는지에 관해 언급했다. "섹스와 성별을 반영하는 것은 사람의 두 다리 사이에 있는 것만이 아니다. 뇌도 마찬가지다."

우리 환경에 있는 화학물질은 성 결정 기관의 발달뿐 아니라 전형적으로 다른 소년·소녀의 행동에도 영향을 미칠 수 있다. 예를 들어

소년은 공간적 능력(사물 사이의 공간적 관계를 이해하고 기억하는 능력)을 일찍 습득하는 경향이 있는 반면 소녀의 언어 능력은 소년보다 어린 나이에 발달하는 경우가 많다. 내 연구와 다른 연구 결과들에 따르면, 어떤 EDC들에 많이 노출되면 이런 종류의 능력에서 남녀 차이가 줄어들 수 있다.

일단 여러분이 자리를 비우면 어린 자녀들은 기어 다니고, 바닥에서 놀고, 종종 손을 그들의 입에 넣는다. 그래서 이들은 특히 화학물질이 많은 집 안 먼지에 노출될 위험에 처해 있다. 어린 자녀들은 인체 시스템이 발달하는 단계에 있기 때문에 이런 화학물질을 어른들만큼 대사(代謝)할 수 없다. 작은 노출에도 화학물질은 누적될 수 있다.

일단 이 화학물질들이 인체에 들어가면 나이와 무관하게 머리부터 발끝까지 다양한 시스템에 널리 분포할 수 있다. 그것들이 우리 몸에서 얼마나 멀리 여행할 수 있는지는 정말 놀랍다. (오글거림 주의: 2018년 처음으로 핀란드, 네덜란드, 영국, 이탈리아, 폴란드, 러시아, 일본 및 오스트리아 자원봉사자들의 대변에서 9개 유형의 미세 플라스틱 입자들이 발견되었다.)

만약 여러분이 정기적으로 이런 화학물질에 노출된다고 생각지 않는다면, 이 이야기를 들어보라. 캐나다 환경론자 릭 스미스(Rick Smith)와 브루스 로리(Bruce Lourie)는 그들의 책 〈슬로우 데스(Slow Death by Rubber Duck)〉를 쓰는 동안, 일상에서 흔히 사용되는 제품들이 어떻게 인체 화학물질의 존재량을 변화시키는지 조사하기 위해 자신들을 대상으로 한 시험을 계획했다.

2008년 여름 릭은 내게 전화해 자신들의 시험에서 '프탈레이트 전문가'로 일하며 시험의 프로토콜과 결과를 검토해 달라고 부탁했다. 릭과 브루스는 자신들의 노출이 실생활과 흡사해야 한다는 원칙에 따라 관심 화학물질들과 그 화학물질들에 대한 노출을 증가시킬 활동을 준비했다. 그들은 시험을 시작하기 전에 자신들의 혈액과 소변 샘플에서 측정한 이들 화학물질의 농도에 개인적인 기준선을 정했다.

그들은 브루스의 콘도에 '시험실'을 설계하고 12시간 교대로 그곳에 머물면서 자신들을 시험용 화학물질들에 노출시켰다. 개인 케어 제품을 바르고, 항균 손비누를 사용하고, 통조림이나 포장된 음식을 먹고, 커피나 캔 소다를 마시고, 얼룩 방지용 스테인마스터(Stainmaster) 제품을 사용한 카펫과 소파가 있는 방에서 지냈다. 4일 후 그들은 더 많은 소변과 혈액 샘플을 수집한 뒤 분석을 위해 고정밀 실험실로 보냈다.

시험용 화학물질의 수치는 4일 후에 크게 증가했다. 그뿐 아니라 릭이 그 책에서 언급했듯이 한 가지 두드러진 결과가 있었다. "정말 극적인 결과는, 내 제품 사용의 결과로 나의 MEP(모노에틸 프탈레이트 저자 샤나 H. 스완이 남성 생식 문제와 연관시킨 화학물질 중 하나) 수치가 mℓ당 64ng(나노그램)에서 지붕을 뚫고 1,410ng로 치솟았다." 이것은 헤어 케어 제품, 면도젤, 탈취제, 향기, 로션 등 향미 세면도구와 향기 나는 액체비누, 플러그인 향유 등을 그 시험실에서 직접 바른 결과였다.

1999년부터 국민건강영양조사(NHANES)는 변화하는 대표 인구표본에서 성인과 어린이 2,500명의 건강을 평가했으며, 질병통제예방센터(CDC)는 이들의 환경 화학물질 수준을 주기적으로 측정했다. 이 연구는 누가, 언제, 어느 화학물질에 노출되는지를 알려준다. 또 과학자들이 노출 및 다른 인구에 결부된 위험을 지도화(地圖化) 하는 데 무엇이 도움이 되는지를 우리에게 말해준다. 달리 말해 그것은 우리가 노출 과다 지점들을 찾아 연구할 수 있게 해준다.

이것은 중요하다. 왜냐 하면 물질의 체내 잔존량(殘存量)을 측정하기 위해서는 담배의 경우 담배를 얼마나 피우는지, 타이레놀의 경우 얼마나 많은 타이레놀을 복용하는지 물어볼 수 있지만, 환경 화학물질은 그렇게 할 수 없기 때문이다. 결국 우리 중 누구도 우리가 환경 화학물질에 얼마나 많이 노출되어 있는지, 혹은 그 화학물질이 우리 몸속에 얼마나 많이 들어 있는지 정확히 알지 못하기 때문에, 그런 질문을 하는 것은 무의미할 것이다. 그 때문에 환경화학자들은 소량의 체액(보통 소변과 혈액)뿐 아니라 모유 등에서도 낮은 수준의 화학물질을 측정하는 방법을 개발했다.*

놀랄 것도 없이 새로운 화학물질은 상업용 제품에 더 많이 사용되기 때문에, 시험 대상이 되는 화학물질의 수는 시간이 지남에 따라 증가했다. 생식건강을 위해 프탈레이트, 비스페놀 A, 난연제 및 살충제는 최고의 관심사이다. 프탈레이트가 방정식의 남성 측면에 가장 강한 영향을 미치는 반면 비스페놀 A는 여성 측면에서 특히 나쁜 배우이다.

---

* 지방에 저장되는 지속성 화학물질(DDT 등)은 혈액에서 가장 잘 측정되는 반면 비지속성 화학물질(프탈레이트 등)은 소변에서 가장 안정적으로 측정된다.

산업뿐 아니라 대중이 플라스틱과 다른 편의를 포함한 '화학을 통한 더 나은 생활'을 얼마나 빨리 받아들였는가를 고려하면, 화학 생산이 빠르게 증가한 1950년대 이후 정자 수가 감소했다는 것은 놀라운 일이 아니다. 이들 화학적 범죄자의 영향을 자세히 살펴보자.

° 프탈레이트

플라스틱과 비닐, 바닥과 벽 커버, 의료용 튜브와 의료기기, 장난감뿐 아니라 방대한 개인 케어 제품(매니큐어, 향수, 헤어스프레이, 비누, 샴푸 등)에서도 다양한 종류의 화학물질, 프탈레이트가 대거 발견된다. 프탈레이트는 몸 전체에 널리 분포하며 소변, 혈액 및 모유에서 측정할 수 있다. 프탈레이트에서 가장 우려되는 것은 남성을 온전히 남성화하는 남성호르몬 테스토스테론의 생산을 줄일 수 있다는 것이다. 또 불임의 가능성을 높이거나 정자 수를 줄이는 변화들이다.

이런 관점에서 특히 나쁜 3명의 배우는 디-2-에틸헥실프탈레이트(DEHP), 디부틸프탈레이트(DBP), 부틸벤질프탈레이트(BBzP)이다. 생식 독성 때문에 이 세 프탈레이트는 다른 프탈레이트와 함께 유럽연합에서 단계적으로 금지될 예정이다. 그러나 미국에서는 그렇지 않다.

이 세 가지 악명 높은 프탈레이트 중 DEHP는 남성 생식계에 가장 큰 피해를 주는 것으로 보인다. 이 주제에 관한 2018년 연구를 재검토한 결과 'DEHP 및 DBP 노출과 남성 생식의 결과물 사이의 연관성에 대한 강력한 증거'를 발견했다. 이에는 더 짧아진 AGD(항문-생식기

거리), 정액 품질 감소, DEHP와 테스토스테론 수치 감소, DBP와 임신에 소요된 기간 연장 등을 발견했다. 성인기에 프탈레이트에 많이 노출된 남성도 정자 수가 적고 비정상적 모양의 정자가 더 많은 경향이 있다.

제5장에서 보았듯이 태아의 항안드로겐 프탈레이트 노출은 생식기의 크기를 포함하여 유아의 남성 생식 발달을 변화시킬 수 있다. 기초 자료에 따르면 임신 중 여러 종류의 프탈레이트 농도가 높은 산모에게서 태어난 남성은 성인기 초기까지 고환 부피가 감소했다. 이는 고환의 기능 저하(더 나쁜 정자 매개변수 포함)와 관련이 있다. 여러 관점에서 보면 불행한 악영향의 덩어리이다.

연구에 따르면 우리 몸의 화학물질을 대사시킨 부산물인 프탈레이트 대사물의 수준이 높은 젊은 남성은 정자의 운동성과 형태학이 더 좋지 않다. 이것은 나쁜 소식이다. 프탈레이트 대사물의 수치가 높아지면 정자세포의 사멸이 증가하기 때문이다. 이런 경우에 세포 자살이라는 용어를 쓴다. "정자가 자멸한다."는 말을 듣고 싶어 하는 사람은 아무도 없을 것이다.

프탈레이트는 여성의 난소에도 나쁜 소식이다. 높은 수준의 프탈레이트 노출은 무배란(월경주기 동안 난소가 난자를 방출하지 않는 것), 그리고 비정상적인 난소 기능 및 안드로겐 수준의 증가를 포함하는 호르몬 장애인 다낭성난소증후군(PCOS)과 관련이 있다. 게다가 특정 프탈레이트 대사물의 높은 혈중 수치는 1차 난소부전(조기 난소부전으로도 알려짐)과 관련이 있다는 증거가 있다.

특히 개인 미용·위생 제품을 통한 심한 프탈레이트 노출은 폐경기를 잠재적으로 앞당기는 것 외에도 45~54세 여성의 일과성 열감(熱感) 빈도를 크게 늘리는 것으로 보인다. 하지만 대부분의 여성들은 자신들의 몸단장이 중년의 행복에 보이지 않는 손상을 야기한다는 사실을 깨닫지 못한다.

2002년 환경보건단체들의 연합체는 프탈레이트의 존재를 확인하기 위해 72개 유명 브랜드의 미용·위생 제품을 테스트한 결과 탈취제, 향수, 헤어젤, 무스, 핸드로션, 바디로션 등을 포함한 제품의 거의 4분의 3이 이런 화학물질을 함유한 것을 발견했다. 2004년 유럽연합은 화장품에 DEHP 및 DBP 사용을 금지했다. 미국은 이에 따르지 않았지만 일부 회사는 자발적으로 자사 개인 미용·위생 제품에서 이들 물질을 추방하기로 결정했다. 그것은 최소한 올바른 방향으로 한 걸음 더 나아간 것이다.

° 비스페놀 A

비스페놀 A(BPA)는 1891년에 처음 합성되었다. 하지만 양대 세계대전 사이의 기간에 즈음해서야 그 상업적 가능성이 탐구되었다. 1930년대 중반 런던대의 의학연구원 에드워드 찰스 도즈(Edward Charles Dodds)는 BPA의 에스트로겐 특성을 확인했다. 그 후 수년간 그는 강력한 합성 에스트로겐을 찾기 위해 화학 화합물을 계속 테스트했다. 그는 DES로 더 잘 알려진 디에틸스틸베스트롤에서 그것을 발견했다. 그는

DES가 포유류에서 자연 생성되는 가장 강력한 에스트로겐인 에스트라디올보다 5배 더 강력하다고 평가했다.

DES는 1940년대부터 월경 및 폐경과 관련된 다양한 '치료' 목적으로 사용되었다. DES는 임신 여성의 유산 예방이라는 가장 위험한 용도에도 1971년까지 사용되었다. 그러나 DES가 당시 그것을 사용한 여성의 딸들에게 희귀한 암을 유발했다는 사실이 밝혀져 금지되었다.

BPA는 DES와 유사한 화학구조를 가지고 있지만 제약 목적으로 사용되지 않았다. 대신 그것의 효용성은 플라스틱에서 발견되었다. 1950년대 초부터 BPA는 금속 장비, 배관 및 식품 캔의 내막 코팅뿐 아니라 접착제, 미끄럼 방지 코팅 및 플라스틱에 들어가는 에폭시 수지에 사용되었다. 시간이 지남에 따라 BPA는 하드 플라스틱, 전자 제품, 안전 장비, 영수증 용지, 기타 일상 용품에 사용되기 시작했다.

이들 제품은 그 배경에 에스트로겐과 같은 특성이 계속 도사리고 있음에도 불구하고 만연해질 때까지 사용되었다. 시간이 흐르면서 BPA 노출, 특히 직업적 노출은 남성의 정자 품질 저하와 관련이 있다는 것이 밝혀졌다.

대형 의료회사 카이저 퍼머넌트(Kaiser Permanente) 연구진이 중국 공장 노동자들을 대상으로 BPA 노출의 영향을 평가하는 연구를 수행했다. 그 결과 소변에서 검출 가능한 수준의 BPA를 가진 남성들은 정자 수가 적을 확률이 4배 이상, 정자 활력이 좋지 않을 확률이 3배 이상이었고 소변에서 BPA를 검출할 수 없는 남성들보다 정자 운동성이 떨어질 확률이 두 배 이상 높았다.

다른 해로운 파급효과가 있을 수 있다. BPA 노출이 잦은 남성의 아들들은 종종 AGD가 짧다. 그리고 연구자들이 BPA와 에폭시 수지를 제조하는 공장에서 일하는 남성들의 성적 만족을 조사했을 때, 이들 남성은 발기부전과 사정장애, 성욕 감소 등 성기능 장애의 비율이 더 높다는 것을 발견했다.

여성의 생식건강에 미치는 잠재적인 영향은 훨씬 더 크다. BPA가 부분적으로 여성호르몬 에스트로겐을 모방함으로써 에스트로겐과 같은 신체 변화를 유도할 수 있기 때문이다. BPA의 혈중 수치가 높은 여성은 불임 위험이 증가할 수 있다는 설득력 있는 증거가 있다. 이것은 화학물질이 여러 생식기관의 기능에 해로운 영향을 미치기 때문인지 또는 배란에 중요한 에스트로겐 수준의 적절한 순환에 해로운 영향을 미치기 때문인지는 명확하지 않다.

임신한 여성들 중에서, 혈액 속 복합 BPA의 수치가 가장 높은 여성은 임신 첫 3개월 동안 유산 위험이 83% 증가한다. 임신 첫 3개월 동안 소변 속 BPA 농도가 높은 여성은 AGD가 훨씬 짧은 딸을 낳을 가능성이 크다. 또한 인간에 대한 연구 결과, '생식적으로 건강한 여성'보다 다낭성난소증후군(PCOS)을 가진 여성에게서 BPA의 혈액 농도가 더 높다는 점을 감안할 때 BPA는 다낭성난소증후군 발병에 관여하는 것으로 여겨진다. 또한 초기와 성인기에 BPA에 노출되는 것은 난자 품질이 좋지 않은 것과 관련이 있고, 조기 난소부전의 원인으로 지목되며, 조기폐경으로 이어진다. 여성의 생애에서 BPA는 생식건강에 대한 '복수의 여신'으로 간주하는 것이 나을 것이다.

° 난연제

1970년대 이래로 화학 난연제는 발포고무나 걸천 씌운 가구, 매트리스, 카펫, 어린이 잠옷, 컴퓨터, 그리고 다른 일반 제품에서 화재 방지, 불길 지연을 위해 수많은 재료에 추가되었다. 난연제에는 수십 가지 종류가 있고 건강이나 안전문제로 시장에서 추방된 것들도 있다.

사라졌지만 잊히지 않는 이들 화학물질은 쉽게 분해되지 않는다. 오히려 환경에 계속 남아 인간과 동물의 지방 조직에 축적될 수 있다. (후자는 우리가 소비하는 동물성 지방에서 이러한 화학물질을 섭취한다는 것을 의미한다.)

난연성 화학물질은 수년에 걸쳐 건강에 악영향을 미치는 것으로 밝혀졌다. 폴리브롬화 디페닐 에테르(PBDE)라고 불리는 종류는 어린이의 신경 발달 문제, 임신부의 갑상선 기능 변화와 관련이 있다. 이러한 화학물질은 또한 에스트로겐 작용에서부터 항에스트로겐 속성, 항안드로겐 활성에 이르기까지 다양한 내분비 교란 활동을 보인다.

이런 영향을 감안할 때, 혈중 PBDE 농도가 높은 여성이 임신하는 데 더 오래 걸린다는 연구결과가 나온 것은 놀라운 일이 아니다. 이 화학물질의 높은 혈중 수치는 유산 위험 증가와 관련 있다는 증거도 있기 때문에 여성이 임신을 해도 그 위험은 끝나지 않는다.

한편 태아기 높은 수준의 PBDE 노출은 자손의 사춘기 시점을 바꿀 수 있다. 특히 여자아이들의 월경은 나중에, 남자아이들의 사춘기는 일찍 시작하게 만든다. 발달하는 태아가 자궁에서 PBDE와 다른 브롬계 난연제에 노출되면 태아의 내분비계(주로 갑상선 기능)뿐 아니라 생식 기능과 신경 발달도 지장을 받을 수 있다.

이 화학물질들이 다른 많은 화학물질들과 마찬가지로 인간의 모유에 축적되어 젖먹이 아기들에게 옮겨질 수 있다는 증거도 증가하고 있다. 2017년에 발표된 연구에서 연구원들은 15년 동안 북미, 유럽 및 아시아에서 수집한 인간 모유에서 PBDE 농도를 조사했다. 총 PBDE 농도는 유럽이나 아시아보다 북미에서 20배 이상 높았다. 모유의 순수함 뒤에는 너무나도 많은 것이!

° 살충제

제초제, 살균제를 포함한 살충제 또한 우리의 생식 잠재력과 내분비계를 포함한 건강에 악영향을 미칠 수 있다. 화학물질에 따라 이러한 영향에는 에스트로겐, 프로게스테론 또는 안드로겐 수용체에 대한 경쟁적 결합이 포함될 수 있다. 그렇지 않으면 안드로겐 또는 에스트로겐의 생산, 가용성, 작용을 억제하거나 에스트로겐 또는 프로게스테론 같은 여성호르몬의 생산을 잠재적으로 증가시킬 수 있다. 다른 것들은 갑상선호르몬의 생산이나 작용에 지장을 줄 수 있다. 그것은 약간 난투극 같다.

1977년 여름, 캘리포니아주 라트로프에 있는 소규모 농약 생산 노동자들은 이 화학물질이 자신들의 건강에 어떤 영향을 미치는지 걱정했다. 옥시덴탈 케미칼(Occidental Chemical) 공장의 한 직원은 "그 부서에서 2년 이상 일한 사람은 아이를 낳을 수 없다는 소문이 있었다. 나도 그랬다."라고 회상했다. 곧 실험 결과에 의해 이런 소문의 배후 실체가 드러났다.

생산 라인의 많은 노동자들은 비정상적으로 정자 수가 적은 것으로 밝혀졌으며, 어떤 경우에는 거의 0이었다. 그들의 불임은 결국 디브로모클로로프로판(DBCP)에 노출되는 것과 관련이 있었다. DBCP는 파인애플과 바나나 농장에서 널리 사용되었으며 1979년 사용이 금지될 때까지 한때 미국에서 가장 많이 사용된 농약이었다. 그 직후 하와이에서 초파리에 병든 파파야를 치료하면서 에틸렌디브로마이드(EDB)에 장기간 노출됐던 노동자들은 인근 설탕 정제소 노동자들에 비해 정자 품질이 크게 떨어진 것으로 나타났다.

남아프리카에서는 살충제 DDT가 말라리아를 통제하기 위한 수단으로 여전히 널리 사용되고 있다. 연구자들은 DDT 노출이 다양한 형태의 야생동물의 생식 발달에 해로운 영향을 미치는 것을 인지했다.

그뿐 아니라 DDT가 살포된 집의 어머니에게서 태어난 남성은 정액 품질이 떨어지고 외부 비뇨생식기의 선천성 결함이 나타났다. 연구자들은 이 또한 DDT와 관련 있다는 사실을 발견했다. 그들은 이 내분비 교란 화학물질을 일상적으로 뿌리는 마을에 사는 성인 남성들이 에스트로겐과 테스토스테론 농도가 더 높다는 것을 발견했다.

나는 2000년에 '미래 가족을 위한 연구'에 착수했다. 이 연구에서 미국의 4개 지역에서 모집된 남성의 정액 품질을 조사했다. 우리는 생식 매개변수에서 가장 극적인 차이를 미주리주 중부 시골 남성들과 도회지 미니애폴리스(미네소타주) 남성들 사이에서 발견했다. 미네소타주 남성들은 미주리주 중부의 정자보다 두 배나 많은 움직이는 정자를 가지고 있었다.

미주리주 중부는 넓은 농지를 가지고 있고 살충제 사용량이 훨씬 많았다. 살충제 노출이 그 원인일 가능성을 확인하기 위해, 우리 팀은 모든 정자 매개변수가 낮은 그룹과 높은 그룹을 선정한 다음 소변에서 살충제를 측정했다. 미주리주 남성은 여러 제초제와 살충제에 노출되어 있었고 정자의 질이 더 나빴다.

그리고 살충제 노출은 사람들이 살충제 오염 식품을 소비할 때에도 발생할 수 있다. 하지만 이것이 남성의 생식건강에 어느 정도 영향을 미칠 수 있는지는 분명하지 않다. 스페인의 2015년 연구에서 연구원들은 불임클리닉에서 남성의 특정 살충제 대사산물의 요중 농도를 조사했다. 그 결과 소변에서 네 가지 다른 살충제 부산물의 농도가 높은 남성은 정자 농도가 더 낮고 총 정자 수가 더 적다는 사실을 발견했다. 또 운동성 정자의 비율과 소변 중 세 가지 다른 살충제의 대사물 농도 사이에는 의미 있는 상반 관계가 있었다.

살충제에 관해서도 여성들은 무료입장권을 받지 못한다. 그린란드, 우크라이나, 폴란드의 임신 여성 1,710명과 이들의 남성 배우자가 참여한 연구에서 연구원들은 여성들의 혈액 샘플에 특정 살충제가 있는지, 유산이나 사산의 경험이 있는지를 조사했다. CB-153(폴리염화비닐의 일종)과 DDE(DDT의 대사체) 등 두 가지 살충제의 혈중 수치가 높은 여성들은 임신 손실 위험이 상당히 높았다. 또 일부 과학적 증거는 유기염소 살충제에 자주 노출되는 여성들이 임신하는 데 더 오래 걸릴 수도 있다는 점을 시사한다.

이러한 발견은 농장 노동자들에게만 적용되는 것이 아니다. 특정 살충제의 독성과 그 사람의 노출 수준에 따라 해충구제업자, 정원사, 온실 노동자, 꽃집 종사자도 어느 정도 위험에 처할 수 있다. 따라서 보통은 전혀 깨닫지 못한 채 살충제 잔류물을 함유한 많은 양의 음식과 음료를 소비하는 사람들도 그럴 수 있다.

° 눈에 안 띄는 다른 내분비교란물질

숨겨진 호르몬의 위협은 거기서 멈추지 않는다. 남성의 혈액과 정액에서 발견되는 높은 수준의 퍼플루오로알킬 화합물(PFC)은 정액 품질, 고환 부피, 음경 길이, AGD의 감소와 관련이 있다. PFC는 패스트푸드 포장, 종이판, 얼룩 방지 카펫, 세정액 등 다양한 소비재에서 발견되는 얼룩·물·기름 흡수 방지 화학물질들이다.

일부 증거에 따르면 오염된 생선을 먹음으로써 PCB(폴리염화바이페닐)에 적당히 또는 많이 노출되는 여성들은 월경주기 단축 및 출산력 감소를 보일 수 있다. (미국에서 금지되었음에도 불구하고 PCB는 계속 환경에 존재하고 먹이사슬에 축적된다.)

주목할 만한 연구에서, 8~9세에 환경 속 산업부산물인 특정 다이옥신의 혈중 농도가 높은 것으로 밝혀진 러시아 소년들은 18~19세 때 정자 수, 농도, 운동성 정자 수가 더 적고 낮았다.

다이옥신은 여성의 생식건강에도 악영향을 미칠 수 있다. 1976년 이탈리아 세베소 인근 화학공장에서 발생한 폭발 사고로 엄청나게 많은 사람들이 TCDD라는 다이옥신에 노출되었다. TCDD는 2, 3, 7, 8-에트라클로로디벤조-p-디옥신의 줄임말이다. 연구원들은 30세 이하 여성 601명을 대상으로 TCDD의 혈중 수치를 측정했고 20년에 걸쳐 그들의 건강을 추적했다. 이 수치가 높은 여성들은 낮은 동년배들에 비해 자궁내막증 위험이 두 배로 높았다. 또 TCDD의 높은 혈중 농도는 임신 기간이 더 길어지고 불임 위험이 두 배로 증가한 것과 관련이 있었다.

만약 우리가 사악한 화학물질의 난해한 언어 속에 살고 있는 것처럼 들린다면, 우리는 정말 그렇다. 그리고 이 목록에는 우리가 노출되어 있는 약품은 포함되어 있지도 않다! *

의외의 일이 한 가지 더 있다. "용량이 독을 만든다."라는 널리 알려진 가정은 독성 물질의 농도가 충분히 높을 때에만 해를 끼칠 수 있다는 생각에 근거한 것이다. 하지만 내분비교란물질은 종종 이런 식으

---

* 현재 대부분의 시립 정수시설은 식수에서 약품을 제거할 수 없기 때문에 약품들이 우리의 급수에 숨어 있을 것 같다. 이것은 우리가 수돗물에서 진통제, 항생제, 항응고제, 항우울제, 항히스타민제, 항고혈압제, 호르몬제(경구 피임약 및 호르몬 치료제) 및 근육 이완제를 포함한 극소량의 약품을 소비하고 있다는 것을 의미한다. 또한 샴푸, 컨디셔너, 바디워시 및 로션과 같은 미용·위생 제품의 화학물질도 배수구를 따라 정수시설로 흘러 들어간다. 그들의 화학 성분은 수돗물에 도달하기 전까지 모두 걸러지지는 않는다. 그 말은 EDC가 여러분 몸에 들어갈 수 있는 또 다른 방법이 있다는 의미이다.

로 행동하지 않는다. 오히려 이들 물질은 매우 적은 양에서도 해로운 영향을 미칠 수 있다. 이러한 저용량은 직업적 노출이나 산업재해가 아니라 단순한 화장이나 바디로션 사용, 비닐봉지에 이 책을 넣어 다니는 것 등 일상적이고 평범한 접촉에서 발생한다.

내분비교란물질
저용량 노출의 악영향

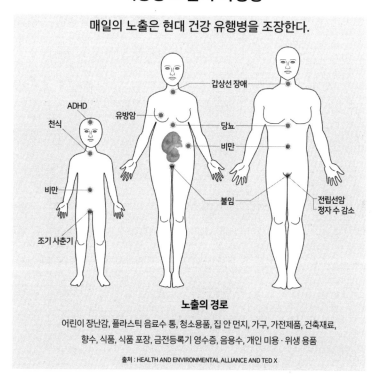

매일의 노출은 현대 건강 유행병을 조장한다.

천식 · ADHD · 유방암 · 갑상선 장애 · 당뇨 · 비만 · 비만 · 조기 사춘기 · 불임 · 전립선암 정자 수 감소

노출의 경로

어린이 장난감, 플라스틱 음료수 통, 청소용품, 집 안 먼지, 가구, 가전제품, 건축재료, 향수, 식품, 식품 포장, 금전등록기 영수증, 음용수, 개인 미용·위생 용품

출처 : HEALTH AND ENVIRONMENTAL ALLIANCE AND TED X

° 유감스러운 대체물

제조 과정에서 특정 화학물질이 유해한 것으로 밝혀졌을 때, 다른 화학물질로 대체하면 문제가 해결될까?

그렇다면 좋을 것이다. 하지만 안타깝게도 대체 화학물질이 기존 화학물질과 같은 효과를 가질 수 있기 때문에 항상 그렇게 되는 것은 아니다. 이런 일은 DDT를 신경 독성이 있는 살충제 비산납의 '안전한' 대체물로 생각한 1970년대에 나타났다. 그러나 DDT 역시 신경 독성이 있는 것으로 밝혀졌다. 또 그것은 아이의 뇌 발달을 방해하는 신경 독성 효과를 가진 또 다른 부류인 유기 인산염 살충제로 대체되었다.

이런 현상은 내 연구에서도 포착되었다. 임신한 여성에 관한 두 가지 대규모 연구 사이의 10년(2000년에서 2010년) 동안, 가소제로 사용되는 화학물질인 디-2-에틸헥실 프탈레이트(DEHP)에 대한 노출은 부분적으로 '어린이 장난감에 사용 금지' 때문에 50% 감소했다. 의심할 여지없이 이 금지는 공중보건과 환경 건강에 좋은 것이었다. 그 동안 DEHP는 디이소노닐 프탈레이트(DINP) 등으로 대체되었다. 그런데 DINP 또한 DEHP만큼 남성 생식 발달에 해를 끼치는 것으로 판명된 것은 유감이 아닐 수 없다.

마찬가지로 2004년에 PBDE가 금지되었지만, PBDE 대체 화학물질 중 하나는 비슷하게 위험한 것으로 밝혀졌다. 2011년 다우케미칼이 지붕과 벽 뒤에 주로 사용하는 폴리머 FR을 출시했을 때, 그것은

'획기적인 지속 가능한 화학'의 사례로 선전됐다. 하지만 그 분해 화합물은 구형 난연제(즉 독성 내포)와 흡사하다는 것이 밝혀졌다.

또 다른 예로 비스페놀 S는 '비스페놀 A 없음'이라고 선전된 많은 제품에서 비스페놀 A를 대체했다. 이런 제품들 또한 조기 사춘기, 비만, 난자 손상 등을 촉진하는 방법으로 내분비 기능을 방해할 수 있다는 것이 명백해졌다. 이쯤이면 내가 말하고자 하는 바를 분명히 이해할 것이다.

제조업체가 유해 화학물질을 안전한 대안이 아닌 다른 화학물질로 대체하는 관행 즉 '유감스러운 대체'를 막을 수 있는 방법은 없다. 그것이 문제이다. 이런 예상치 못한 전환은 산업이 화학물질의 잠재적인 건강 효과에 대한 대중의 항의나 규제 압력에 대응할 때 일어날 수 있다. 산업은 유해 화학물질을 대중이 안전할 것이라고 가정하는 새 화학물질* 로 대체하지만 그 가정이 항상 진실인 것은 아니다.

매사추세츠주 뉴턴 소재 '침묵의 봄 연구소'의 독성학자 루단 루델 (Ruthann Rudel)은 〈뉴욕타임스〉 기자에게 이렇게 말했다. "때때로 우리 환경과학자들은 화학회사와 '두더지 잡기'라는 큰 게임을 하고 있다는 생각을 할 때도 있다." 그것은 아이들에게는 재미있는 게임일지 모르지만, 생식건강을 가지고 놀아서는 안 된다.

---

* 보건환경협동조합이 지적한 바와 같이, 이것은 본질적으로 "대체가 근본적으로 안전하다는 대중의 오해에서 비롯된 이점"을 취한다.

남녀 생식 문제와
환경적 원인

남성♂

발기부전   작은 음경·음낭

정자의 수와 질 하락   테스토스테론 감소

선천성 생식기 장애

불임

모호한 성기   **공통**

호르몬 이상

성욕 부진

정자·난자의
DNA 손상

보조생식기술
실패

저체중아·조산   성숙 난자 고갈

생리 문제   조기 사춘기

자궁내막증   유산

여성♀

화학적 범죄자들
프탈레이트, 비스테놀, 난연제,
살충제, 과불소화 화학제,
'지속성 화학물질'

생활방식 요인들
노화, 과음, 스트레스,
비만, 일부 약물, 부실한 식사,
앉아 있는 생활방식

제3부

지구 전체로 퍼지는 재앙

제 8장

멀리 미치는 노출
생식의 파급효과

° 건강의 나선형

불임 문제나 생식 이상 현상이 다른 결과를 초래하지 않고 그 영역에 한정될 것이라고 믿는 것은 순진한 생각이다. 그것은 성생활, 자연 임신 능력, 자아상(像)과 신체 존중감, 성적 관계와 정서 상태에 영향을 미칠 수 있다. 파급효과는 거기서 멈추지 않는다. 적은 정자 수, 반복적인 유산, 그리고 자궁내막증이나 다낭성난소증후군 같은 생식 장애는 장기적으로 남녀의 건강에 심대한 영향을 미칠 수 있으며 심지어 조기 사망으로 이어질 수 있다.

남성부터 시작해 보자. 많은 사람들이 깨닫지 못하는 한 가지는 낮은 정자 농도, 낮은 테스토스테론 수치를 포함한 생식건강이 남성들의 전반적인 건강 저하와 관련이 있다는 사실이다.

불임 진단을 받은 남성 1만 3,000명을 대상으로 한 2016년 연구에서 정자 농도가 낮은 남성은 불임 진단을 받지 않은 남성에 비해 당뇨병 발병 위험이 30% 증가했고 허혈성 심장병 발생 위험이 48% 증가했다. 낮은 정자 농도를 포함한 남성 불임은 암 위험 증가, 특히 고환암 및 높은 등급의 전립선암과도 관련이 있다. 한 2017년 연구에 따르면 1,500만/㎖ 미만의 정자 농도를 가진 남성은 4,000만/㎖ 이상의 정자 농도를 가진 남성보다 어떤 의학적 이유로든 입원할 위험이 50% 더 높았다.

이런 위험의 증가를 감안할 때 불임 남성들이 생식력 있는 또래들보다 일찍 죽을 것으로 예상하는 것은 놀라운 일이 아니다. 한 2014년 연구에서 스탠포드대의 연구원들은 불임으로 평가받은 남성 1만 2,000명의 건강을 추적하여 정자 수, 정자 운동성, 정액 부피 등이 손상된 사람들(어느 것이든 남성불임 요인으로 평가)이 이후 10년 동안 정상 품질의 정액을 가진 사람들보다 사망률이 더 높다는 것을 발견했다. 두 개 이상의 비정상적인 정액 매개변수를 가진 남성들(연구자들이 '심각한 손상' 정액으로 간주)은 정상적인 정액 품질을 가진 남성들보다 10년 후 사망할 위험이 2.3배였다.

이 연결고리 뒤에 있는 정확한 메커니즘은 알려지지 않았다. 하지만 무슨 일이 일어날 수 있는지에 관한 이론들은 있다.

하나는 DNA 수리 메커니즘의 결함이 세포분열 과정을 손상시킨다는 것이다. 즉, 그것이 정자 생산에 영향을 미치고 암 발병 가능성을 높이는 방식이다. 또 다른 이론은 호르몬적인 설명이다. 즉, 불임 남성은 생식력 있는 남성보다 순환되는 테스토스테론 수치가 낮다는 점을 지적한다. 남성의 낮은 테스토스테론 수치는 심혈관 질환의 위험을 증가시키고 근육 소실, 복부 지방 증가, 뼈 약화, 발기부전, 기억력·기분·에너지 문제, 또 많은 남성들이 필사적으로 피하고 싶어 하는 상황을 야기할 수 있다. 연구자들은 또한 자궁 내 유전자 프로그래밍의 혼선이 생식기 발달뿐 아니라 훗날 남성의 건강에도 영향을 미칠 수 있다고 가정한다. 그것은 정말로 여러 요인들이 뒤엉킨 거미줄이다.

그것을 '6번째 바이탈 사인'이나 '전조(前兆)' 또는 '기본 생물지표'라고 부르든, 이 정도는 분명하다. 남성 정액의 질은 미래의 건강 위험에 관해 그에게 뭔가를 말해 줄 수 있다. 긍정적인 측면에서, 덴마크 남성 4만 명을 대상으로 40년간 추적한 연구에 따르면, 양질의 정액을 가진 남성들은 불임인 또래들에 비해 기대수명이 길고 질병 발생률이 감소했다. 간단히 말해 풍부한 정자 공급은 남성의 더 나은 건강, 즉 여러 측면에서의 정력과 관련이 있다.

° 여성에게 불행한 도미노 효과

여성의 경우 생식건강과 미래의 복지 사이에 강한 연관성이 있다. 다낭성난소증후군을 가진 사람들은 종종 인슐린 저항성이나 당뇨병, 대사증후군을 앓고 있다. 이는 출산율 감소 외에도 심혈관 질환에 걸릴 위험을 증가시킨다.

생리를 일찍(12세 이전에) 시작한 여성들은 첫 생리가 더 늦은 또래들보다 어떤 원인으로든 젊은 나이에 죽을 위험이 23% 더 높다. 아마도 소녀들의 이른 사춘기는 비만, 제2형 당뇨병, 천식, 유방암 발병 위험 증가와 관련이 있기 때문일 것이다. 난소가 정해진 생리주기에 난자를 방출하지 못하는 무배란증은 자궁암의 위험 증가와 관련이 있고, 자궁내막증과 난관(卵管) 인자 불임은 난소암 위험을 증가시킬 수 있다.

불임 진단을 받은 여성들도 호르몬에 민감한 암에 걸릴 위험이 더 높다. 그들이 생리 관련 호르몬의 등락에서 벗어나지 못하는 것을 감안할 때 이 말은 이치에 맞다. 임신은 여성에게 9개월의 생리 공백기를 준다. 만약 그들이 모유 수유를 하지 않는다면 출산 후 한 달 가량, 독점적으로 모유 수유를 하면 최대 6개월 이상 추가 공백기를 제공한다. 이는 중요하다. (임신하지 않는 경우처럼) 중단되지 않은 생리주기는 난소호르몬 변동에 끊임없이 노출되는 것을 의미하고, 그것은 유방, 난소, 자궁내막의 세포 성장을 자극하기 때문에 중요하다.

정도의 차이는 있지만 이는 첫 아이를 늦게 갖는 여성들에게도 사실이다. 40세 이상에 첫 아이를 낳은 여성은 15세에 첫 아이를 낳은 여성에 비해 유방암에 걸릴 확률이 4배 높다. 주로 이것은 나이든 여성들이 호르몬 자극으로부터 긴 휴식 없이 수십 년을 보냈기 때문이다.

불임 관련 진단·검사·치료를 받은 6만 4,000명 이상의 여성과 일상적인 산부인과 치료를 받은 300만 명 이상의 여성이 참여한 2019년 연구에서 스탠포드대 연구원들은 수년간 이들 여성의 건강을 추적함으로써 유사한 위험이 다른 암에도 적용되는지 여부를 조사했다. 그 결과 불임 검사·치료를 받은 여성들은 백혈병뿐 아니라 자궁암, 난소암, 갑상선암, 간암, 췌장암에 걸릴 위험이 18% 더 높은 것으로 밝혀졌다. 흥미롭게도 불임으로 분류되었다가 임신을 하고 추적관찰 기간 동안 아이를 출산한 여성들은 자궁암과 난소암 위험이 자연출산 여성들만큼 떨어졌다.

게다가 남녀의 생식건강을 변화시킬 수 있는 생활방식과 화학 관련 스트레스 요인은 유전 코드의 발현을 수정할 수 있고 가족의 미래 세대에 영향을 줄 수 있다.

° 기본 설계 손보기

이 '대물림 효과'는 어떻게 작동할까? 그것은 후생유전학(epigenetics)이라는 분야인데, 말 그대로 '유전학의 꼭대기에' 있다는 뜻이다. 1942년 영국 과학자 콘래드 와딩턴(Conrad Waddington)이 만든 이 용어는 유전자의 기본 서열을 바꾸지 않고 특정 유전자를 켜거나 끄고, 또는 그 발현을 위아래로 돌리는 등 유전자 기능과 발현을 변화시키는 생물학적 메커니즘에 관한 연구를 말한다.

수십 년 동안 이 분야는 꽃을 피웠고, 특정 화학물질 노출과 생활방식을 포함한 환경이 어떻게 특정 유전자 발현에 영향을 미칠 수 있는

가에 관한 새로운 통찰력을 제공했다. 여기서 특정 유전자는 구체적인 건강상 문제의 발생 위험을 바꿀 수 있다.

여기서 일이 복잡해진다. 일부 과학자들은 후생유전학이라는 단어를 필수 DNA 서열을 바꾸지 않고 유전자 조절에 영향을 미치는 화학적 또는 물리적 변화를 가리키기 위해 사용한다. 이와는 대조적으로 다른 사람들은 이 용어가 유전 가능한 변화, 즉 한 세포에서 다른 세포로 또는 한 유기체에서 다른 유기체로 전달되는 변화에만 적용되어야 한다고 믿는다.

여러분이 이 모든 것을 이해하기가 힘들다면, 좋은 기회이다. 의사인 싯다르타 무케르지가 책 〈유전자〉에서 언급했듯이, "후생유전학이라는 단어의 의미 변화는 그 분야에서 엄청난 혼란을 야기했다."

여기에 여러분이 알아야 할 요지가 있다. 여러분의 유전자와 환경은 여러분의 유전자가 이용·발현되는 방법을 바꾸는 방식으로 상호작용할 수 있다. 그것만으로도 충분히 놀랍지만, 여기 정말 놀라운 부분이 있다. 우리가 먹는 음식, 우리가 숨 쉬는 공기, 우리가 사용하는 제품, 그리고 우리가 느끼는 감정은 우리 자신의 유전자가 어떻게 발현되는지뿐만 아니라, 태어나지 않은 우리 후손의 유전자가 미래에 어떻게 작동할지에 영향을 미치는 잠재력을 가지고 있다.

그렇다. 우리의 생활방식과 환경은 세포기억을 강화하고 여러 세대에 걸쳐 유지될 수 있는 메커니즘을 통해 태어나지 않은 자녀·손자의 건강과 발달에 파급효과를 미칠 수 있다.

자극에 노출된 부모의 아들딸처럼 이런 효과가 문제의 자극에 직접 노출되지 않은 세대에서도 나타나는 것을 볼 때, 이런 효과는 세대를 초월하는 것으로 간주된다. 초기 노출이 있었던 세대 이후 2세대, 3세대, 4세대까지 효과가 확장되면 다세대로 간주된다. 이렇게 통과한 영향은 '대물림(intergenerational)'으로 간주될 수 있다. 이는 단순화를 위해 내가 선호하는 용어로, 모든 것을 포괄한다.

한 가지 비유를 하겠다. 여러분의 신체 발달과 성숙에 관한 다큐멘터리가 만들어지고 있다고 상상해보라. 여러분이 가지고 있는 유전자는 대본을 제공하여 영화에 등장할 주요 행동이나 사건들을 요약한다. 후생유전학적 변화는 감독의 요구를 반영하여 대본의 연기(演技)를 수정할 것이다. 이 경우 특정 유전자 집합을 켜거나(발현) 꺼지게(억제 또는 침묵) 함으로써 그렇게 한다. 즉, 감독(후생유전학적 변화)은 "액션!" 또는 "컷!"을 외치거나 특정 사건에는 다른 해석을 하도록 제안할 힘을 가지고 있다.

실제 생활에서 종의 정상적인 발달, 건강, 생존의 일부인 후생(後生)유전학적 변화는 평생 질병 위험에 영향을 줄 수 있다. 사람이 특정 자극(독성 화학물질이든 강렬한 스트레스든 특정 식이요인이든 간에)에 노출될 때 그 영향은 후생유전학적 수정을 도출할 수 있다. 그 수정은 그 사람의 발달, 대사, 건강에 지속적인 영향을 미칠 수 있고, 때때로 그 자손들의 발달과 건강에도 영향을 미칠 수 있다.

여기서 설명하겠지만 우리는 세 가지 주요 후생유전학적 메커니즘을 알고 있다. 다른 매커니즘들은 아마도 장래에 확인될 것이다.

가장 특징적인 것 중 하나는 DNA 메틸화인데, 이는 DNA에 메틸기

(유기 화합물의 일반적인 구조 단위)를 추가하는 화학 과정이다. 주요 세포 과정을 조절하는 데 도움이 되는 DNA 메틸화는 본질적으로 세포 핵 내의 기제(機制)와 유전자의 상호작용을 수정함으로써 유전자의 활동을 강화·억제하는 스위치처럼 작용한다.

또 다른 후생유전학적 메커니즘에서는 DNA가 감기는 실패 역할을 하는 단백질인 히스톤이 특정 화학적 과정을 통해 수정될 수 있다. 그 것은 유전자 발현을 정확하게 보정할 수 있다.

세 번째 후생유전학적 메커니즘은 모든 살아있는 세포에 존재하며 유전자의 코딩, 조절, 발현에 필수적인 역할을 하는 RNA(리보핵산의 약어)를 포함한다. RNA-침묵 메커니즘은 하나 이상의 유전자의 발현 이 RNA의 작은 비(非)코딩 구간에 의해 하향 조절되거나 억제되는 동 안의 변형이다. 비코딩 RNA 기능에 관해 너무 복잡하게 들어가지 말고, 이러한 RNA 분자들이 유전자 발현을 변화시키고 생물학적 과정 에서 중요한 역할을 할 수 있다고만 해 두자.

어떻게 해서든 이러한 후생유전학적 메커니즘은 후생유전학적 풍경을 바꿀 수 있는 스위치, 변조기, 또는 태그(세포 기억의 일종으로 작용한다) 역할을 한다. 이러한 변화는 여러분의 인생 이야기에 관한 대본을 편집하고 다시 쓰는 것과 비슷하다.

자, 누군가가 각기 다른 색상의 형광펜을 사용하여 그 대본의 서로 다른 부분을 표시하면서, 어떤 부분을 가장 주의 깊게 읽어야 하는지 (예: 오렌지색) 그리고 어떤 부분이 덜 중요한지(예: 파란색)를 나타낸 다고 상상해보라. 일생 동안 색 코딩 시스템은 환경의 영향에 대한 반응으로, 한때 파란색이었던 부분이 오렌지색으로 바뀌거나 그 반대의 경우도 발생한다. 또 복사할 때 문서의 강조된 부분이 여전히 색상이나 그늘처럼 나타나는 것처럼, 일부 선이나 무대 지휘는 직계 자손에게 전달될 수 있다. 이것이 후생유전학 작용 방식의 본질이다.

° 바람직하지 않은 유산

여러분의 인생 이야기는 여러분과 함께 끝나지 않을 수 있다. 그것이 가장 놀라운 대목일 수도 있다.

후생유전학적 효과는 자녀가 천식이나 알레르기, 비만, 심장 또는 신장 질환, 일부 신경 질환 및 일부 생식 이상에 걸릴 위험성에 영향을 줄 수 있다. 화학물질, 금속, 약물, 스트레스, 외상 등 유해 요인에 노출되는 것은 세대 간(엄마에서 자녀로) 전염 되는 것으로 오랫동안 인식되어 왔다. 이는 엄마의 몸이 아기의 첫 번째 집이기 때문에 직관적으로 볼 때 이치에 맞다. 점점 더 많은 연구들은 이런 사실이 남성들에게도 진실임을 시사한다.

이런 사실이 설명된 한 영역을 살펴보자. 부모가 전쟁, 외상, 심한 스트레스를 경험한 경우 그 자녀들은 자라면서 그런 공포 이야기를 듣지 않더라도 부모의 정신 건강을 대물림 받을 수 있다. 마운트 시나이 소재 아이칸의대 신경정신의학 교수 레이첼 예후다(Rachel Yehuda) 박사에 따르면, 외상 생존자들의 후손들은 특정 유전자의 변화와 순환하는 스트레스 호르몬 수준을 통해 부모가 견뎌낸 고난의 생물학적 기억을 물려받는 것 같다고 말한다.

한 연구에서 예후다와 그녀의 동료들은 최소한 한 부모가 홀로코스트 생존자인 성인들과, 홀로코스트나 외상 후 스트레스 증후군(PTSD)을 경험하지 않은 부모를 둔 성인들을 인터뷰했다. 그리고 그들은 참가자들에게 저용량 덱사메타손(항염증제) 투여 후 스트레스 반응(GR-1^F) 및 코티솔 수치와 관련된 유전자의 메틸화를 비교하기 위해 참가자들의 혈액 샘플을 채취했다. 그들은 PTSD를 경험한 부모를 둔 피험자들이 외상성 후생유전학적 변형의 징후인 이 특정 유전자의 메틸화에 변화를 보였다는 사실을 발견했다.

이런 사실은 기술적으로 매우 까다롭게 들릴지 모르지만, 이러한 변화들은 후대에 중요한 결과를 초래할 수 있다. 홀로코스트 자손들과 관련된 예후다의 또 다른 연구는 어머니의 PTSD가 아동의 PTSD 발생 위험을 크게 증가시켰으며, 아버지의 PTSD는 아들딸의 우울증 위험을 크게 높였다는 것을 발견했다. 이러한 영향이 궁극적으로 부모의 예측할 수 없는 행동 때문인지, 아버지 정자의 후생유전학적 변화 때문인지는 아직 밝혀지지 않았다. 그러나 외상 경험이 분자(分子)의 상처처럼 후대에 전달되는 방식으로 DNA에 영향을 미칠 수 있다는 것은 가슴 아픈 가족 유산이다.*

생쥐를 대상으로 가계도의 수컷 쪽을 연구한 결과, 번식하기 전에

---

* 예후다(Yehuda)의 연구를 비판하는 사람들이 있다. 이들은 끔찍한 홀로코스트 이야기를 듣는 아이들이 받는 영향과 후생유전학적 영향을 분리하는 것이 어떻게 가능한지 의문을 제기한다. 또 다른 취약점은 DNA 메틸화와 PTSD 위험 증가를 놓고 닭이 먼저냐 달걀이 먼저냐는 질문이 나온다는 것이다.

상당한 스트레스를 받은 수컷의 자손은 시상하부-뇌하수체-부신(HPA) 축의 스트레스 반응성이 상당한 변화를 보였다. 이는 후생유전학적 재프로그래밍 때문이다. HPA 축은 사람 또는 동물에서 스트레스에 대한 반응을 제어한다. 바뀐 스트레스 반응성은 PTSD의 두드러진 특징이기 때문에 특히 주목할 만하다. 아버지의 이전 PTSD는 유전된 분자 메커니즘을 통해 아이의 PTSD가 될 수 있을 것으로 보인다.

종합해 보면 이런 연구들은 심리적 외상이나 극심한 스트레스가 후생유전학적 변화를 유도할 수 있다는 이론에 신빙성을 부여한다. 즉, 후생유전학적 변화는 부모 양쪽이나 어느 한 쪽으로부터 자녀에게 대물림 되어 실제적인 결과를 초래한다는 것이다.

° 다세대적인 소화기관

건강의 대물림 효과에 관한 또 다른 예를 보자. 조부모가 어린 시절 음식 섭취에서 큰 변화(너무 적거나 많거나 또는 다른 방식으로)를 겪은 경우 후속 세대들에게서 놀라운 낙수(落水)효과가 나타날 수 있다.

스웨덴의 연구에 따르면, 부계 할머니가 사춘기 이전에 1~2년간 음식에 대한 접근성이 급격히 변한 경우, 그녀의 아들의 딸들(그녀의 손녀들)은 성인이 되어 심혈관 질환으로 사망할 위험이 2배 반 높은 것으로 나타났다. 마찬가지로 '네덜란드 기근'(또는 '굶주림의 겨울')으로 알려진 네덜란드의 1944~45년에 자궁에서 영양 결핍에 노출된 태아들은 성인이 되어 비만·정신분열증에 걸릴 위험이 증가한 것으로 밝혀졌다. (한편 '네덜란드 기근' 동안 2~6세였고 심한 굶주림을 경험한 여성들은 기근에 노출되지 않은 또래들에 비해 일찍 자연 폐경을 겪은 것으로 밝혀졌다.)*

식생활에 관한 한 아빠들도 책임이 면제되지 않는다. 연구에 따르면 영양 결핍 아버지에게서 태어난 아이들은, 임신 전에 영양 섭취를 잘한 부모에게서 태어난 아이들보다 더 무겁고 어떤 경우에는 더 비만이었다. 11살 이전에 흡연을 시작한 아버지의 아들들은 9살 이전에 과체중이 되거나 비만이 될 위험이 더 높다. 흥미롭게도 어린 나이에 흡연 습관을 들인 아버지의 아들들은 더 높은 체질량지수를 가지고 있지만, 동일한 경향이 그 아버지의 딸들에게는 적용되지 않는다.

수컷 쥐를 대상으로 한 다른 연구에 따르면, 엽산 결핍이거나 엽산 공급량이 가장 많은 수컷 쥐의 수컷 새끼는 정자 수가 적은 것으로 나타났다. 즉, 아빠 입장에서 보면 이런 부계 혈통 효과가 정자를 통해 전달된다는 것은 의심의 여지가 없다.

° 부모의 조언

놀랄 것도 없이, 이 모든 것을 고려할 때 남녀의 생활습관 요인 및 환경 화학물질 노출은 후대(後代)의 생식건강에 반향을 일으킬 수 있다. 그러나 이러한 잠재적 후생유전학적 영향 중 어느 것도 슬램덩크

---

* 이것은 어떤 원인으로든 극적인 칼로리 제한은 여성이 자연스럽게 폐경을 겪는 나이를 낮춘다는 것을 암시한다.

효과를 가지고 있지 않다. 이런 반향은 특정한 노출을 경험한 부모에게서 태어난 모든 아이에게서 일어나는 것은 아니다. 그러나 이론적으로 그것은 그런 부모의 어떤 아이에서도 일어날 수 있고, 이전 세대의 노출은 이러한 변화가 일어날 가능성을 높인다.

그렇긴 하지만 후생유전학적 변화가 일어날 때, 이런 노출에 의해 얼마나 많은 세대가 영향을 받는가는 끊임없는 논쟁과 연구 대상이다. 예를 들어 특정 노출의 해로운 영향이 3세대나 4세대의 후손뿐 아니라 남녀 모두에게 영속되는지는 명확하지 않다. 그 대답은 문제의 범인에 따라 달라지는 것 같다.

예를 들어, DES(에스트로겐의 합성 형태인 디에틸스틸베스트롤)를 살펴보자. DES는 유산을 예방하는 것으로 여겨졌기 때문에 1970년대까지 수백만 명의 임신부에게 처방되었다. 그 치료는 무엇보다도 유산을 예방하지 못했고 사실은 위험을 증가시켰다. 더 나쁜 것은 자궁에서 그 약물에 노출된 남녀 자손에게 특정 생식 장애의 발생률을 높였다는 점이다. 태아의 DES 노출에 관한 대부분의 연구는 소녀와 여성의 생식적 영향에 초점을 맞추고 있으며, 여러분이 본 것처럼 많은 것들이 있다.

엄마가 임신 중 DES를 복용하여 출산한 소년과 남성에 대한 잠재적 영향은 잘 알려져 있지 않지만, 이것은 중요하다. 자궁 내 DES 노출 시 남성 아기들은 잠복고환, 요도하열(요도 구멍이 정상보다 아래쪽에 있는 것), 부고환 낭종, 고환의 감염 염증을 가질 위험이 커진다. 그뿐 아니라 왜소음경(비정상적으로 작지만 정상 구조를 가진 음경)

을 가질 가능성이 더 높다.* 아들에게 미치는 DES의 영향에 관한 연구가 광범위하지 않았기 때문에 이것이 정자 수 감소, 고환암과도 관련이 있는지 여부는 분명하지 않다.

진짜 놀라운 사실이 있다. 자궁에 있는 동안 DES에 노출된 여성 아기의 아들들, 즉 임신 중 DES에 노출된 여성의 손자들은 두 가지 성기 이상(잠복고환과 왜소음경)의 발생률이 증가한다. 이런 경우 DES에 의한 손상은 2~3세대로 대물림할 수 있다. 이는 후생유학전적 변화의 결과일 수 있으며 남성을 통해 다음 세대로 전달된다.

이런 효과가 어떻게 현재의 화학적 노출과 생식 발달로 전개될 수 있는지에 관한 예가 있다. 한 2017년 연구에서 연구원들은 체외수정을 받고 있는 남성의 소변에서 프탈레이트 수치를 조사했다. 그 결과 이들 프탈레이트 중 몇 개는 정자 DNA의 변화(소위 DNA 메틸화)와 관련 있는 것을 발견했다. 이 변화로 인해 배아의 질이 떨어지고 이식 성공 가능성이 낮아졌다. 프탈레이트는 남성 아기의 생식 발달에 영향을 줄 수 있는 유전자에 영향을 미쳤고, 결국 성인 남성의 정액 품질과 생식능력에 영향을 주었다. 즉, 그가 아이를 가질 수 있는지 여부를 가린다.

또한 내분비교란물질에 남성이 노출되면 가계도를 따라 더 멀리 이동하여 잇따른 후대의 남성의 생식 발달에 영향을 미칠 수 있다는 증

---

* 혹시 궁금해 할 수 있다. '비정상적으로 작은 성기'의 정의는 보는 사람의 생각에 달린 것이 아니다. 음경의 길이가 평균보다 2.5 표준편차 이상 작을 때를 말하는 의학적 진단이다. 성인 남성의 경우, 확대된 음경의 평균 길이는 13.3cm이므로 왜소음경은 최대 9.3cm이다. 실제로 상당한 차이다!

거도 있다. 여성 쪽에서는, 환경 독소에 노출되면 PCOS(다낭성난소증후군)의 세대간 대물림이나 생존 가능한 난자 풀(난소예비력)의 조기 감소로 이어질 수 있다는 연구도 나왔다.

안타깝게도 우리 세계에서 내분비교란물질과 다른 독소의 양과 수가 증가하고 있다. 이런 현실을 감안할 때, 손상 효과는 시간이 지남에 따라 처음 노출된 사람의 자손에게서 더 강화된다.

수컷 쥐와 관련된 연구에서 워싱턴주립대 연구원들은 이러한 증강 효과의 가능성을 조사하고자 했다. 그들은 수컷 쥐의 태아기 누적 효과를 실험했고, 이어 출생 후 에스트로겐 화학물질 노출을 1세대뿐 아니라 3세대에 걸쳐 실험했다. 그리고 다양한 세대에 걸친 효과의 심각성을 비교했다. 그들은 내분비교란물질에 대한 노출이 수컷 쥐의 생식관 발달과 정자 생산에 모두 영향을 미친다는 것을 발견했다. 거기엔 놀랄 일이 없다.

더 놀라운 발견은 후속 세대들이 이런 내분비교란물질에 노출되었을 때, 원래 보고된 정자 생산 세포의 변화에서 그 영향이 증폭되었다는 것이다. 또한 정관(정자를 고환에서 요도로 전달하는 관)의 꼬임이나 붕괴, 고환섬유증(남성 불임으로 이어질 수 있다) 같은 생식관 이상의 발생과 심각성이 점점 더 많이 관찰된다. 이는 손상 효과의 누적을 시사한다. 영향은 1세대에 비해 2세대에서 더 심했고 3세대에서는 더욱 심했다. 더 많은 세대가 노출되면서 피해가 점점 더 커진 것이다.

이는 일반적인 내분비교란물질에 노출된 세대가 늘어나면서 환경 에스트로겐에 대한 남성의 민감성이 증가하여 여러 세대에 걸쳐 정자 수가 점진적으로 감소한다는 것을 시사한다. 이는 환경과학자 피트 마이어스(Pete Myers)가 '남성 생식력의 나선형 사망'이라고 부르는 현상이다. 이것은 종말을 주제로 한 비디오 게임이나 영화처럼 들릴 수 있다. 하지만 후대가 내분비교란물질에 노출됨에 따라 피해가 점점 더 심각해질 가능성은 공포 이상의 것이다. 그 해악은 어디서 끝날까?

° 출산 프로그램 수정

이 같은 후생유전학적 영향과 대물림 효과는 인간과 동물 모두에게 중요하고 걱정스럽다. 이러한 변화가 일어나면, 바뀐 후대(後代)의 세포와 신체 시스템 발달 프로그램이 영구적이 될 수 있다는 증거가 있다. 마치 새로운 패턴이 돌에 새겨져 특정 남성이나 어쩌면 그의 미래 상속인에게서 변경되지 않고 지워지지 않는 것과 같다.

이런 발견들은 내 연구가 밝혀낸 것들에 빛을 비춰 주었다. 환경호르몬에 대한 남성의 민감성은 아버지에게서 아들, 손자에 이르기까지 세대의 연속 노출에서 증가한다. 이는 우리가 거듭된 대물림에서 보았던 정자 수의 지속적인 감소를 설명할 수 있을 것이다. 이러한 2세대, 3세대, 4세대 후손들이 이런 유해한 환경의 영향을 받게 되면서 이들은 그 효과에 더욱 민감해지고, DNA 손상도 유전될 수 있다. 이는 악순환을 일으킬 수 있는 또 다른 추가 요인이 된다. 가족 혈통에서 이런 해로운 영향이 어디서 멈출지는 아무도 모른다.

그러나 일부 후생유전학적 영향은 되돌릴 수 있을 것이라는 희망의

빛이 있다. 예를 들어 비만이 되는 경향은 자궁의 환경과 성인기의 생활방식을 바꿈으로써 개선할 수 있다는 주장은 이론적으로 그럴듯하다. 쥐 연구에 따르면 임신 중 엽산이나 제니스테인을 식이 보충하면 DNA의 저(低)메틸화를 무효화하고 비스페놀 A(젖병 같은 플라스틱을 굳히는 데 사용되는 산업용 화학물질)에 노출되는 태아의 손상에 대항할 수 있다(아기용 병들을 생각하라). 생물학적으로, 컴퓨터에서 '원상 복구' 기능을 클릭하고 방금 저지른 오류를 지우는 것과 같다.

그러나 미래 세대가 바람직하지 않은 후생유전학적 변화로부터 어느 정도 구원될 수 있는지, 혹은 어떤 효과를 잠재적으로 되돌릴 수 있는지는 아직 알려지지 않았다. 누가 이 일련의 원치 않는 후생유전학적 악영향의 대물림을 피할 수 있을 만큼 운이 좋은지는 우연의 문제인 것 같다. 생식기 이상, 불임 문제, 위험도가 높은 만성질환 등은 어떤 부모도 자녀에게 물려주고 싶어 하는 형질이 아니다.

그러나 현대 세계는 이러한 위험의 회피를 점점 더 어렵게 만들었다. 그렇기 때문에 전 세계의 과학자들이 미래 세대의 출산과 생식건강 보호를 위해 음식 공급을 보호하고 환경의 화학 칵테일에 대한 노출을 줄이는 등의 행동을 요구하고 있다.

제 9장

위태로워지는 지구
인간만의 문제가 아니다

° 우리 둥지를 더럽히다

북태평양에는 플라스틱 입자, 화학 슬러지 및 기타 쓰레기 파편 등 8만 7,000톤 이상의 부유 파편이 모인 거대한 쓰레기 소용돌이가 있다. 이 쓰레기 덩어리는 '태평양 거대 쓰레기 지대'로 알려지게 되었다. 이것은 섬처럼 별개의 덩어리가 아니라, 거대한 쓰레기의 소용돌이다. 이 소용돌이는 텍사스주의 약 두 배 크기로 자란 쓰레기의 확산 은하에 가깝다.

이 파편들은 생물의 뱃속에 들어가거나 목에 감기는 경우가 많기 때문에 야생동물들에게 위협적이다. 쓰레기 지대 근처의 미드웨이 환초에 서식하는 알바트로스 150만 마리 중 대다수는 소화기계에 플라스틱 입자를 가지고 있다. 이 때문에 어린 알바트로스 새끼의 약 3분의 1이 사망한다. 떠다니는 파편들은 바닷물 속의 유기 오염물질을 흡수하고, 물고기와 다른 해양 생물들은 이런 독소 함유 플라스틱 조각들을 소비한다.

인간이 이런 물고기를 먹을 때, 우리는 이 독성 화학물질의 미세입자를 섭취한다. 그것은 생태계의 또 다른 해로운 낙수효과이다.

이것은 동떨어진 사건이 아니다. 해초와 함께 쓰레기, 특히 스티로폼과 플라스틱으로 구성된 근처의 일련의 '쓰레기 섬'뿐 아니라 한때는 목가적이었던 온두라스의 작은 섬 로아탄의 해안선을 따라 플라스틱 쓰레기가 밀려오고 있다. 2017년 남태평양에서 멕시코보다 큰, 작은 플라스틱 조각들의 부유 덩어리가 발견되었다. 한편 대서양의 사르가소해(海)에서는 미세 플라스틱 오염 농도가 '극심한' 것으로 밝혀졌다. 그리고 2019년 연구원들은 지중해 코르시카섬과 엘바섬 사이에 수십 마일 길이의 플라스틱 쓰레기가 떠 있는 것을 발견했다.

이 각각의 장소에서 바다 생물들은 말 그대로 한 종류 또는 다른 종류의 쓰레기-플라스틱-화학물질 혼합물을 타고 수영하고 있다. 유엔 해양회의는 2050년이면 바다에서 물고기보다 플라스틱의 무게가 더 나갈 수 있다고 추정했다. 의도적이든 아니든, 인간은 지구의 바다를 쓰레기 더미처럼 취급하고 있다.

잔해가 흩어진 바다만이 우리 '버리기 사회'의 유일한 사상자가 아니다. 이 쓰레기 덩어리들은 단지 보기 흉한 것만은 아니다. 특히 플라스틱이 부패하는 데 수천 년이 걸린다는 점을 감안할 때, 그것들은 환경에도 해롭다. 어떤 추정에 따르면 플라스틱은 매년 10만 마리 이상의 바다거북과 새를 죽이고 있다. 이 생명체들이 플라스틱을 먹거나 플라스틱이 이들의 목을 감기 때문이다.

한편 플라스틱에서 나오는 화학물질은 물고기를 오염시켜 먹이사슬로 들어간다. 이는 화학물질이 한 종에서 다른 종으로 옮겨질 수 있고 인간의 건강에도 악영향을 미칠 수 있다는 것을 의미한다. 환경보호청은 "야생은 인간의 건강을 위한 보초 역할을 할 수도 있다. 야생동물 개체군에서 감지된 이상이나 개체 감소는 인간에게 조기 경보음을 울릴 수 있다."라고 말한다.

하지만 그것은 단순히 우리와 관련된 일만은 아니다. 다른 종의 건강과 활력은 그들에게, 그리고 지구의 건강과 온전함에 전체적으로 중요하기 때문이다. 차이점은 다른 종들은 이런 화학물질을 그들의 삶과 서식지로 들여오기로 선택하지 않았다는 것이다. 인간은 자신을 위해 그런 짓을 해왔다. 이는 그들이 무분별하고 무책임한 인간 행동의 무고한 희생자라는 것을 의미한다.

여러분이 읽은 것처럼, 특정 화학물질들이 금지되어도 그것들은 다른 생물들을 해칠 수 있는 환경에서 수년 동안 지속될 수 있다. 이런 지속적인 화학물질에는 납과 수은 같은 중금속뿐 아니라 비소, PCB(폴리염화바이페닐), DDT, 다이옥신 등이 포함된다. 이 모두는 내분비교란물질(EDC)로 알려져 있거나 의심된다. 그리고 인간의 경우와 마찬가지로 다른 종들도 종종 수많은 EDC에 동시에 노출되어 유해한 추가 효과를 낼 가능성이 있다. 그러나 그것은 단지 1+1 명제가 아니다. 그 악영향은 조합을 만드는 방법 또는 전체 효과를 개별적 부분의 합보다 더 나쁘게 만드는 방식으로 상호작용할 수 있다.

프탈레이트는 플라스틱, PVC 파이프, 가정용품, 개인 미용·위생 제품에 들어 있다. 페놀은 방부제, 소독제, 의료제품 등에 있는 반면 퍼플루오로옥타노산(PFOA)은 카펫, 직물 보호제, 얼룩 방지제, 테프론(음식이 들러붙지 않도록 프라이팬 등에 칠하는 물질) 냄비와 팬에 있다. 이러한 지속적인 노출은 이 같은 비(非)지속성 화학물질이 소변에서 쉽게 측정될 수 있고 서구 인구의 대다수에서 발견되는 이유일 수 있다.

다른 종들은 이런 제품들을 '사용'하지 않는다. 하지만 화학제품의 제조와 연소 중에 형성되는 부산물, 해양과 기류를 통한 지구적 이동, 전자제품 재활용과 쓰레기, 그리고 다른 과정을 통해 다른 종들도 이런 화학물질들에 노출된다.

일부 영구적인 유기 오염물질의 사용이 감소함에 따라 비영구적인 화합물의 사용이 증가했다. 그러나 두 부류 모두 생식기 발달에 위험하며 인간과 다른 종의 신경학, 내분비, 유전적 영역 그리고 전신에 부정적 효과를 일으킬 수 있다.

° 동물의 신체 부담

불행하게도 편재해 있는 환경 화학물질은 여러 가지 방법으로 동물

왕국에 피해를 주었다.

최근 한 연구에 따르면 북부 아드리아해 병코돌고래에게 시행한 생체 조직검사 결과 88%가 해양 포유류의 생리적 반응의 독성 임계치보다 PCB(폴리염화바이페닐) 농도가 높았고, 66%는 생식장애 임계치보다 높은 농도를 보였다. 한편 유기염소계 살충제, PCB, 브롬계 난연제에 대한 노출은 발트해 회색 바다표범의 생식 기능에 악영향을 미쳤고, 암컷의 자궁 섬유질 발생을 높여 개체수를 현저히 감소시켰다. 또 지방 조직에서 유기염소농약, PCB 등 지속적 유기 오염물질의 농도가 높은 동(東)그린란드의 수컷 북극곰은 테스토스테론 수치가 감소하고 음경이 유난히 짧으며 정상보다 작은 고환을 가진 것이 발견되었다.

심지어 임포섹스(imposex)라는 장애도 있는데, 이것은 암컷 바다달팽이에게 음경과 정관(精管) 같은 수컷 생식기를 발달하게 한다.* 그 원인은 특정 해양 오염물질, 즉 독성이 강한 화학물질인 트리부틸틴(TBT)에 대한 노출이다. 이 물질은 특히 대형 선박의 선체에 해양 생물이 성장하는 것을 막기 위해 광범위하게 사용한다. 요점은 우리가 세상에 방출한 화학물질의 영향은 너무나 광범위하며 수많은 종의 생식건강, 아마도 생존도 위태롭게 한다는 것이다.

적절한 사례가 있다. 버클리 소재 캘리포니아대의 발달내분비학자 타이론 헤이스(Tyrone Hayes) 박사는 일련의 연구에서 주로 미국 중서부 그리고 전 세계의 옥수수, 콩 및 기타 작물에 사용되는 제초제인 아트라진이 야생 표범개구리의 성 발달에 미치는 영향을 조사했다. 그는

---

* 기억하라, 정관은 정자를 고환에서 요도로 전달하는 관이다.

수컷 개구리가 아트라진에 노출되면 여성화 효과가 있어 고환 내 난자 존재, 정상 암컷보다도 낮은 테스토스테론 수치 같은 생식선 이상이 발생하는 것을 발견했다.

두꺼비는 다양한 EDC(내분비교란물질)에 대해 이와 비슷한 기능장애가 있는 생식 반응을 보이는 것으로 밝혀졌다. 이러한 생식 이상을 감안할 때 개구리와 두꺼비가 전 세계적으로 급격히 감소하는 것이 놀라운 일인가?

야생동물에 대한 이 같은 화학적 영향과 관련하여, 가장 극적이고 널리 보고된 사례 중 하나는 플로리다주 중심부에서 나왔다. 1만 2,500ha 넓이로 플로리다주에서 매우 큰 담수호 중 하나인 아포프카호수는 수년 동안 플로리다에서 심하게 오염된 호수 중 하나였다.

이는 호수 주변 농업 활동의 살충제 사용, 인근 하수처리시설, 1980년 주요 살충제 유출 때문이었다. 유출된 살충제는 디코폴, DDT, 대사산물, 황산 등의 혼합물로 호수에 인접한 옛 타워 화학회사로부터 유출되었다. 이런 살충제는 에스트로겐 수용체에 결합하여 그 수용체를 활성화하고 에스트로겐 의존적인 세포 성장을 유도하는 등 에스트로겐 역할을 할 수 있다.

1990년대 플로리다대의 야생생물학자 루 기예트 주니어(Lou Guillette Jr.) 박사와 그의 동료들은 아포프카호수의 젊은 악어와 플로리다 중부의 (깨끗한) 통제 호수인 우드러프호수 악어들의 생식 발달을 비교했다. 연구원들은 팀을 이뤄 밤에 비행정을 타고 호수에서 아기 악어들을 잡아 다양한 신체·체액 측정을 하곤 했다. 또는 낮에는 둥지에서 알을 모으곤 했다. 그들은 6개월 짜리인 아포프카의 아기 암컷 악어가 같은 월령(月齡)의 오염되지 않은 우드러프의 암컷 악어보다 거의 두 배나 많은 혈중 에스트로겐을 가지고 있는 것을 발견했다. 그리고 그것은 분명히 암컷 악어가 스스로의 의지로 에스트로겐을 복용하고 있었기 때문이 아니었다. 아포프카 암컷 악어들도 난자와 난포의 이상(인간 여성의 다낭성난소증후군과 유사)을 포함하여 생식관 발달에 변화를 보였다.

생식에 문제가 있는 것은 암컷들만이 아니었다. 아포프카의 젊은 수컷 악어는 그들만의 문제를 가지고 있었다. 특히 비정상적으로 작은 음경과 잘 조직되지 않은 정세관(정자 세포가 운반되기 전에 발아하고 성숙하는 곳)이 고환에 있었다. 게다가 아포프카의 수컷 악어는 테스토스테론 농도가 현저히 낮았다. 이는 우드러프의 수컷 악어보다 3배 낮고 우드러프의 암컷 악어들에 비견할 만한 수준이었다.

놀랄 것도 없이, 이런 이상은 정상적인 성 성숙과 악어의 성공적인 번식 가능성을 크게 저해할 가능성이 있었다.* 아포프카호수의 야생에서도 악어의 부화율은 5%에 불과했는데, 이는 오염되지 않은 호수에서 부화율이 85%인 것과는 매우 대조적이다.

이런 발견은 그 자체로 충격적이지만, 그보다는 인간의 노출 위험에 관한 통찰력을 제공했다는 점에서 중요하다. 악어는 인간과 비슷한 수명을 가지고 있으며 수십 년 동안 번식할 수 있다. 그래서 이 연구자들은 오염물질이 인간 생식에 미치는 영향에 관해 배울 수 있었

---

* 낮은 테스토스테론만으로도 수컷 악어들의 성에 대한 관심을 저해했을지도 모른다.

다. 비록 우리가 말 그대로 독성 혼합용액에서 수영하지는 않지만 말이다.

그러나 화학물질에 노출되어 발생하는 이러한 부작용은 물에 사는 생물체에 국한되지 않는다. 육지에서는 고농도의 DDE(DDT의 대사체), 수은, PCB에 노출된 플로리다 팬더가 다른 팬더 개체군에 비해 낮은 정자 밀도, 낮은 정자 운동성, 적은 정액, 더 많은 비정상적인 모양의 정자 수를 가진 것으로 밝혀졌다.

캐나다 연구원들은 1998년부터 2006년 사이에 브리티시 컬럼비아주와 온타리오주의 덫 사냥꾼들로부터 161개의 밍크 사체를 얻어 유기염소계 살충제, PCB, 폴리브롬화 디페닐 에테르(PBDE)를 포함한 EDC가 수컷의 생식 발달에 미치는 영향을 조사할 수 있었다. 연구원들은 성인 밍크의 간에서 DDE 수치와 음경의 길이 및 크기 사이의 중요한 관계를 발견했는데, 이는 DDE가 항안드로겐성이기 때문일 것이다.

이런 화학물질로 인한 생식 재앙은 비늘 가진 생물들만큼이나 털난 생물들도 겪을 가능성이 높다.

° 곤충과 새의 극적인 몰락

최근 수년간 우리는 소위 '곤충 종말론'에 관한 끔찍한 경고를 들어왔다. 2017년 독일의 한 연구에 따르면, 독일의 자연보호구역에서는 지난 27년 동안 비행 곤충의 75%가 감소했다. 캘리포니아주 해안지역에서는 2017년부터 2018년까지 서부 군주나비의 개체수가 86%나 급감했다. 푸에르토리코에서는 외골격(딱정벌레 등)을 가진 곤충과 거미와 지네를 포함한 절지동물이 충격적인 속도로 감소해 왔으며, 그것들을 먹는 도마뱀, 개구리, 새의 개체수도 마찬가지다.

여러분이 곤충을 높이 평가하든 두려워하든, 우리는 곤충 없이는 살아남을 수 없는 것이 현실이다. 미국의 생물학자 겸 자연주의자이자 작가인 E. O. 윌슨(Wilson)은 유명한 말을 했다. "모든 인류가 사라진다면, 세계는 만 년 전에 존재했던 풍부한 평형 상태로 되돌아갈 것이다. 만약 곤충이 사라지면 환경은 혼란에 빠질 것이다." 곤충은 식물과 나무의 꽃가루받이를 매개하고 새와 다른 동물들에게 먹이를 제공한다.

소는 풀 없이는 살아남을 수 없다. 유익한 곤충이 풀을 손상시키는 곤충들을 자연스럽게 방제하지 않고, 영양소가 흙으로 돌아가도록 유기물의 분해를 돕지 않았다면 풀은 존재하지 않을 것이다. 어떤 물고기 종은 먹을 곤충이 없다면 존재하지 않을 것이다. 그리고 닭은 그들이 먹고 사는 씨앗과 견과류를 위해 곤충이 수분(授粉)하는 식물에 의존한다. 곤충은 생명의 순환에서 필요불가결한 부분이다.

기후변화, 제초제 및 살충제의 광범위한 사용은 다양한 곤충 개체수가 사라지는 이유들 중 일부로 의심된다. 곤충의 개체수와 다양성의 전 세계적인 감소는 '먹이그물'(생태공동체 내의 상호 연결된 먹이사슬)에 심각한 파급효과의 잠재력을 가지고 있다. 따라서 다양한 생태계의 파괴를 유발할 수 있다.

2019년 연구에 따르면, 북아메리카는 1970년 이후 솔새와 핀치에서 제비·참새에 이르기까지 수백 종에 걸쳐 거의 30억 마리의 새를 잃었는데, 이는 전체의 29%가 감소한 것이다. 새들도 자연 먹이사슬과 지구의 생태학적 보전 모두에서 중요한 부분이기 때문에 이것은 위기다.

미국조류보호협회 마이클 파르(Michael Parr) 회장에 따르면, 양질의 서식지 붕괴가 조류 감소의 가장 큰 원인이지만, 살충제도 그 원인의 일부라고 한다. DDT가 금지되거나 단계적으로 폐지된 이후, 네오니코티노이드라고 불리는 또 다른 치명적인 살충제가 도입되었다.* 파르는 2019년 9월 〈워싱턴포스트〉 기고문에서 이렇게 썼다. "네오니코티노이드는 곤충 방재를 위해 식물에 사용하였다.…그것은 해롭든 유익하든 모든 곤충을 가리지 않고 제거한다. 매년 10억 파운드의 곤충 독을 사용한다면, 우리가 미국 풍경에서 보았듯이 곤충은 점점 줄어들게 될 것이다. 그러면 새들도 줄어든다."

요즘은 평소답지 않게 조용한 아이슬란드 북서부 해안에서 이미 이런 일이 벌어지고 있다. 최근 수년간 바다오리, 세가락갈매기, 제비갈매기 그리고 다른 종의 새들 군락지는 사라지고 있으며, 그들의 활기찬 합창도 마찬가지이다. 유엔의 2016년 보고서에 따르면, 2005년에서 2008년 사이에 (펭귄과 같은) 큰부리바다오리의 수는 연간 7%씩 감소했다. 일반 바다오리와 대서양 바다오리의 개체수도 1999년에서 2005년 사이에 크게 감소했다. 단지 그것들이 더 빠른 속도로 죽어가

---

* 이것은 유감스러운 대체의 또 다른 예이다.

는 것이 아니라, 이전 속도만큼 번식하지 않는다.

이 불행한 종말의 주요 원인은 우리의 고탄소 생활방식이다. 이 생활방식이 바다의 수온을 높이고, 해양의 화학·오염 부하(負荷)·먹이그물을 바꾸고, 다양한 해양생물의 건강을 위태롭게 하고 있다. PCB나 브롬계 난연제 같은 '영원한 화학물질'의 수준도 이러한 개체군에 타격을 주고 있다. 바닷새들이 처한 이런 곤경은 앞으로 이런 현상이 더 많이 일어날 가능성이 크다는 경고음을 전 세계적으로 울리고 있다. 우리 인간들은 이처럼 치명적이고 불임을 야기하는 변화를 일으켰다.

° 짝짓기 게임 하이재킹

일부 환경오염 물질은 특정 종의 짝짓기 및 생식 행동을 변화시키는 것으로 밝혀졌다.

우리는 플로리다주에서 독성이 가장 강한 수은인 메틸수은에 노출된 흰따오기에서 구애와 짝짓기 행동의 변화를 보았다. 한 연구는 메틸수은에 노출된 수컷 흰따오기의 동성애가 크게 증가한 것을 발견했다. 연구원들은 수컷에서 에스트로겐과 테스토스테론 발현이 남성성을 상실하게 만든 결과라고 생각한다. 새들(사람도 마찬가지)의 성적 행동은 테스토스테론을 포함하여 순환하는 스테로이드 호르몬 수치의 영향을 강하게 받는다.

또 우리는 안드로겐 내분비교란물질에 노출된 암컷 민물고기의 생식 행동의 변화를 목격한다. 간단히 말해서, 이 암컷 물고기들은 수컷 상대방들과 어울리는 데 시간을 덜 쓴다.

다른 사례에서도 암·수컷은 환경적으로 내분비교란물질에 노출됨으로써 성적 행동을 탈취 당한다. 트렌볼론 아세테이트가 대표적인 사례다. 트렌볼론 아세테이트는 가축의 근육량을 증가시키기 위해 세계 일부 지역에서 널리 사용되는 아나볼릭 스테로이드(테스토스테론과 작용이 유사함)이다. 그것은 보디빌딩계에서 인기가 있었지만, 인간의 사용이 금지되었다.

불행하게도 가축 사육장 근처의 수계(水系)에서 트렌볼론 아세테이트의 여러 대사물질이 발견되었다. 연구자들은 낮은 농도라도 이 안드로겐 화학물질에 노출된 물고기는 생식 발달과 기능에 지장을 초래할 수 있다는 점을 발견했다. 특히 암컷 물고기는 초기 발달 중에 남성화하고 성년 암컷은 번식력이 저해될 수 있다.

또 호주의 한 연구에 따르면, 트렌볼론에 단기적으로 노출되면 수컷 구피의 구애와 성행위는 물론 암컷 구피들이 수컷의 성적 접근을 받아들이는 태도가 변했다.

° 물속의 다른 위험들

서구에서 사람들은 식수가 안전할 것이라고 예상한다. 이 때문에 2016년 미시간주 플린트에서 발생한 납 오염 식수 사태, 더 최근에는 뉴저지주 뉴어크에서 발생한 식수 사태는 강력한 대중 반발과 정치적 분노를 불러일으켰다. 종종 간과되는 현실은 독성 금속의 존재 가능성 외에도, 구강 피임약과 다른 호르몬제를 포함한 약품들이 물고기와 다른 생물들의 서식지인 수로뿐 아니라 우리의 급수에도 숨어 있을 수 있다.*

유감스럽게도 이들 약품 속 화학물질은 인체에서 배설된 후에, 또는 사용되지 않는 약품들이 변기에 씻겨 내려갈 때 수로에 가게 된다. 천연자원보호협회(NRDC)의 보고서에 따르면, 이 약들은 또 제조업 폐기물, 동물 배설물, 동물사료 공급 중 유출, 또는 도시 매립지로부터 침출 등을 통해 우리의 수로로 들어갈 수 있다. 게다가 인간의 소변, 배설물, 목욕물에 배출된 약품은 하수구에서 바다, 강, 호수, 개울로 옮겨져 다양한 형태의 야생동물을 해칠 수 있다.

그 결과 마약으로 오염된 수로가 현재 알을 낳는 수컷 등 다양한 인터섹스(intersex) 물고기의 서식지라는 것은 놀랄 일이 아니다. 또는 항우울제의 흔적이 있는 물에 사는 물고기와 새우는 수면에 머무르거나 빛을 향해 헤엄치는 등 정상적인 행동에서 벗어난 변화를 보인다. 이런 행동들은 자신을 포식자에게 취약하게 만들 수 있다.

한편 물에서 항우울제와 항경련제에 노출된 큰 대가리 피라미는 신경학적 변화를 보였다. 그 중 일부는 자폐증 같은 장애와 닮았다.

---

* 최근 수년간 미국과 다른 나라에서 의약품 사용이 급격히 증가했다는 것은 널리 알려져 있다. 물가상승률을 감안하더라도 소매 처방약에 대한 지출은 미국에서만 1960년 1인당 90달러에서 2017년 1,025달러로 증가했다.

° 우리가 초래한 혼란 마주하기

이로써 전 세계의 다른 종들에서 무슨 일이 일어나고 있는지, 그리고 무엇이 잘못되고 있는지에 관한 아주 선명한 그림이 그려질 것이다. 인간이 만들어낸 화학물질이 환경으로 스며들면, 다른 생물들의 건강, 발달, 행동, 심지어 생존에까지 피해를 입힐 수 있다. 요컨대 우리가 이 약들을 복용하거나 부적절하게 처분할 때 본질적으로 지구 전체가 복용하는 셈이다. 다른 생명체들은 이 일에 가담하지 않았다.

설상가상으로 우리의 생식 발달과 기능을 변화시키고 있는 화학물질뿐 아니라 악어, 개구리, 그리고 다른 종들에게 악영향을 미치는 화학물질들은 대부분 우리의 기후를 해치는 산업에서 나오고 있다. 내분비 교란과 기후변화 과학자 100명으로 구성된 한 패널은 2016년 〈르몽드〉에 다음과 같은 논평을 발표했다. "내분비교란물질을 줄이는 데 필요한 많은 행동들은 기후변화에 대항하는 싸움에도 도움이 될 것이다. 대부분의 인공 화학물질은 석유화학 산업에서 제조된 화석연료 부산물에서 나온다.…이러한 화학물질은 남성의 생식건강을 해치고 암 위험을 높인다."*

내분비교란물질(EDC)이 호르몬의 프로그래밍과 기능을 바꾼다는 점을 감안할 때, 다른 종이 EDC에 노출되면 기후변화가 초래한 환경 변

---

* 과학자들이 지적했듯이, 화석연료에 대한 의존도를 줄이고 대체에너지 형태로 전환함으로써 온실가스 배출을 줄일 수 있다. 이는 기후 위기에 도움이 될 것이다. 이것은 또한 남성, 여성, 어린이, 그리고 다른 종의 생식건강에 유해한 화학제품의 생산을 감소시킬 것이다.

화에 적응하는 능력이 저하될 수 있다는 우려가 이미 있다. 환경 오염물질이 동물에게 어떤 영향을 미치는지 연구하는 노르웨이 과학자 비즈른 먼로 옌센(Bjørn Munro Jenssen)은 "북극 생태계까지 EDC의 장거리 이동을 고려할 때, EDC와 기후변화의 결합은 북극 포유류와 바닷새에게 최악의 시나리오가 될 수 있다."라고 썼다.

과거 환경 화학물질의 존재는 주로 발암 위험을 근거로 규제되었다. 그러나 남성 생식건강을 위협하는 수준은 대개 그보다 더 낮다. 이는 암 위험을 근거로 화학물질을 규제하는 것이 중요한 생식 위험을 놓칠 수 있다는 것을 의미한다.

예를 들어 미국 환경보호국이 전국 540개 강 유역에서 어류의 조직을 분석했을 때, 생식 등 비암(非癌) 종말점의 선별 값이 암보다 4배 높았다. 폴리염화바이페닐(PCB) 21개의 농도는 샘플의 48%에서, 인간에게 암의 위험이 증가한다고 여겨지는 수준을 초과하는 것으로 밝혀졌다. 이는 생식 손상에 대한 임계값을 이미 넘어섰음을 의미한다. 이 같은 발견은 이제 모든 생물의 생식 발달 및 기능을 보호할 새로운 규제 기준을 설정할 때라는 것을 시사한다.

궁극적으로는 우리의 생활방식을 통해서든, 우리가 개발하고 방출한 화학 오염물질을 통해서든, 우리는 살고 있는 이 세상을 위태롭게 하고 있다. 우리 주변의 화학물질에 대한 노출, 그리고 이 화학물질들이 다른 생명체에게 지우는 부담을 되돌리기 위한 중요한 조치를 취하지 않으면, 그 영향이 어디서 멈출지 알 수 없다.

환경적으로 유도된 다른 종의 생식 장애는 남녀의 생식건강에 중요한 보초인 것이 사실이다. 하지만 다른 종의 성 발달과 기능은 그 자체로 중요하다. 이건 '강도와 그 피해자 모두 살해된다'는 식의 제안이 아니다. 우리 모두는 같은 독성의 뒤범벅 속에 둘러싸여 있다. 지구상에 이런 화학물질들로부터 안전한 곳은 없다.

이런 문제들을 우리가 만들었다. 비록 자신도 모르게 만들어냈지만 해결책을 강구하는 것 또한 우리에게 달려 있다. 여러분은 다음 장에서 이것을 보게 될 것이다. 지금까지는 제한적이었지만, 잠재적으로 유해한 화학물질의 사용을 금지·제한하려는 정부 조치는 야생 생물의 특정 장애 빈도를 감소시키는 데 기여했다. 이는 이미 2012년 세계 보건기구 보고서도 인정하였다.

예를 들어 PCB와 유기염소 살충제의 환경 속 농도가 감소한 후 발트해 바다표범의 개체 수는 반등하고 있다. 발트해 바다표범은 이전에 이러한 화학물질 노출과 관련된 섬유종 발생이 많았다. 2008년 TBT(트리부틸틴)를 해양오염 방지 페인트에 사용하는 것이 금지된 이후, 해양 복족류(예: 달팽이)의 개체 수가 전 세계적으로 회복되고 있다. 2017년에는 노르웨이 해안선을 따라 있는 탐지소의 어느 곳에서도 바다 달팽이의 모호한 성기의 흔적이 발견되지 않았다. 이것들은 환경 청소가 어떻게 생식 발달의 위협을 제거할 수 있는지를 보여주는 중요한 사례들이다.

다른 종들과는 달리, 우리는 인간으로서 이 해로운 영향을 되돌릴 수 있는 선택권과 능력을 가지고 있다. 이러한 하향 궤적을 바꾸려면 우리의 집단 생활방식과 화학제품, 의약품, 소비재 관련 규제에 극적인 변화가 있어야 할 것 같다.

　그 도전은 타이타닉호의 방향을 돌리는 것과 비슷할 수도 있다. 하지만 인류와 다른 종, 그리고 행성의 건강, 생명력, 장수 등이 그 일에 달려 있기 때문에 우리는 그렇게 할 수 있고 그런 노력을 할 가치가 있다.

제 10장

임박한 사회적 불안
인구학적 편차와 문화 관습의 해체

° 대체의 가치

서구 국가에서 일어난 정자 수의 급격한 감소에 관해 들으면, 어떤 사람들은 그것을 과소평가하며 "음, 세계는 인구 과잉이다. 아이들이 적은 것이 좋다."라고 말한다. 그러나 그것이 반드시 진실은 아니다.

서구 사회는 '인구학적 변동'을 경험하고 있다. 인구의 고령화와 출산율 감소로 인해 인구를 대체하지 못하고 있는 것이다. COVID-19 시대에는 그런 경향이 훨씬 더 강하다. 새 출산만으로 한 나라의 인구를 지탱하기 위해서는 부부가 평균 2.1명의 아기를 가져야 한다. 그러나 대부분의 서구 및 일부 동부 국가들은 그 기준을 달성하지 못하고 있다.

예를 들어 세계은행이 발표한 자료에 따르면, 미국에서는 여성 1인 당 평균 출산율로 정의되는 출산율이 2017년 1.8명으로 1960년에 비해 50% 감소했다. 2018년 미국은 32년 만에 가장 낮은 출산 건수를 보였다! 캐나다의 출산율은 1960년 3.8명에서 2017년 1.5명으로 떨어졌다. 이탈리아와 스페인의 출산율은 현재 1.3명으로 낮아졌다. 홍콩에서는 1960년 5.0에서 2017년 1.1로 급감했고, 한국에서는 1960년 6.1에서 2017년 1.1로 떨어졌다. 그리고 중국에서 2019년에 태어난 아기의 수는 1961년 이후 최저치로 소위 '곧 닥칠 인구학적 위기'를 촉발시켰다.

'세계 질병 부담 연구'의 주요 분석은 이런 세계적인 발견을 확증한다. 연구원들은 195개 국가 및 지역의 출산 데이터를 사용하여 사망률과 이주(移住)율을 처리한 후, 연구에 포함된 모든 국가에서 총 출산율이 감소하였다는 것을 발견했다. 특히 1950년에서 2017년 사이에는 전 세계적으로 49%나 감소했다는 사실을 발견했다. (만약 여러분이 통계 과부하로 고생하고 있다면, 미안하다. 하지만 나는 여러분이 이러한 변화의 범위와 규모를 알아줬으면 한다.)

이것은 상전벽해(桑田碧海)이다. 수년간 세계 인구는 꾸준히 증가하는 듯했다. 1970년의 세계 평균 출산율이 변하지 않고 오늘날에도 그대로 유지된다면 세계 인구는 140억 명, 즉 현재의 거의 두 배일 것이다. 하지만 상황이 그런 식으로 끝나지 않았다.

서구 국가의 정자 수 감소가 출산율 감소에 역할을 했다는 것은 의심의 여지가 없다. 하지만 다른 요인들 역시 이런 변화에 영향을 미치고 있다. 미국과 다른 많은 나라에서 남녀는 더 늦게 결혼하고, 더 늦은 나이에 첫 아이를 낳는다. 그것은 더 작은 규모의 가족으로 귀결된다. 일단 사람들이 아이를 적게 갖기 시작하면, 그것을 멈출 것 같지는 않다. 더 적은 자손을 갖는 것이 관리하기 쉽고 더 저렴하다는 것을 발견하기 때문이다.

세계 출산율에 관한 2018년 보고서에 따르면, 이러한 하향 출산 추세의 주요 원인은 세계 일부 지역에서 기하급수적으로 증가한 여성 선택권의 증가를 반영한다. 특히 여성의 교육수준 향상, 그리고 유용한 피임법을 포함한 여성의 출산 결정권 확대가 출산율 하락을 견인하고 있다. 젊은 여성의 교육 기회와 그녀가 가질 가능성이 있는 자녀 수 사이에 상관관계가 있다는 것은 전 세계적으로 분명하다.

이는 역사적으로 여학생들이 남학생과 같은 교육 기회를 갖지 못한 나라에서는 특히 주목할 만하다. 2015년에 실시한 연구에서 하버드대 보건대학원 연구원들은 에티오피아가 1994년에 도입한 교육개혁 정책을 기반으로 학교 교육이 10대 출산에 끼친 영향을 조사했다. 연구원들은 재학 기간이 1년씩 늘어날수록 10대 결혼과 10대 출산 가능성이 6%씩 감소했다는 것을 발견했다.

인도네시아뿐 아니라 나이지리아, 가나, 케냐, 그리고 사하라 이남 아프리카의 다른 나라들에서도 여성 교육의 증가와 조기 출산율의 감소 사이에 비슷한 관계가 있음이 발견되었다. 이들 나라는 역사적으로 중등 교육의 남녀 격차가 상당했다. 게다가 1950년부터 2016년 사이 한국과 싱가포르에서 발생한 출산율의 극적인 감소는 여성 교육에 대한 많은 투자, 여성의 노동력 참여 증대 노력, 그리고 높은 도시화율과 함께 일어났다.

실제로 도시화는 최근 수십 년간 출산율 감소의 중요한 요인으로 인정되었다. 2011년부터 2015년까지 미국 농촌 여성들은 3명 이상을 출산했을 가능성이 도시 지역 여성보다 32% 더 높았다. 이것은 부분적으로 시골 지역에서 어린이들은 종종 들판에서 일하고, 소나 말에 먹이를 주고, 알을 모으거나, 다른 필수적인 집안일을 처리할 수 있는 귀중한 (자유) 노동력의 일부로 여겨졌기 때문일 것이다.

이와는 대조적으로 도시에서 사랑받는 아이들은 자산이라기보다 재정적 부담에 가깝다. 먹이고, 입히고, 교육하고, 키워야 하는 또 다른 존재, 이 모든 비용은 일반적으로 시골 지역보다 도시나 도시 근교가 더 비싸다. 2000년에서 2016년 사이에 미국의 도시 지역 거주자의 비율이 꾸준히 유지되어 온 점, 도시 근교와 작은 대도시 지역 거주자 비율이 증가하고 시골 지역 거주자 비율이 감소하고 있는 점 등을 감안할 때, 미국 출산율이 감소하고 있다는 것은 놀라운 일이 아니다.

° 세계 인구의 등락

서구 세계의 출산율 하락에도 불구하고, 세계의 넓은 지역은 여전히 대체 수준 이상의 출산율을 보이고 있다. 차드의 출산율은 5.8이고 콩고와 말리는 6.0, 소말리아는 6.2이다. 그래서 세계 일부 지역에서는 출산율이 감소하고 있지만 다른 지역, 특히 특정 아프리카 국가에서는 여전히 높다. 이것이 현재 세계 인구가 증가하고 있는 이유다. 그럼에도 불구하고 이 행성의 인구 증가는 한때 인구학자들이 예측했던 것처럼 계속될 것 같지 않다.

유엔 인구국은 세계 인구의 성장 궤적을 투영하기 위해 통계 모델을 기반으로 다양한 시나리오를 개발했다. 특히 관심 가는 것은 상·중·하 모델(또는 성장 예측)이라고 불리는 세 가지 시나리오다.

중간 모델은 많은 인구통계학자들이 이 세기의 나머지 기간 동안 가장 가능성이 높다고 생각하는 중도 시나리오다. 2019년 유엔의 중간 모델은 2100년의 세계 인구를 약 110억 명으로 추정했다. 이와는 대조적으로 높은 모델은 중간 모델보다 높은 출산율 예측을 기반으로 하는 반면, 낮은 모델은 낮은 출산율 예측을 반영한다. 높은 모델을 적용하면 2100년 세계 인구는 155억 명으로 지금의 거의 두 배이다. 낮은 모델은 전 세계적인 출산율 등락을 예측한다. 그 결과 세계 인구는 2050년 85억 명으로 정점을 찍은 뒤 (놀랍게도!) 세기말에 약 70억으로 감소한다는 것이다.

중간 모델 시나리오가 널리 인용되고 있지만 일부 인구통계학자와 인구 전문가들은 이 예측에 동의하지 않는다. 1972년 저서 〈성장의 한계(The Limits to Growth)〉를 공동 집필한 노르웨이 학자 요르겐 랜더스(Jørgen Randers)는 한때 인구 과잉으로 인한 잠재적인 세계 재앙을 경고했다. 그는 그 후 마음을 바꿨다. 그는 2014년 TEDx 강연에서 "세계 인구는 90억 명에 이르지 못할 것이다. 2040년에 80억 명에 달할 것이고 그 다음엔 감소할 것이다."라고 말했다. 랜더스는 이러한 감소의 주요 동인(動因)은 세계 여성들이 과거보다 아이를 적게 낳기로 선택하는 것이 될 것이라고 믿는다.

다른 전문가들은 그의 믿음에 동조한다. 예를 들어 2013년 도이체방크 보고서는 2055년 이 행성의 인구가 87억 명으로 정점을 찍은 다음 2100년까지 80억 명으로 떨어질 것이라고 시사했다.

오스트리아 빈에 있는 '인구 통계와 지구 인적 자본을 위한 비트겐슈타인 센터'의 설립 책임자인 볼프강 루츠(Wolfgang Lutz) 박사는 저출산을 경험하는 인구가 일종의 '저출산 함정'에 빠져 있다고 믿는다. 그의 가설의 핵심은 "출산이 일정 수준 이하로 떨어져 일정 기간 머물게 되면, 그 같은 체제 변화를 뒤집는 것은 불가능하지는 않더라도 매우 어려울 수 있다."는 것이다.

이 가설은 세 가지 독립적 요인에 기초한다. 첫째, 사회가 대체 수준 이하의 출산율 감소를 경험함에 따라 가임 연령의 여성이 줄어들 것이며, 이는 후속 출산의 감소를 의미한다. 둘째, 새로운 세대는 이전 세대와 함께 경험한 낮은 출산율에 근거하여 더 작은 이상적인 가족 규모를 포용하고 그것이 사회학적 강화를 일으킨다. 셋째, 젊은 성인의 열망이 상승 궤도에 있다고 가정할 때, 기대소득은 이런 상승과 평행하지 않을 것이다. 따라서 이들은 아이를 적게 가지는 것이 더 현실적으로 느끼게 될 것이다.

루츠의 견해에 따르면, 이 세 가지 요인은 미래의 출생 건수의 '하향 나선형'에 기여할 것이다.

° 나이는 단순한 숫자 이상이다

오늘날 미국과 세계의 인구통계학적 그림은 최근 수십 년 동안의 모습과는 상당히 달라 보인다. 이런 추세는 계속될 전망이다. 퓨 리서치센터(Pew Research Center)의 2014년 보고서는 "1950년부터 2010년까지의 성장은 빨랐다. 세계 인구는 거의 3배, 미국 인구는 두 배로 증가했다."라고 지적했다. "그러나 2010년부터 2050년까지의 인구 증가는 현저히 느려진다. 그래서 이들 증가된 인구가 전 세계와 미국에서 가장 오래된 연령층으로 강하게 자리 잡을 것으로 예상된다."

우리는 이미 이 방향에서 큰 변화를 목격하고 있다. 1960년 세계 인구의 5%가 65세 이상이었다. 2018년 세계은행에 따르면 그 비율은 9%로 증가했다. 마찬가지로 1960년 미국 인구의 9%가 65세 이상이었으나 2018년에는 16%로 증가했다. 그리고 유럽연합 28개국에서 1960년 인구의 10%가 65세 이상이었고 2018년에는 20%로 증가했다. 세계 어디에서나 65세 이상 인구는 1960년의 거의 두 배로 증가했다.

출산율이 떨어지고 기대수명이 늘어나면서 전 세계적으로 노인인구가 계속 증가하고 있다. 미국의 기대수명은 현재 79세로 1960년의 70세보다 7년 증가했다. 일본과 스위스에서는 1960년에 각각 68세와 71세였으나 지금은 84세이다. 물론 기대수명의 증가는 20세기의 위대한 업적 중 하나이다. 그러나 출산율 감소는 그렇지 않다. 이러한 변화는 정자 수와 출산율이 높고 수명이 상당히 짧았던 한 세기 전에 일어났던 일과는 정반대다.

여기가 앞서 언급한 '인구 시한폭탄'이 들어오는 곳이다. 인구 전문가와 과학자들은 미래 세대가 점점 더 늘어나는 노인 및 은퇴자의 요구와 그들의 연금, 사회보장을 충족시키기 위해 고군분투할 것을 우려한다. 특히 북미, 아시아, 유럽에서 출산율이 감소한 국가들에 대해 유엔 인구기금의 보고서 '2018년 세계 인구 현황'은 "노년층 증가와 노동력 감소로 인해 이들 국가는 가까운 시일 내에 경제가 잠재적으로 더 취약해진다."라고 지적했다.

대부분의 선진국에서 이미 노인 비율이 어린이 비율을 추월했고, 2019년 세계 인구 11명 중 1명인 65세 이상 인구는 2050년까지 6명 중 1명이 될 것이다. 65세 이상을 부양하는 노동 연령층은 훨씬 줄어들 것이다.

인구 고령화에 따라 노인층 대 생산가능 성인 인구(20~64세로 정의됨)의 비율이 증가할 것으로 예상된다. 예를 들어 2020년 미국에서는 정년퇴직자 1명당 약 3.5명의 생산가능 성인이 있다. 2060년까지 그 비율은 2.5명으로 줄어들 것으로 예상된다. 경제활동을 하는 사람들은 더 많은 돈을 소득세와 다른 세금으로 내는 반면, 어린이와 노인 등 경제활동을 하지 않는 사람들은 공교육, 의료, 연금에서 정부 지출의 더 큰 수혜자가 되는 경향이 있다. 따라서 부양비 증가는 그 나라 정부에 재정 문제를 야기할 것이다.

인구통계학 해설자이자 책 〈빈 행성(Empty Planet)〉의 공저자인 대럴 브리커(Darrell Bricker) 박사는 이러한 변화의 잠재적 영향은 '거대하다'고 말한다. "노령 인구를 어떻게 부양할 것인가에 관한 의문들이 있다. 공금을 연금, 의료, 도시 기반시설, 학교, 군대에 사용하는 방식에 관하여 모든 측면에서 재고할 필요성이 있다. 그것은 청년들의 게임이다. 젊은 사람들이 부족하면 어떻게 되는가? 은퇴 비용은 누가 내게 되는가? 소비에 기반을 둔 경제를 가지고 있을 때, 인구가 늙고 구세대가 부(富)를 가지고 있으면 어떻게 되는가?"

이런 변화는 잠재적으로 사회에 많은 결과를 초래한다. '2017년 세계 질병 부담 연구'에 따르면, 이런 결과에는 "경제성장 축소, 세수(稅收) 감소, 기여자는 적고 수혜자가 훨씬 많은 사회보장제도, 고령 인구에 의한 의료서비스 및 기타 요구의 증가"가 포함된다.

인구조사국에 따르면, 미국에서 65세 이상 성인 수가 두 배로 증가하면(2060년까지로 예상) 요양원을 필요로 하는 노인 수가 2030년까지 50% 이상 증가할 수 있다고 한다. 우리가 이런 변화들을 어떻게 관리하느냐는 경제뿐 아니라 문화, 정치 그리고 사회의 거의 모든 분야에 중요한 영향을 미칠 것이다.

전국적으로 알려진 정책 지도자이자 보건·공채(公債)·노인문제 관련 로비스트인 다니엘 페린(Daniel Perrin)은 "미국에서는 이러한 변화가 노인의료보험과 사회보장제도의 '방대한' 위기로 이어질 수 있다."라고 경고한다. 두 프로그램은 모두 노동자의 소득과 연계된 세금을 통해 자금을 조달한다. 생산가능인구(15~64세)의 감소는 이런 자금원을 고갈시킬 수 있다. 하지만 페린은 "많은 사람들이 이런 인구학적 변화를 알지 못한다. 이것에 관해 알고 있는 사람들은 그 변화를 이해하는 데 어려움을 겪는다. 또 이것을 인류 역사와 일치시키는 데 어려움을 겪는다."라고 말한다.

미국의 정책 입안자들은 이러한 인구 변동, 그리고 그와 함께 잠입하는 경제·사회적 지원 문제에 관한 준비를 하지 않고 않다. 2091년에 대하여, 사회보장국은 낮은 출산율이 지속되면 지출이 소득을 최소 4.48%에서 5.97%까지 초과할 것으로 전망한다. 그것이 어떻게 사회보장국의 존속 가능성에 문제가 되는지 살펴보는 데에는 수학 전문가가 필요하지 않다.

연구에 따르면, 한 나라의 경제성장의 최고 잠재력은 생산가능인구의 비율이 비노동 연령의 인구 비율보다 클 때 발생한다고 한다. 그러한 국가는 인구학적 배당금을 거둬들인다는 말을 듣는다. 이것은 전세계적으로 사실이지만, 이 전선에서도 변화가 일어나고 있다.

1960년대 이후 고소득 국가에서 생산가능인구(15세~64세)의 비율이 상승하여 1970년대 후반에 65%의 중요한 문턱을 넘었고, 이후 20년 동안 비교적 안정적이었다. 그런데 2005년 이들 국가에서 생산가능인구의 비율이 감소하기 시작하면서 상황이 바뀌기 시작했다. 2017년 기준 전 세계 34개 고소득 국가 중 12개 국가에서 생산가능인구의 비율이 65% 미만이다. 그것은 많은 면에서 문제가 있다.

이 같은 변화는 특정 지역의 문화·사회적 조건뿐 아니라 경제 활력에도 깊은 영향을 미칠 수 있다. 이들 국가에서 노년층에 대한 생산가능 성인 인구(20세~64세) 비율의 변화는 경제 생산성에 매우 큰 영향을 미칠 수 있어 은퇴 연기로 귀결될 가능성이 크다. 즉, 65세가 훨씬 지난 뒤에 은퇴할 가능성이 있다. 이런 일은 이미 미국, 호주, 일본에서 일어나고 있다.

이러한 변화는 여러분이 65세를 넘길 때까지는 사회보장연금 지급액이나 노인의료보험 혜택을 받을 수 없거나, 의료서비스를 제공할 사람이 충분하지 않다면 여러분이 필요로 하는 의료서비스에 접근할 수 없을 수 있다는 것을 의미한다.

특히 일본은 생산가능인구 비율이 60% 아래로 떨어졌다. 일본에서는 1960년 인구 중 65세 이상의 비율이 전체의 6%였으나 2018년에는 무려 27%로 급증했다. 요즘에는 노인 인구를 돌볼 의료 종사자가 충분하지 않다(그리고 제한적인 이민법은 도움이 되지 않는다). 한편 환경 스트레스 요인에 대한 반응으로 종종 발생하는 것처럼, 출산율은 1.4명으로 낮아지고 정자 수는 적으며, 여성에 비해 남성이 적게 태어나고 있다.

동시에 더 많은 가임연령대 여성들이 자신의 경력을 우선시하고 결혼과 모성을 연기·거부하고 있다. 일본 문화는 직업적 성공과 긴 근무 시간에 우선권을 부여해 가임연령대의 많은 사람들이 성관계에 관심이 없다고 여러 소식통이 전했다. 이것이 '금욕증후군'을 낳은 것 같다. 이로 인해 일본의 젊은이 사이에 성적 관심과 성적 활동, 심지어 연애마저 감소한 것으로 알려졌다.

이러한 성적(性的) 부진의 원인은 잘 이해되지 않는다. 〈인디펜던트〉 지의 한 기사는 2017년 "불임 위기로 인해 일본 정치인들은 왜 젊은 이들이 성관계를 더 많이 갖지 않는지에 관해 머리를 긁적이게 되었다."라고 언급했다. 당연히 여기에는 겸손과 순수함이라는 일본 사회의 고착된 가치관(가벼운 섹스를 어렵게 만든다)에서부터 젊은이의 삶의 욕구 변화(가령 직업에 더 헌신하고, 전통적인 관계를 원치 않으며, 온라인 포르노에 대한 관심이 높아지는 등)에 이르기까지 다양한 이론들이 있다.

여기에 호르몬 요인이나 식이 영향이 작용하는지 여부는 추측의 문제이다. 하지만 아시아인은 테스토스테론이 낮고, 에스트로겐 화합물이 풍부한 콩 음식을 더 많이 소비할수록 남성의 성욕을 저하시키는 효과가 있다는 일부 증거가 있다. 일본에서 생리적, 문화적, 음식의, 환경적 영향의 완벽한 폭풍이 사랑의 감정을 상실하게 만들 것이다 (성관계 빈도를 낮출 뿐만 아니라 성적 만족도도 낮다).

이 나라에서 소위 외로움이라는 전염병이 확인되어 왔다. 이와 함께 의식적이거나 무의식적인 짝짓기 회피로 인하여 사람들이 외로움을 덜 느끼도록 돕는 몇 가지 새로운 사회적 발명품이 등장한 것은 흥미롭다.

일본에서는 아이를 갖고 싶은 사람은 실제로 아이를 갖지 않고도 5학년의 정신적 예민함을 가진 장난감 크기의 로봇 동반자를 살 수 있다. 남성은 3,000달러 이상에 해부학적으로 실물 같은 여성 인형(섹스 돌)을 동반자로 구입할 수 있다. 남성이 산책 하러 이 인형을 휠체어를 태워 공공장소에 가져가는 것을 보는 것은 드문 일이 아니다.

일본 예술가 쓰키미 아야노는 마네킹을 만들어 일본 남부의 작은 마을 나고로 전체에 배치해 왔다. 사람들이 이사하거나 죽을 때 그 마을에 많은 사람이 사는 것처럼 보이게 하기 위해서이다. 최근 외로운 사람들에게 일시적으로 배우자, 부모, 자녀 또는 손자 역할을 하는 배우를 가족 구성원으로 '임대'하는 산업이 생겨났다. 그 직업의 위험성 중 하나는 고객 의존성이다. 가끔 고객들은 이 임대된 친척들과 작별을 고하고 싶어 하지 않는다.

샌프란시스코의 한 미용실 주인인 시오리(43세)는 일본에서 자랐고 2001년에 미국으로 이민 왔다. 결혼하여 두 자녀를 둔 그녀의 가족은 시오리의 친척을 방문하기 위해 수년에 한 번씩 일본을 방문한다. 친척 중에는 미혼이며 아이를 갖고 싶지 않은 여동생도 있다. 시오리는 2019년 8월 일본을 방문했을 때 '사람들이 외롭다'는 느낌에 충격을 받았다. "시골학교는 아이들이 너무 적어서 방 한 개짜리 학교로 전락했다. 젊은 성인들은 데이트 대신 만화카페나 인터넷카페에 가서 휴식 취하기를 더 좋아한다."

1970년대 이후 일본 인구는 꾸준히 감소하고 있다. 2018년의 1억 2,650만 명에 비해 2065년까지는 약 8,800만 명으로 감소할 것으로 예상된다. 출산건수가 줄어들고 고령인구가 늘어나면서 일본은 비할 데 없는 인구통계학적 위기 가능성에 직면해 있다. 이 위기는 사회적, 경제적, 정치적으로 상당한 파급효과를 가져올 수 있다. 다가오는 이 위기를 피하기 위해 일부 지방정부들은 젊은 여성들이 활발하게 아기를 갖도록 장려하기 위해 현금 인센티브를 제공해 왔다. 일부 증거는 이 접근법이 특정 지역에서 출산율의 미약한 상승을 유도했음을 보여주지만, 그 지속 여부는 지켜봐야 알 수 있다.

싱가포르 상황도 똑같이 불안하다. 가장 최근의 수치는 총 출산율을 1.1명으로 집계했다. 2018년 싱가포르 의회에서 시민들의 사생활을 상세히 조사했다. 의원들은 싱가포르의 낮은 출산율에 손을 댔고, 왜 부모가 될 것을 장려하는 정부 계획이 더 나은 결과를 가져오지 못했는지 궁금해 했다. 한 장관은 싱가포르의 총 출산율이 약 40년 동안 대체 수준 이하로 떨어졌다고 언급하면서, 일본과 한국 같은 동아시아 선진국에서 이런 추세가 지속되어 왔다고 지적했다. 의회는 재정과 입법 조치만으로는 상황을 반전시키기에 충분하지 않다는 점을 인정했다.

인기 있는 온라인 출판물이 싱가포르의 출산율을 높이기 위한 방법을 독자들에게 요청했을 때, 모든 제안은 사회적 지원, 재정적 인센티브, 보육 접근성 등의 개선 그리고 무료 산전 검사와 관련이 있었다. 그리고 싱가포르 사람들이 더 많은 성관계를 갖도록 장려하는 것이었다.

그런데 조사 결과 싱가포르인들은 스스로 그렇게 하지는 않고 있는 것으로 나타났다. 한 32세 남성은 "의회는 섹스를 유행으로 만들기 위한 캠페인을 시작해야 한다."라고 제안했다. 또 다른 제안은 "여성의 최선의 역할은 가정에 있는 것"이었다. 이는 낮은 출산율에 대한 일종의 반발로, 적어도 싱가포르에서는 여성들이 직장에 나오지 못하게 하고 대신 아이들을 키우기 위해 집에 머물게 하자는 것이다.

싱가포르와 일본에서 일어나고 있는 일은 출산율이 감소하고 있는 미국과 다른 나라들의 미래를 주의 깊게 엿볼 수 있게 한다. 지금까지 일본과 싱가포르는 출산율을 바꿀 수 없었고 인구는 감소했다. 미국도 같은 궤도에 올라 있고, 결국 비슷한 도전에 직면하게 될지도 모른다.

° 지금은 어떤 성별이 수적 우세인가?

전 세계적으로 남성 대 여성의 비율도 변하고 있다. 역사적으로 보면 여성 100명당 남성 105명이 태어났다. 이는 출생의 51.5%가 남성이었다는 것을 의미한다. 이것은 2차 성비*라고 불리며, 세계보건기구가 출생 시 남성 대 여성의 출산 비율로 기대하는 것이다. 달리 말하면 이는 자연 평형으로 간주된다. 그러나 이 비율은 안정적이지 않다. 생물학적, 환경적, 사회적, 경제적 요인의 영향을 받는다.

왜 이것이 중요한가? 성비는 환경적 요인과 개인적 스트레스 요인의 영향에 의해 인간과 야생동물 개체군 모두에서 변할 수 있다. 보통 남성 출산의 감소 방향으로 진행되는 성비의 변화는 갑작스럽거나 만연한 환경적 위험을 나타내는 민감한 지표가 될 수 있다. 놀랍게도 남성이 이런 위험에 노출되면, 그의 여성 파트너가 노출되는 것보다 자녀가 아들로 태어날 확률이 더 낮아진다.

앞서 살펴본 것처럼, 자궁에 있는 동안 남성은 독성 화학물질에 대한 노출과 외부 세계의 재앙적인 사건에 더 민감하게 반응하는 것처럼 보인다. 연구에 따르면 오대호에서 오염된 물고기를 섭취함으로써 폴리염화바이페닐(PCB)에 가장 많이 노출된 산모들은 남성 아이를 가질 가능성이 적었다. 그리고 캐나다, 대만, 이탈리아의 연구들도 환경

---

* 1차 성비는 임신 당시 남성 대 여성의 비율인 반면 2차 성비는 출생 당시의 비율이다.

독소 노출과 관련한 유사한 발견을 했다. (1979년에 금지되었음에도 불구하고 PCB와 다른 지속적인 유기 오염물질, 즉 POP는 우리의 공기, 물, 토양에 계속 남아 있다는 것을 기억하라. 그것들은 끝없는 해를 끼칠 가능성이 있는 '영원한 화학물질'이다.)

한편 1995년 일본의 고베 지진, 뉴욕 9/11 테러, 경제 침체, 전쟁은 여아에 비해 남아의 출생 비율을 약간 낮춘 것으로 나타났다. 고베 지진의 경우 일부 연구자들은 "성비 변화는 급성 스트레스와 정자 운동성 감소 때문일 수 있다."라고 말한다. (다행히도 정자 운동성에 미치는 영향은 대개 일시적이며 일반적으로 2~9개월 이내에 회복된다).

기후변화도 성비를 왜곡하는 것으로 보인다. 한 연구는 일본에서 최근의 기온 변화(특히 매우 더운 여름과 매우 추운 겨울)가 신생아 중 남성 비율이 낮은 것과 일치하는 것을 발견했다. 이는 부분적으로 남성 사산아의 비율이 급격히 증가했기 때문이라는 것이다. 특히 2010년의 무더운 여름 이후 9개월 간, 2011년 1월의 특히 추운 겨울 이후 9개월 간 남아보다 여아가 더 많이 태어났다.

남성 태아가 자궁에서 생존할 가능성에 영향을 줄 수 있는 것은 외부 환경 요인뿐 아니다. 임신한 어머니의 스트레스 수준도 역할을 할 수 있다. 덴마크의 한 연구에 따르면 임신부 8,719명 중 임신 초기에 심리적 스트레스의 수준이 높거나 중간인 경우 남자 아이를 낳을 가능성이 적었다. 일반적으로 사용되는 건강 설문지에 대한 응답을 바탕으로, 심리적 스트레스가 가장 높은 어머니는 당시 남아 47%를, 스트레스를 받지 않은 어머니는 남아 52%를 출산했다.

이 불일치는 큰 문제가 아닌 것처럼 보일지 모른다. 하지만 그것은 .85와 1.07의 성비 차이를 의미하는데, 이는 상당한 격차다. 연구원들은 임신 중 스트레스가 많은 나라에서 성비 감소의 원인일 가능성이 높다고 결론지었다.

이러한 효과의 생물학적 메커니즘은 분명하지 않다. 일부 연구자들은 임신 20주 후에 남성 태아는 여성 태아보다 엄마의 코르티코스테로이드(스트레스에 반응하여 부신에서 높은 수준으로 생성되는 호르몬)에 더 민감할 수 있다고 의심한다. 이런 '상승된 스트레스 반응성'은 자궁에 있는 동안 남아의 생존 가능성을 위태롭게 할 수 있다.

이런 점을 감안하면 우리가 알고 있는 세계가 극적으로 변하지 않는 한, 남아는 자궁에서 계속 위험에 직면할 것이다.

° 미래의 잠재적 악영향

이 모든 사회적 변화들로 인해 우리는 의구심을 품지 않을 수 없게 된다. 우리가 만든 세상을 지탱할 충분한 아이들이 태어나지 않는다면, 누가 미래를 꾸려나갈 것인가? 누가 우리의 노령 어른들을 돌볼 것인가? 이것이 인류의 운명에 어떤 의미가 있는가?

남성이 여성보다 적게 태어나기 때문이든 여성이 남성보다 더 오래 살기 때문이든 상관없이, 인구학적 변화의 일환으로 남성에 대한 여성의 비율은 계속 증가할 것이며, 고령 인구는 주로 여성으로 구성될 것이다. 그리고 현재의 자료에서 알 수 있듯이, 만약 정자 수 감소가 개발도상국보다 서구 국가에서 더 빠른 속도로 일어나고 있다면, 전세계에 사회경제적 변화가 생길 것이다.

세계 인구는 여러 측면에서 유동적이다. 이처럼 큰 불확실성은 효율적인 국가 운영 능력의 핵심인 사회적 지원 프로그램, 경제 안정, 국가 및 국제 계획 결정, 그리고 다른 요소들의 미래를 불안하게 만들고 있다. 이런 변화는 국제무대에서의 인구 변동뿐 아니라 개별 국가의 기능에 영향을 미칠 수 있다. 1950년 중부 유럽 및 동유럽, 중앙아시아의 고소득 지역이 세계 인구의 35%를 차지했다. 2017년 이들 지역 국가의 인구는 세계 인구의 20%였다. 한편 '세계 질병 부담 연구'의 발견처럼 남아시아, 사하라 이남 아프리카, 라틴 아메리카 및 카리브해 지역, 북아프리카 및 중동에서 대규모 인구 증가가 발생했다.

이런 추세를 정자 수 감소와 연계하여 생각하면, 걱정을 유발하는 원인은 더 많다. 남성이 멸종 위기에 처했을 뿐 아니라 인류 전체도 그렇다. 출산율 제고(提高) 의지가 있다고 해도, 남녀에게 그 도구는 예전처럼 기능이 좋지 않다. 정자 수는 줄고, 난소예비력은 감소하며, 유산율은 증가하고 있다. 이 밖에 우리는 아기 만들기 영역에서 성공을 저해할 수 있는 다른 생식 관련 문제들에 직면해 있다. 이제 일부 과학자들은 인간 생식에 미치는 해로운 영향, 그 영향 이면의 근본적인 요인들이 인류 생존을 위협할 수 있다고 시사한다. 그런 일은 추측하기가 쉽지 않은 것 같다.

그러나 호모 사피엔스는 미국 '어류 및 야생동물국'(FWS)의 요건에 따르면 이미 멸종위기종의 기준에 부합한다는 논쟁이 벌어질 수 있다. 한 종을 멸종 위기에 빠뜨리는 다섯 가지 가능한 기준 중 오직 한 가지만 충족시키면 된다. 인간의 현재 상황은 적어도 세 가지를 충족시킨다.

첫째는 우리가 거의 틀림없이 우리 서식지의 '파괴, 수정, 축소'를 경험하고 있다는 점이다. 우리 서식지에는 공기, 음식, 물이 포함되는데, 각각의 서식지는 살충제, 가소제, 퍼플루오로옥타노산(PFOA) 그리고 인간의 건강과 장수를 위협하는 다른 독성물질에 의해 오염되고 있다. 세계보건기구에 따르면, 매년 1,260만 명에 이르는 전 세계 사망자의 거의 25%가 환경문제와 관련 있다고 한다.

두 번째로 충족시키는 FWS 기준은 '기존의 규제 메커니즘의 불충분함'을 가지고 있다는 것이다. 즉, 제품에 사용되는 대부분의 화학물질이 인간에게 해를 끼치는 것으로 입증될 때까지 안전하다고 가정하고, 이러한 규정의 이면에 있는 시험 방법이 고풍스럽다는 점을 감안할 때 확실히 그렇다.

우리가 충족하고 있는 세 번째 FSW 기준은 지구 온도의 급격한 상승 등 '인간이 만든 요인'이 또 있다는 것이다. 이것들은 우리의 지속적인 존재에 영향을 미친다. 아마도 여러분은 기후변화로 인해 발생하는 문제들의 리스트에 익숙할 것이다. 여기에 여러분이 알지 못하는 것이 있다. 지구 온난화는 정자 수를 줄이는 데 기여하는 것으로 의심된다. 유럽 4개 도시의 정액 품질에 관한 한 연구에서 정자 수는 겨울보다 여름에 40% 더 적었다.

이 정도는 분명하다. 이미 많은 인구가 자신을 보충하지 않고 있고,

성비가 변하고 있으며, 결혼율이 떨어지고 있다. 이것은 우리가 본 적이 없는 사회적, 경제적 부조화의 잠재적인 위험을 초래한다. 기후변화와 환경오염이 지속되면서, 태어난 여아에 대한 남아의 비율은 더욱 더 감소할 것이다. 65세 이상 성인의 비율은 15세 이하 집단을 계속 무색하게 할 것이다. 전 세계 사회가 미래가 어떻게 될지 알기는 어렵다.

제4부

우리는 무엇을 할 수 있는가

제 11장

개인적 정자 보호 계획
해로운 습관 청소하기

미국의 사업가이자 동기 부여 연설가인 짐 론(Jim Rohn)은 "여러분의 몸을 잘 관리하라. 그곳은 여러분이 살아야 하는 유일한 장소이다."라는 유명한 충고를 했다. 물론 그 말은 절대적으로 진실이고, 오직 여러분만이 몸 안팎에서 필요한 보살핌을 줄 수 있다. 앞에서 보았듯이, 생활습관은 좋든 싫든 남녀 모두의 생식건강과 기능에 영향을 미칠 수 있다. 부정적인 영향 중 일부는 되돌릴 수 있고, 다른 일부는 되돌릴 수 없다. 그 중 최악은 때때로 남녀에 따라 다르다.

아기를 갖고 싶어 하는 여성은 종종 "행동을 깨끗이 하라."라는 말을 듣는다. 하지만 그 말은 아마도 남성들에게 훨씬 더 중요할 것이다. 예를 들어 만약 여러분이 남자라면 체육관 운동 후에 뜨거운 욕조, 증기실, 사우나를 피하는 것이 현명하다. 특히 여러분이 자녀를 가지려고 할 경우, 강렬한 열에 노출되는 것은 정자의 수와 질에 타격을 줄 수 있기 때문이다.* 남성들이 이런 뜨거운 환경을 피하기 시작하면 이 악영향은 종종 되돌릴 수 있다.

어떤 경우에는 여성들 또한 해로운 습관에 의해 빼앗긴 생식건강과 기능의 일부를 회복할 수 있다. 하지만 여성의 건강하지 못한 생활습관 이 난자를 해치는 데까지 갔다면, 그 피해는 완성되어 되돌릴 수 없다.

여러분이 제6장에서 읽은 내용을 전제로 할 때, 생식건강과 출산을 위해서는 수도승 같은 존재가 되어야 한다는 생각을 할지도 모른다. 하지만 그렇게 극단적으로 청결한 삶을 살 필요는 없다. 여러분이 일 반적으로 건강한 생활방식을 영위한다면, 시간이 지남에 따라 생식력 과 생식건강을 보호하는 데 도움이 될 것이다. 좋은 소식은 생활습관 요인에 관한 한 심장, 마음, 면역체계에 좋은 것이 생식능력에도 이롭 다는 것이다. 다행히도 여러분의 전반적인 건강을 위해 널리 권장되 는 건강 보호 전략은 생식건강 보호에도 도움이 될 것이다.

특히 생활이 바쁠 때에는 식습관과 운동 습관 개선이 어려울 수 있 다. 하지만 아래에 제시된 가이드라인을 따르도록 최선을 다하라. 완 벽을 추구하다가 도리어 좋은 결과를 놓치는 일이 없게 하라. 그 목표 는 건강에 가장 좋지 않은 생활습관을 없애고 다른 분야에서 더 건강 한 습관을 계발하는 것이다. 그 방법은 다음과 같다.

---

* 임신한 여성이라면 이처럼 극도로 더운 환경을 피해야 한다. 임신한 여성이 과열되거나 탈수되어 태아 발달에 해로울 수 있기 때문이다.

° 담배 연기를 피하라

만약 여러분이 담배를 피우면 흡연을 중단하라. 아주 간단한 일이다. 흡연은 남성의 정자에 독성이 있고 니코틴, 시안화물, 일산화탄소 등 담배에 들어 있는 화학물질은 여성의 난자에 독성이 있어 난자가 죽는 속도를 높인다.* 담배를 피우지 않아도 간접흡연(소극적 흡연)은 생식건강에 영향을 미칠 수 있다. 이것은 특히 여성들에게 진실이다. 그러니 만약 여러분의 가정에 있는 누군가가 담배를 피운다면, 그 사람의 흡연을 중단시키거나 적어도 여러분의 집 안에서 담배를 피우지 못하게 하라.

° 건강한 체중 유지를 위해 노력하라

그것은 20에서 25 사이의 체질량지수(BMI)를 의미한다. 여러분이 읽은 것처럼, 과체중이거나 저체중이 되는 것은 정자의 질에 부정적인 영향을 미친다. 적은 정자 수, 낮은 정자 농도, 적은 정액 부피, 줄어든 정자 운동성, 높은 형태 이상 발생률을 감안할 때, 비만(BMI 30 이상)은 훨씬 더 해롭다. 마찬가지로 상당한 과체중이거나 저체중(BMI 18.5 미만)인 경우 여성의 호르몬 수치에 큰 악영향을 미칠 수 있다. 이는 불규칙한 월경주기나 배란, 태아 착상에 문제를 유발할 수 있다.

---

* 배심원들은 마리화나가 생식건강과 기능에 미치는 장기적인 영향에 관해 여전히 부정적인 입장임을 명심하라.

가임 여성에게는 유산 위험을 증가시킬 수 있다.

만약 여러분이 과체중이거나 비만이라면, 음식(칼로리) 섭취를 줄이고 운동을 통해 칼로리 소비를 증가시킴으로써 살을 빼도록 노력하라. 만약 여러분이 출산을 시도하고 있다면, 과도한 체중을 줄이려는 노력은 결과에서 큰 차이를 만들 수 있다. 많은 연구들에 따르면, 불임 치료를 원하는 과체중 또는 비만 여성이 저칼로리 식사와 정기적인 유산소 운동을 계속할 때, 임신 가능성이 개선(한 연구에서는 59%)될 수 있다. 마찬가지로 저체중 여성이 체중을 늘리거나 과도한 운동을 줄이는 것은 생식건강을 향상시킬 것이다. 어떤 경우에는 월경주기를 정상화할 수도 있다.

° 다이어트를 업그레이드 하라

내가 여러 번 본 간판이 있는데, 거기에는 이렇게 적혀 있다. '건강하게 먹는 것의 열쇠? TV 광고를 하는 음식은 피하라.' 이것은 건전한 충고이다. 사과나 브로콜리처럼 TV에 광고되지 않거나 재료 목록이 없는 음식은 일반적으로 포장 음식보다 영양가가 더 높아 여러분의 전반적인 건강에 더 좋기 때문이다. (다음 장에서 보겠지만 포장에 내재된 화학물질을 피하는 것은 추가적인 이점이 있다.)

사람들은 종종 출산율을 높이는 식단이 있는지 알고 싶어 한다. 정답은 정확히는 아니지만, 가까운 것이 있다는 것이다. 지중해식 식단 (과일, 채소, 통곡물, 콩과자, 견과류, 씨앗, 감자, 허브, 향신료, 생선,

해산물, 가죽 없는 가금류, 그리고 엑스트라 버진 올리브유를 강조한다)을 따르는 여성들은 임신에서 어려움을 겪을 확률이 44% 낮은 것으로 밝혀졌다. 네덜란드의 연구에 따르면 체외수정·ICSI(세포질내정자주입술) 치료를 받기 전에 지중해 식단을 따랐던 부부는 다른 식이법을 따른 부부보다 임신에 성공할 확률이 40% 더 높았다. 게다가 연구는 이런 종류의 건강한 식단 준수가 남성의 더 나은 정자 질, 여성의 더 나은 출산과 관련이 있음을 시사한다. 추가적인 특전은 그것이 또한 체중 관리와 전반적인 건강 증진에 도움이 된다는 것이다.

다이어트 업그레이드가 정자를 변화시키는 데는 그리 오래 걸리지 않는다. 스웨덴의 2019년 연구에 따르면, 젊고 건강한 남성들이 요구르트, 통곡 시리얼, 과일, 야채, 견과류, 달걀 등 건전한 식단을 따른 후 불과 1주일 만에 그들의 정자 운동성이 증가했다. 한편 올리브 오일, 아보카도 및 특정 견과류에서 단일불포화 지방을 섭취하는 것은 더 높은 정자 농도, 더 많은 총 정자 수와 관련이 있는 것으로 밝혀졌다.

오메가-3 지방산의 충분한 섭취는 배란 문제의 위험 감소, 여성의 생식력 향상뿐 아니라 남성의 정액 품질과 생식 호르몬 수치 향상과도 관련이 있다.* 잠재적인 문제는 물고기 및 해산물의 일부에 수은이 많다는 점인데, 이는 태아가 자궁에서 뇌를 발달시키는 데 장애가 된다. 해산물의 수은을 피하기 위해서는 고등어, 청새치, 오렌지 러피, 상어, 황새치 및 옥돔류를 구매 금지 목록에 올려놓아라. 야생 연어,

---

* 심지어 정기적으로 어유(魚油) 보충제를 복용하면 젊은 남성의 전반적인 고환 기능을 향상시킬 수 있다는 예비적인 증거도 있다.

정어리, 홍합, 무지개 송어 및 대서양 고등어와 함께 하라.*

설득력 있는 연구는 비타민 D가 생식건강의 주요한 요소로 부상하고 있음을 시사한다. 비타민 D는 주로 정자 운동성에 긍정적인 영향을 미쳐 남성의 생식 잠재력을 향상시키는 것으로 나타났다. 그리고 그 부분에 문제가 있는 여성들의 성기능과 성적 만족도를 향상시키는 것으로 밝혀졌다. 또한 비타민 D 결핍은 생식능력이 저하된 여성들 사이에서 훨씬 더 많은 것으로 밝혀졌다. 이 때문에 비타민 D는 식이 요법을 통해, 가능하면 보충제를 통해서라도 최적의 수준을 유지하도록 권장된다.

° 계속 움직여라

체중 관리와 건강 유지를 돕는 것 외에도, 규칙적인 유산소 운동과 근육 강화 운동은 생식 기능에 이롭다. 여러분이 남자든 여자든 그건 사실이다. 신체 활동은 정자의 생산과 활동성뿐 아니라 나머지 신체의 건강에 이롭다. '로체스터 청년 연구'에서 우리는 규칙적으로 중등도의 활발한 신체 활동을 하고 TV를 덜 본 건강한 젊은이들이 덜 활동적인 청년들보다 정자 수가 더 많고 정자 농도가 더 높다는 것을 발견했다. 가장 놀라운 발견은 일주일에 15시간 이상 중등도 내지 활발한 운동을 한 남성은 운동을 가장 적게 한 남성보다 정자 농도가 73% 더 높았다. 물론 그것은

---

* 꿀팁: 생선에 함유된 폴리염화바이페닐에 대한 노출을 줄이려면 요리하기 전에 껍질과 보이는 지방을 제거하라. 생선을 요리하는 동안 지방이 떨어져 나가게 하라.

많은 운동량이다. 하루에 두 시간 이상의 운동은 바쁜 근무 일정을 가진 다수 남성들은 엄두도 못 낼 것이다.

다행히도 이것은 '모 아니면 도'의 제안이 아니다. 왜냐하면 다른 연구에 따르면 일주일에 7시간 이상 중등도 내지 활발한 신체 활동을 하는 남성들은 일주일에 1시간 이하로 운동하는 남성들보다 43% 더 높은 정자 농도를 가지고 있다. 최근에 중국에서 잠재적인 정자 기증자를 대상으로 한 연구에 따르면, 중등도 내지 활발한 신체 활동이 가장 많은 남성은 정자 운동성이 현저히 높았다.

더 좋은 소식은 현재 운동 습관을 가지지 않은 남성도 시작하기에 너무 늦지 않았다는 것이다. 연구에 따르면 주로 앉아 있고 비만인 남성들이 러닝머신에서 일주일에 세 번 35분에서 50분 동안 적당한 강도로 운동했을 때, 그들의 정자 수, 운동성, 형태학이 16주 후에 개선되었다. 이것은 생식 잠재력에 대한 비교적 단기적인 투자다.

요컨대 적당한 운동은 신체적 스트레스의 건강한 원천인 반면 과도한 운동은 균형을 과부하 쪽으로 기울게 한다. 운동의 중용(아리스토텔레스의 용어)은 남성에게 진실일 뿐 아니라 여성에게도 적용된다.* 규칙적인 신체 활동은 여성의 호르몬 측면과 전반적인 생식 기능을 개선하여 규칙적인 월경주기, 배란 및 출산을 촉진하는 것으로 밝혀졌다. 이전에 임신 손실을 경험한 뒤 다시 임신을 시도하는 과체중 여성

---

* 아리스토텔레스는 덕목과 도덕적 행동에 관한 토론에서, 과잉과 결핍이라는 양극단 사이의 중간 상태 또는 황금 평균에 초점을 맞추었다. 나는 운동, 식이요법, 스트레스 같은 생활 습관 요인에도 같은 개념이 적용된다고 주장한다. 역 U자형 곡선은 너무 많은 것과 너무 적은 것 사이의 최적 영역을 특징으로 한다.

도 10분 이상 걷기의 혜택을 누린다. 6개월 후 생식력이 현저히 향상된다.

° 건강에 나쁜 스트레스를 억제하라

이 목표는 스트레스를 제거하는 것이 아니다. (a)현대 세계에서 그것은 불가능하고 (b)어떤 스트레스는 실제로 여러분에게 좋기 때문이다. 대부분의 사람들은 스트레스를 긍정적인 것으로 생각하지 않는다. 하지만 '유스트레스(eustress)'라고 불리는 형태는 오로지 긍정적이다. 왜냐하면 그것은 우리에게 동기를 부여하고, 도전 의식을 북돋우며, 심리적·감정적·육체적 성장을 도와주기 때문이다. 그래서 우리는 직장과 사생활에서 좋은 스트레스를 만들 기회를 원한다. 적당량의 긍정적 스트레스는 남녀의 생식 기능에 악영향을 미치지 않으며, 여성이 임신에 걸리는 기간에도 영향을 미치지 않는다.

대신 부정적 스트레스(distress)를 최소화하거나 그것의 관리 능력을 향상시키는 것이 우리의 목표다. 부정적 스트레스는 생식건강에 타격을 줄 수 있으며, 여성의 호르몬 이상, 불규칙한 생리, 배란 문제를 야기할 수 있다. 특히 스트레스가 지나치면 남성의 정자 질이 저하될 수 있다.[*] 스트레스 과부하를 예방하기 위한 방법은 좋은 시간 관리 전략을 사

---

[*] 또 다른 우려는 누군가가 스트레스 과부하에 대처하기 위해 과음, 흡연, 과식을 하거나, 건강에 좋지 않은 다른 행동을 할 수도 있다는 것이다. 잠재적으로 해로운 이런 생활은 생식건강뿐 아니라 전반적인 건강에도 악영향을 미칠 수 있다.

용하고, 불필요한 요구를 거절하고, 가능한 한 책임을 위임하고, 좋은 대처 기술과 강력한 지원 네트워크를 개발하는 것이다.

사회적 지지는 스트레스가 여러분의 몸과 마음에 미칠 수 있는 해로운 영향을 상쇄할 수 있다. 중국 연구진이 남성 384명을 대상으로 업무 스트레스가 정액 품질에 미치는 영향을 조사한 결과, 업무 스트레스가 높은 남성은 낮은 남성보다 정자 농도와 총 정자 수가 WHO의 한계치 이하로 분류될 가능성이 더 높은 것을 발견했다. 그것은 놀랄 일이 아니다. 흥미로운 사실은 업무 스트레스가 크지만 사회적 지지 수준이 높은 남성은 정자가 완전 정상으로 나타났다는 점이다.

사회적 지지를 구하는 것 외에도, 스트레스를 억제하려면 명상, 심호흡, 점진적 근육 이완요법, 요가 또는 최면을 통해 개인적인 감압 밸브를 찾아 정기적으로 사용해야 한다. 이런 생활은 불안과 걱정 극복에 도움이 될 뿐 아니라 정상적인 생식 호르몬 수치를 유지할 가능성을 향상시킬 수 있다. 마음챙김에 기반한 개입, 인지행동 집단 프로그램에 참여하는 것은 불임으로 고군분투하는 여성들의 임신 가능성을 높이는 것으로 밝혀졌다. 연구에 따르면, 하루에 두 번 복식호흡, 점진적 근육이완, 심상(心象)치료를 하는 것은 건강한 젊은 성인의 성적 욕망과 성적 만족을 향상시킨다.

이런 방법들을 여러분의 생식건강을 위한 건강보험이라고 생각하라. 이것들을 여러분의 가정에서 화학적 부하(나아가 여러분이 이것들에 노출되는 것)를 줄이는 수단들과 결합시켜라. 다음 장에서 보겠지만, 여러분의 건강은 훨씬 더 향상될 것이다. 건강이 더욱 좋아질 것이다. 그것은 다층(多層)의 보호 계획이다.

제 12장

집 안의 화학적 독성 줄이기

집을 안전한 천국으로 만들어라

지식은 힘이 될 수 있다. 하지만 그것은 여러분이 일광욕 즐기는 데 두려움을 줄 수 있다. 정자 수의 위험한 감소와 남녀의 생식 발달 장애에 관해 알게 된 것도 마찬가지이다. 현재 여러분이 '무기고에 충분한 탄약'을 가지고 있는지를 걱정하고(남자의 경우) 또는 걱정스럽게 배를 쓰다듬고 있다면(임신부의 경우) 걱정하지 마라.

여러분의 생식 기능과 미래 자녀의 생식건강을 보호하기 위해 할 수 있는 일이 몇 가지 있다. 생활방식을 개선하고 화학적 노출에 대한 신체의 부담을 줄이기 위해 중요한 조치를 취함으로써, 여러분은 남자든 여자든 정자 수, 정자 운동성, 그리고 생식력을 보존하는 능력을 향상시킬 것이다.

2010년 나는 〈식스티 미니츠(60 minutes)〉의 '프탈레이트: 그들은 안전한가?' 편에 출연했다. 레슬리 스탈(Lesley Stahl)과 나는 교외의 한 집을 방마다 체크하며 프탈레이트가 어디에 숨어 있을 것 같은지를 지적했다. 그것은 그녀와 시청자들에게 깨우침을 주는 경험이었다. 하지만 프탈레이트에만 초점을 맞춤으로써 우리는 환경적 위험의 극히 일부만 확인했다. 그래도 방마다 접근하는 방식은 유용해 보였다.

나는 여기서 내분비교란물질이 여러분의 집 어디에 숨어 있는지, 그리고 여러분은 어떻게 그것을 피할 수 있는지를 보여 주겠다.

° 부엌

이곳은 종종 가정의 중심이며 프탈레이트, BPA(비스페놀 A), 그리고 다른 내분비교란물질의 가장 큰 노출원 중 하나이다. 결국 이런 교활한 화학물질은 농장에서 포크로, 제조 공장에서 컵이나 병으로 여행하는 어느 시점에서 음식과 음료에 침투할 수 있다.

증거를 원하는가? 독일 연구진이 성인 5명을 대상으로 금식 전과 금식 48시간 후의 프탈레이트 수치를 비교했다. 금식 48시간 동안 그들은 유리병에 든 물만 마셨다. 연구자들은 시험대상자들의 소변에서 테스토스테론을 낮추는 DEHP(디에틸핵실프탈레이트)와 더 현대적인 그 대용물질의 수치가 금식 24시간 이내에 원래 수준의 10~20%로 떨어졌다는 것을 발견했다. 그것은 이 비열한 화학물질들이 여러분의 몸 안에서 얼마나 빨리 자리를 잡는가(혹은 몸을 떠나는가)를 보여주는 것이다.

부엌의 수많은 EDC(내분비교란물질) 및 기타 독성 화학물질을 피하려면,

다음 방법을 따르라.

- **가능하면 유기농 먹거리를 구입하라.** 그것이 종종 더 비쌀 수 있고 그렇지 않을 수도 있다. 하지만 더 비싸더라도 여러분의 건강을 위해 추가 투자를 할 가치가 있다. 그래야 소량의 살충제와 프탈레이트 등 살충제 속의 불활성 성분 섭취를 피할 수 있다. 만약 여러분이 과일과 채소를 모두 유기농으로 사지 않는다면, 일반적으로 기존 재배 방법에서 농약 잔류물이 가장 많은 과일을 피하는 것이 현명하다. 인간의 건강과 환경을 보호하기 위한 비영리 단체인 '환경 워킹 그룹(EWG, www.ewg.org)'은 과일과 채소 중 살충제 잔류물이 가장 많은 것(소위 '더러운 12가지')과 가장 적은 것(소위 '깨끗한 15가지')의 목록을 매년 공개한다. 2019년에는 딸기, 시금치, 케일, 천도복숭아, 사과, 포도가 가장 오염이 심한 리스트의 상위권을 차지했고, 아보카도, 옥수수, 파인애플, 달콤한 완두콩(동결된 것), 양파, 파파야 등이 가장 오염이 적은 리스트에 올랐다. 가능하면 언제나 유기농 과일과 채소를 구입하고, 그렇지 못하면 수돗물로 여러분의 농산물을 완전히 헹구고 깨끗한 수건으로 닦아 말려라. 그러면 잔류 화학물질을 대부분 제거할 것이다. (특별한 제품 세척이 필요하지 않다.) 버클리 소재 캘리포니아대의 연구진이 실시한 연구에 따르면 유기농 식품을 단 1주일만 먹어도 체내 13개 살충제 대사산물의 수치가 현저하게 감소하는 것으로 밝혀졌다.

- **신선한 비가공 식품을 선택하라.** 신선한 식품 특히 과일, 야채, 견과류, 씨앗, 생선을 고수하는 것은 포장된 식품보다 영양가가 더 높은 것 외에도 화학물질에 대한 노출을 줄이는 데 도움이 되기 때문이다. 가공 과정에서 포장식품은 DEHP 및 DBP(디부틸프탈레이트) 같은 프탈레이트, 플라스틱이나 통조림 내막의 BPA와 접촉한다. 이런 화학물질은 포장 물질에 결합되지 않기 때문에 식품에 침출될 수 있다. 라벨에 BPA가 없거나 프탈레이트가 없다고 적혀 있더라도 BPA와 프탈레이트의 대체물로 동일한 독성이 있는 BPS와 BPF가 들어 있을 수 있다. 일반적으로 통조림과 포장식품은 적게 먹는 것이 가장 좋다.

- **동물성 식품의 오염물질을 피하라.** 상업적으로 사육되는 동물, 특히 소와 양에게 성장 촉진을 위한 테스토스테론이나 에스트로겐 등 호르몬을 공급하고, 질병 예방을 위한 항생제를 주입한다는 것은 비밀이 아니다. 유제품을 포함한 동물성 식품을 소비할 때 이런 호르몬과 약물이 인간의 건강에 어느 정도까지 영향을 미칠 수 있는지는 여전히 뜨거운 논쟁이 되고 있다. 하지만 여러분이 안전한 쪽에 있고 싶다면, 라벨에 'USDA ORGANIC'(미국 농림부의 유기농 인정) 표식이 있는 것들을 찾을 수 있다. 이 표식은 이 동물들이 유기농 사료만(동물 부산물도 없이) 먹었고 합성 호르몬이나 항생제가 주입되지 않았다는 것을 의미한다. 마찬가지로 '항생제 없이 길렀고, 호르몬 첨가나 합성 호르몬 없이 길렀

다.'는 말은 이 동물이 일생 동안 항생제나 호르몬을 투여 받지 않았다는 것을 의미한다.

- **식품 저장용기를 다시 생각하라.** 프탈레이트와 BPA는 많은 식품·음료 용기 제조에 사용된다. 그것들이 여러분의 음식이나 음료에 스며들거나 용기가 전자레인지 안에서 과열되면서 방출될 때 여러분은 내분비교란물질에 노출된다. 프탈레이트를 함유하는 플라스틱 용기는 재활용 기호에 숫자 3과 V 또는 PVC가 새겨져 있다. BPA는 여전히 많은 물병, 플라스틱 용기, 그리고 통조림 식품을 오염으로부터 보호하는 에폭시 수지에 사용된다.* 식품 보관에 가장 좋은 방법은 유리, 금속, 또는 뚜껑이나 알루미늄 포장지를 가진 세라믹 용기를 사용하는 것이다. 만약 여러분이 플라스틱 용기를 선택하면 이 운(韻)을 사용하여 어떤 재활용 코드가 더 안전하고 어떤 것이 안전하지 않은지 기억할 수 있다. "4, 5, 1 및 2, 그 나머지는 모두 나쁘다."

- **전자레인지에서 플라스틱을 금지하라.** 음식을 다시 데우고 싶다면 플라스틱 용기에 담아 전자레인지에 넣지 마라. 음식을 접시나 그릇에 옮긴 후 덮어야 할 경우 양피지, 왁스지, 백지 타월 또는 접시, 그릇 위에 맞는 돔형(유리나 세라믹) 용기를 사용하라.

---

* BPA를 함유할 가능성이 가장 높은 플라스틱의 재활용 코드는 3(폴리염화비닐)과 7(폴리카보네이트)이다.

포장에 전자레인지에 안전하다고 표시되어 있더라도, 식품 보관용 플라스틱 용기나 식료품점에서 가져온 플라스틱 용기를 전자레인지에 넣지 마라.

- **가능한 한 자주 집에서 식사를 준비하라.** 믿거나 말거나, 잦은 외식과 테이크아웃은 인체의 프탈레이트 수준을 더 높일 수 있다. 사용되는 음식 포장재료나 음식을 취급할 때 사용하는 장갑 때문이다. 한 연구에 따르면, 외식을 많이 하는 10대들은 집에서만 음식을 먹는 또래들보다 안드로겐을 파괴하는 화학물질이 55% 더 높았다. 가능하면 집에서 만들거나 조리한 식사를 선택하라.

- **요리기구를 업그레이드하라.** 만약 여러분이 들러붙지 않는 냄비와 팬을 사용해 왔다면, 지금이 변화를 위한 시간이다. 들러붙지 않는 요리기구는 PFOA(퍼플루오로옥타노산) 화합물이나 테플론(화학적 폴리테트라플루오로에틸렌의 브랜드 이름)으로 만들어진다. 물론 들러붙지 않는 요리기구를 사용하는 것은 청소를 쉽게 만든다. 하지만 가열된 들러붙지 않는 표면에서 요리하는 것은 내분비교란물질이 여러분의 음식에 스며들 수 있는 충분한 기회를 준다. 만약 여러분이 계속 이런 요리기구를 사용한다면, 중간 불에서 짧은 시간 동안만 사용하고 표면이 긁히거나 박편(薄片)을 발산하기 시작하면 냄비나 팬을 버려라. 우리 집에서는 우리가 좋아하는 주철 냄비와 팬으로 바꾸었다. 스테인리스강도 좋은 대안이다.

- **식수를 여과하라.** 여러분이 수돗물의 맛을 좋아하고 물 공급자를 신뢰하더라도 집(또는 냉장고)에 물 필터를 설치하고 정기적으로 교체하는 것이 좋다. 앞에서도 보았듯이 수많은 산업용 및 농업용 화학물질이 물 공급원에 스며들 수 있고, 물 공급업체가 모니터링조차 하지 않는 의약품도 마찬가지이다. 그래서 여러분은 정말로 무엇을 마시고 있는지를 완전히 알지는 못한다. 그렇다고 생수를 마시는 것이 해결책은 아니다. 왜냐하면 생수는 플라스틱 통에 담겨 나오기 때문이다! 여러분 가정의 물 처리 시스템에 투자하라. 그것은 여러분이 수동으로 채우는 저렴한 유리(플라스틱이 아닌) 항아리일 수 있다. 즉, 싱크대 아래의 활성탄이나 역삼투 여과 시스템을 말한다. 또는 여러분 가정으로 들어오는 모든 물에서 오염물질을 제거하는 탄소 필터를 집 전체에 설치하는 것이다. (물 여과 시스템에 관한 더 많은 정보를 얻으려면 NSF International, www.nsf.org 과 상담하라.) 만약 여러분이 휴대용 물병을 원하면 유리나 스테인리스강으로 된 것을 사라.

- **여러분의 청소용품을 청소하라.** 카펫 샴푸, 다목적 가정용 청소기, 창 및 목재 청소제품, 소독제, 얼룩 제거제 및 대부분의 다른 청소제품에는 강력한 독소 및 EDC가 포함되어 있다. 가정용 청소용품 창고를 뒤져 라벨에 '위험' '경고' '독' '치명적'이라는 단어가 적혀 있는 것을 제거하라. 그것들을 여러분이 식별할 수 있는 성분을 가진 것으로 대체하라. 여기에는 '환경 워킹 그룹'이

유용하다. 또는 물, 식초, 베이킹 소다 또는 에센셜 오일을 사용하여 여러분이 직접 청소용품을 만들 수 있다. 온라인에서 DIY 청소기 제조법을 찾을 수 있다.

° 화장실

여러분의 집에서 화장실은 EDC와 다른 종류의 해로운 화학물질에 노출될 수 있는 가장 위험한 공간이 될 수 있다. 이것은 주로 화장품과 우리가 사용하는 다른 개인용품들 때문이다. 하지만 다른 문제들도 함께 작용하기 시작한다. 불행하게도 화장품과 뷰티 산업은 규제가 잘 안 되고, 많은 회사들은 자사 제품들이 순수하고, 자연스럽고, 신선하다고 광고한다. 그렇지 않으면 건강에 좋다는 것을 암시하는 라벨 언어나 브랜드 이름을 가지고 있다. 그러나 이런 용어들은 말 그대로 법적, 규제적 관점에서 아무 의미가 없다.

특히 식품의약품안전청(FDA)이 제약업계보다 화장품 산업에 대한 권한이 훨씬 적고, FDA나 다른 정부기관도 화장품이 매장 진열대에 오르기 전에 승인하거나 규제하지 않기 때문이다. 대신 화장품 회사들이 제품 안전성을 입증하고 출시 전에 라벨이 제대로 붙어 있는지 확인할 책임이 있다. 이 모든 것은 똑똑하고, 안전한(적어도 덜 해로운) 선택을 할 책임이 소비자에게 있다는 의미이다. 욕실에 있는 수많은 EDC 및 기타 독성 화학물질을 피하려면 다음 방법을 따르라.

- **개인 미용 · 위생 용품의 라벨에 주목하라.** 여러분은 때로는 순수한 마케팅 문구를 보게 되겠지만, 어떤 구절은 의미가 있을 수 있다. 예를 들어, 'USDA ORGANIC'(미국 농림부의 유기농 인정) 표식이 있는 제품에는 적어도 95%의 유기농 생산 성분이 포함되어야 한다. 즉, 기존의 살충제, 제초제, 석유 기반 비료 또는 유전자 변형 유기체 없이 재배되었다는 뜻이다. '100% 유기농' 라벨은 제품이 유기농 생산 성분만 함유하고 있음을 나타낸다. 어떤 제품이 함유하지 않는 것은 대대적으로 알려지기도 한다. 그리고 이것은 주목할 가치가 있다. 몇 가지 예를 들어보자. '향기 없음'은 화장품에 향수나 향기가 첨가되지 않았다는 것을 의미한다. 대신 향기가 있는 에센셜 오일 또는 식물 추출물이 기본 성분의 냄새를 가리는 데 사용되었을 수 있다. 마찬가지로 '파라벤 없음'과 '프탈레이트 없음'은 이 화학물질이 제품에 들어 있지 않다는 것을 나타낸다. 라벨에 '항균성'이라고 적힌 클렌저와 피부 관리 제품은 피하라. 일반 비누와 물이 여러분의 청결을 위해 필요한 전부이다. 또한 이런 나쁜 요소들이 없는 개인용품도 플라스틱 병에 들어 있다면 '프탈레이트 없음'과 'BPA 없음'의 순수성을 잃을 수 있다는 점을 기억하라. 그러니 가능하면 유리에 든 제품을 선택하라.

- **제품 성분 목록을 스캔하라.** 물론 여러분이 피부, 머리카락, 몸에 듬뿍 바르는 제품에 무엇이 들어 있는지 해독하기 위해 화학 학

위가 필요한 것처럼 느낄 수도 있다. 하지만 여러분은 그것들의 성분 목록을 조금은 이해할 수 있다. 특히 다음의 EDC 또는 다른 유해 화학물질이 포함된 제품을 피하라. 그 중에는 트리클로산(흔히 액체 비누와 치약에 함유), 디부틸 프탈레이트, DBP(헤어 스프레이 및 네일 제품에 함유), 파라벤 등이 있다. 파라벤은 메틸-, 에틸-, 프로필-, 이소프로필- 및 이소부틸-파라벤(샴푸, 컨디셔너, 얼굴 및 피부 클렌저, 보습제, 탈취제, 자외선 차단제, 치약, 메이크업 등에서 발견되는 방부제들)이 있다. 여러분이 좋아하는 개인 미용·위생 용품을 면밀히 조사하려면 '환경 워킹 그룹'의 '스킨 딥(Skin Deep)' 데이터베이스를 확인하라. 이런 선택적 과정을 밟으면 차이가 있을 수 있다. 10대 소녀들이 프탈레이트, 파라벤, 트리클로산, 벤조페논-3(선크림에서 자주 발견되는 유기화합물)이 없다고 표시된 개인 미용·위생 용품으로 바꾸었을 때, 이 같은 잠재적 내분비교란물질의 요중 농도가 불과 3일 만에 27~44% 감소했다는 연구 결과가 나왔다.

- **사용하지 않는 약을 적절히 폐기하라.** 그것을 화장실 변기로 흘려보내지 마라. 대신 커피 찌꺼기나 고양이용 깔개와 섞어* 비닐봉지에 넣고 봉인해 쓰레기통에 넣어라. 더 나은 방법은 'Take

---

* 그 근거는 사용하지 않은 알약을 이런 물질과 섞으면 어린이와 애완동물에게 덜 매력적으로 보이고 (희망적으로) 마약을 찾아 쓰레기를 뒤질지도 모르는 사람은 알아볼 수 없게 된다는 것이다.

Back' 프로그램에 참여하는 것이다. 마약단속국의 '처방약 회수 운동' 웹사이트(https://www.dea diversion.usdoj.gov/drug_disposal/takeback/)에 들어가 연중 두 번의 수집 날짜와 여러분 주변의 가까운 수집 장소를 확인하라. 다른 시기에는 '내 약품 폐기' 프로그램(https://disposemymeds.org/)을 통해 여러분의 지역에서 약을 처분하는 독립적인 약국을 찾을 수 있을 것이다.

- **비닐 샤워 커튼을 치워라.** 신선한 비닐 커튼이나 라이너와 함께 나는 새 샤워 커튼의 냄새를 아는가? 이것은 화학가스 배출, 휘발성 유기화합물과 프탈레이트가 공기 중으로 방출된 결과이다. 따라서 그 대신에 면, 린넨, 삼베로 만든 친환경 옵션을 선택하라.

- **공기청정기를 버려라.** 여러분이 사용하는 것이 플러그인 제품이든, 흡수하는 제품이든, 스프레이 방향제든 모두 멈춰라. 이 모두는 프탈레이트와 잠재적으로 해로운 다른 화학물질을 포함하고 있다. 욕실의 공기 향을 개선하려면 배기 팬을 사용하거나 창문을 열거나 방에 베이킹소다 통을 열어둬 악취를 흡수하라. 또한 욕실용 무독성 청소용품과 함께 하라.

° 여러분 집의 나머지 장소

다양한 화학물질이 침실, 거실, 옷장 등 여러분 집의 다른 구역을 차지했을지도 모른다. 1차 범죄자로는 프탈레이트, 난연제(PBDE), PC-B(더 이상 제조되지 않음에도 불구하고 여전히 많은 가정에 있다)가 있다. 아무도 여러분이 집을 전부 개조하기를 기대하지 않는다. 그러려면 엄청난 비용이 들 것이다. 그렇게 하지 않아도 여러분은 가정의 화학적 부담을 상당히 줄일 수 있다. 여기에 그 방법이 있다.

- **바닥 전체를 덮는 카펫을 제거하라.** 나일론이나 폴리프로필렌으로 만든 것과 같은 합성 카펫은 수년 동안 유해한 화학물질을 공기 중으로 방출할 수 있다(가스 배출의 또 다른 예). 천연 경목과 세라믹 타일은 먼지와 독성 화학물질을 흡수할 가능성이 가장 낮기 때문에 더 나은 선택이다. 바닥 일부에만 융단을 깔려면 양모 혹은 황마나 사이잘 같은 천연 식물 재료를 선택하라. PBDE가 들어 있는 패드를 피하고 대신 양모나 펠트 패드를 선택하라. 또 방수 또는 얼룩 방지 처리가 된 카펫이나 패드를 멀리하라. 그 같은 처리는 유해한 화학물질을 첨가한다. 적어도 일주일에 한 번은 HEPA(고성능 미립자 흡수) 필터가 장착된 청소기를 사용하여 모든 카펫을 철저히 진공청소 하라.

- **먼지 쌓이는 것을 막아라.** 알레르기 유발과 보기 흉한 것 외에도,

가정용 먼지는 독성 화학물질을 흡수하여 그 저장소가 될 수 있다. 강박적으로 깔끔한 괴물이 될 필요는 없지만, 먼지를 털어내려고 열심히 노력하는 것은 현명한 일이다. 특히 가정용 먼지에는 집에 있는 제품들에서 나오는 독성 화학물질이 들어 있기 때문이다. 2017년 미국 전역을 대상으로 한 연구에 따르면 표본 가구의 90%가 집 안 먼지에서 프탈레이트, 페놀, 대체 난연제, 퍼플루오로알킬 물질(PFAS) 등 잠재적으로 유해한 화학물질 45개가 발견되었다. 그래서 나무나 세라믹 바닥에 축축한 걸레를 사용하라. 가구, 창턱, 출입구 틀, 천장 팬은 초극세사나 축축한 면직물로 닦아라. 왜냐하면 이것들은 다른 것(또는 마른 것)보다 먼지 입자를 더 잘 담기 때문이다. TV를 포함한 전자 장비는 흔히 난연제의 공통 공급원이기 때문에 자주 먼지를 털어라. 청소하는 동안 창문과 문을 열고, 먼지 털기와 청소 후에 손을 깨끗이 씻어라.

- **제품 교체 시 업그레이드 하라.** 만약 여러분이 새 스테레오나 미디어 시스템을 구매할 경우에 PBDE(난연제)나 다른 브롬화 난연제 없는 전자제품을 선택하라. 만약 여러분이 새로운 소파, 편안한 의자, 매트리스를 살 준비가 되었다면 내연성 화학물질, 독성 접착제(포름알데히드를 함유한 것들), 플라스틱이 없는 것을 선택하라. (커버가 손상된 오래된 발포 고무 제품을 교체할 수 없다면, 표면을 온전히 유지하기 위해 면 덮개나 리넨 덮개 사용을 고

려해 보라.) 합성 목재나 합판을 사용하지 않은 자연 목재 테이블과 캐비닛을 선택하라. 그리고 자신의 화학물질을 공기 중으로 방출하는 플라스틱 재료가 아닌, 유기농 면 매트리스 패드를 구입하라.

- **신발은 문 앞에 두어라.** 신발 밑창은 외부에서 흙을 묻혀 오는 것 외에도 세균뿐 아니라 토양에서 나오는 중금속과 살충제 잔류물을 가져올 수 있다. 연구에 따르면 사람과 애완동물은 살포 후 일주일까지 잔디밭에 사용된 제초제와 다른 살충제를 집으로 가져올 수 있다. 전용 실내화나 슬리퍼를 신는 것을 생각해 보라. 그리고 애완동물이 실내로 들어오면 발을 닦아라.

- **옷장을 청소하라.** 독성 화학물질인 나프탈렌이나 파라디클로로벤젠이 함유된 좀약을 제거하라. 옷이 좀먹는 것을 방지하기 위해, 옷장에 삼나무 칩이나 덩어리, 라벤더 향주머니를 사용하라. 세탁은 가능하면 '녹색' 드라이클리닝 서비스나, 액체 이산화탄소 또는 습식 청소법을 사용하는 서비스를 이용하라. 그렇지 않으면 세탁된 옷들을 옷장에 넣기 전에 비닐을 제거하고 차고나 현관에서 하루 동안 매달아 바람을 쐬게 하라.

- **비닐 백을 거부하라.** 다양한 크기의 재사용 가능한 천 가방이나 캔버스 가방에 투자하여 가지고 다녀라. 혹은 쇼핑을 위해 차에

보관하라. 깨끗하게 유지하기 위해 정기적으로 이것들을 씻어라.

° 아이들 놀이방

어린 자녀가 있다면, 독성 화학물질이 장난감이나 다른 어린이 제품에 존재할 수 있다는 사실을 알아두어라. 미국과 유럽연합에서는 어린이 장난감과 치아 발육 보조 장치에서 농도 0.1% 이상의 프탈레이트가 금지돼 있지만, 세계 다른 지역에서 수입되는 장난감에는 종종 이 물질이 들어 있다. 아이들은 몸이 여전히 성장하고 있기 때문에 특히 내분비교란물질에 취약하다. 게다가 몸이 작기 때문에 그들은 체중 1파운드당 어른들보다 더 많은 오염물질을 폐, 소화관, 피부를 통해 흡수한다. 그리고 어린 아이들은 종종 장난감을 입에 넣기 때문에, 오염물질에 대한 노출 위험이 더 커질 수 있다.

장난감을 사거나 아이들의 활동을 선택할 때 면밀히 조사하는 것이 최선이다. 플라스틱 장난감을 살 때 '프탈레이트 없음'과 'PVC 없음' 라벨이 붙어 있는 장난감을 찾아라. 마찬가지로 'BPA 없음' 라벨이 붙은 아기 병과 빨대 컵을 구입하라. (경고: 이것이 BPS와 BPF처럼 BPA 닮은 것들까지 없다는 의미는 아니다.) 놀이방을 설치할 때에는 가능하면 자연 재료를 포함하라. 나무 테이블과 나무 의자(원한다면 쿠션이 있는 것)를, 그리고 장난감과 그림 도구를 담으려면 플라스틱 통이 아닌 바구니를 선택하라. 명심하라. 면직물과 면 깔개는 청소하기 쉽고 곰팡이와 흰 곰팡이에 강하다.

° 마당

만약 여러분이 주택에 산다면 원예에 재능이 없더라도, 잔디밭이나 정원 등 멋진 야외에서 일어날 수 있는 잠재적인 화학적 결과에 주목해야 한다. 즉 합성 살충제, 제초제, 비료를 사용하지 말라는 뜻이다. 그것들은 아이들과 애완동물 그리고 우리 모두에게 위험요소이다. 간절히 잡초를 없애고 싶다면 뿌리에서 뽑아내거나 식초나 소금을 바른다거나 두꺼운 뿌리 덮개(삼나무 뿌리 덮개나 나무껍질 칩 등)을 이용해 잡초의 성장을 억제하는 등 안전하게 하라. 여러분의 풀이나 정원에 '살충제 없음' 표지판을 설치함으로써 지구 친화적인 노력을 공유하고 다른 사람들이 여러분의 본보기를 따르도록 격려하라. 또 오래된 PVC 호스는 물과 함께 많은 양의 납, BPA, 프탈레이트를 유발할 수도 있다는 점을 고려하라. 호스를 교체해야 할 때인지도 모른다. 라벨에 '프탈레이트 없음', 더 좋게는 '식수 안전'이라고 적힌 'PVC 없음' 호스를 찾으라.

****

앞서 살펴본 것들은 정자 수와 남녀 생식건강의 다른 측면에 음흉한 영향을 미칠 수 있는 가장 일반적인 범인들이다. 관련 비용을 감안할 때, 여러분은 이런 불쾌한 화학물질을 포함하고 있는 카펫, 소파,

요리용품, 그리고 다른 가정용품들을 없앨 준비가 되어 있지 않을 수도 있다. 하지만 여러분이 새 제품을 사려고 할 때에는 프탈레이트, PFOA(퍼플루오로옥타노산), 난연제, 그리고 잠재적으로 독성이 있는 다른 화학물질이 없는 품목을 찾아라. 그 동안 좀약, 공기청정기, 향초, 항균비누, 그리고 정자와 전반적인 건강에 위협이 될 수 있는 다른 물건들을 없애라.

'침묵의 봄 연구소'는 가정에서 이런 화학물질에 대한 노출을 줄이는 방법에 관한, 간단하고 증거에 기반한 팁을 제공하는 '디톡스 미(Detox Me)'라는 무료 스마트폰 앱을 제공한다. 더불어 흔한 가정 내 독소가 몸에 있는지 체크할 수 있는 소변검사인 '디톡스 미 액션 키트(Detox Me Action Kit)'도 제공한다. 또한 영수증 취급을 피하는 것을 잊지 마라. 대부분의 영수증은 여러분의 몸에 흡수될 수 있는 비스페놀 A를 함유하고 있기 때문이다.

이런 중요한 방법들을 안팎으로 깨끗한 생활을 위한 수단으로 생각하라. 식이적인 선택과 음식 준비 기술을 포함한 생활습관을 개선하고 유해 화학물질을 가정에서 제거하라. 이것이 생식체계와 전반적인 건강을 보호하기 위한 현명한 예방 조치이다. 이미 보았듯이 우리 몸에 가해지는 화학적 부담은 줄일 수 있다. 그러기 위해서는 우리 주변의 파괴적인 화학적 영향의 지뢰밭을 잘 살펴 나가는 법을 배우는 성실한 노력이 필요하다. 이것은 여러분과 가족의 미래를 보호할 수 있는 기회가 된다.

제 13장

더 건강한 미래를 위한 구상
해야 할 일

1898년 영국 공장 감독관 루시 딘(Lucy Deane)은 석면 먼지 노출의 해악에 대해 경고했지만 그녀의 서면 보고서는 대부분 무시되었다. 10여 년이 지난 1911년 쥐를 대상으로 한 실험에서, 석면 먼지에 노출되면 생물의 건강에 해롭다는 의혹에 관한 '합리적인 근거'가 마련됐다.

1935년에서 1949년 사이에 석면 제조 노동자들 사이에서 놀라운 수의 폐암 사례가 보고되었고, 1955년 연구는 영국의 로치데일에 있는 석면 노동자들 사이에서 높은 폐암 위험을 규명했다. 폐의 내막 조직에 영향을 미치는 중피종 암은 1959년에서 1964년 사이에 석면 노동자와 남아프리카, 영국, 미국의 석면 공장 근처에 사는 사람들에게 심각한 문제인 것으로 밝혀졌다.

그럼에도 불구하고 1973년이 되어서야 모든 형태의 석면이 인간에게 발암물질로 인식되었고 1999년에서야 서유럽의 많은 나라들이 모든 종류의 석면 사용을 금지하였다. 온전히 한 세기가 걸렸다!

그러나 정말 놀라운 것은 그뿐만이 아니다. 많은 사람들에게 알려지지 않은 채 미국은 여전히 석면의 부분적 사용을 허용하고 있다. 일부 개발도상국(인도 등)에서는 석면 산업이 계속 호황을 누리고 있다. 지대한 과학적 노력과 규제 노력이 있었지만 50년이 넘도록 우리는 여전히 이 알려진 발암물질을 우리의 환경에서 제거하지 못했다.

이 이야기는 생식건강과는 거의 관련이 없고 호흡기 건강과는 큰 관련이 있다. 그러나 중요한 보호 조치를 실행하는 데 얼마나 오래 시간이 걸릴 수 있고 얼마나 어려울 수 있는지를 보여주는 강력한 예다.

상업용으로 생산된 약 8만 5,000개의 화학물질, 그리고 안전시험을 거친 적은 수의 화학물질이 있다. 이런 현실을 감안할 때 우리는 위험한 화학물질에 대한 노출을 식별하고 제한하기 위한 더 나은(시간이 덜 걸리고 비용도 싸다는 의미) 방법이 필요하다.

예를 들어 테스토스테론을 낮추는 프탈레이트인 디-2-에틸헥실 프탈레이트(DEHP)를 생각해보자. 2000년 환경화학자인 존 브록(John Brock) 박사가 최초로 미국 거주자들의 표본에서 프탈레이트를 측정하려는 CDC(미국 질병통제센터)의 새로운 노력에 관해 나에게 말했다. 그가 내게 그것을 연구하라고 제안했을 때, 내 반응은 "프탈레이트가 무엇인가요?"였다. 그는 이 '어디에나 있는 화학물질'이 수컷 쥐의 생식기에 큰 피해를 주고 있다는 설득력 있는 연구에 관해 내게 말했다.

시간이 빨리 흘러 2005년에 동료들과 나는 임신 초기에 DEHP 수치가 높은 임신부는 '덜 전형적인' 남성 성기를 가진 아들을 가질 가능성이 더 크다는 연구 결과를 발표했다. 예컨대 짧은 '항문-생식기 거리(AGD)'와 작은 성기를 가진 아들을 가질 가능성이 높다. 이 연구와 후속 연구들은 20년이 걸렸고, 1,000만 달러 이상 연방정부 예산이 투입되었으며, 중요한 보건 조치로 귀결되었다. 프탈레이트 증후군의 위험은 너무 그럴듯해서 2008년에 장난감과 빨대컵에서 DEHP와, 테스토스테론을 낮추는 다른 프탈레이트 두 개가 법적으로 금지되었다.

이 법과 이런 건강 위험에 관한 대중의 걱정 때문에, 사람들의 몸에 있는 '전통적인' 프탈레이트 수치는 미국에서 극적으로 떨어졌다. 2010년 연구에 참여한 임신부는 DEHP 수치가 2000년 임신부에서 측정한 수치의 50%에 불과했다. 이것은 확실히 긍정적인 신호였다.

그러나 슬프게도 다른 프탈레이트들이 DEHP 및 그것과 비슷한 문제가 있는 프탈레이트들의 대체물로 도입되었다. 그 중 하나는 디이소노닐 프탈레이트(DINP)였다. 스웨덴의 한 연구에서 소변 중 이 새 대체 프탈레이트의 수치가 높은 임신부들은 낮은 수치의 임신부들보다 AGD가 짧은 남아를 가질 가능성이 더 높았다. 그래서 DEHP를 DINP로 바꾼 것은 전혀 문제를 해결하지 못했다. 이는 믿기 힘들 정도의 좌절감을 안겼다.

잠시 멈춰 제조업체들에게 유리한 해석을 해 보자. DINP가 DEHP만큼 해롭다는 사실을 몰랐을 수도 있다고 가정해보자. 그들은 대체물을 만들기 전에 상당한 주의를 하고 그것의 영향을 조사했어야 하지 않았을까? 그리고 제조사들은 이 화학물질이 해롭다는 것이 밝혀지자마자 생산을 중단했어야 하지 않았을까? 아마 짐작할 수 있겠지만, 두 질문에 나는 "확실히 그렇다!"라고 대답할 것이다.

하지만 화학과 상업의 세계가 항상 이런 식으로 작동하는 것은 아니다. 지금까지 이 이슈는 정치적 부주의의 희생양이 되어 왔다. 이를 기화로 제조사들은 제품 내 화학물질의 안전성을 보장하는 책임을 대부분 회피했다. 그리고 우리의 규제 시스템은 이를 방치했다.

의심의 여지없이 어떤 사람들은 백신이나 수돗물 속 불소의 안전성을 심각하게 불신한다. 나는 계속 이상하게 생각한다. 일상용품에 유해한 EDC(내분비교란물질)가 있다는 것에 관해 화가 난 사람들은 어디 있는가? 이 이슈에 관한 분노는 어디에 있는가?!

솔직히 나는 많은 보건전문가들과 일반 시민들이 이런 해로운 물질들에 대해 더 이상 화를 내지 않는 것에 계속 놀란다. 만약 그들이 화를 낸다면 그것은 의심의 여지없이 도움이 될 것이다. 왜냐하면 지구의 EDC 부담을 현저히 줄이고 우리의 미래를 더 건강하게 만들기 위해 몇 가지 조치가 필요하기 때문이다.

우리는 신체 내분비계에 방해가 되지 않는 안전한 화학물질을 설계할 필요가 있다. EDC로부터 우리를 보호할 시험법(저용량과 화학물질 혼합물의 해로운 영향을 식별하는 방법 포함)을 도입해야 한다. 규제 당국은 장기간 사용되어 온 화학물질에 대한 기득권 인정을 중단하는 것이 필수적이다. 규제 조치의 목표는 문제가 확인된 후 피해를 통제하는 것에서, 위험 발생 전에 그 위험을 통제하는 것으로 전환해야 한다. 이런 기준에 따라 새 화학물질의 시장 진입 여부를 결정하여

야 한다.

달리 말해서 우리는 우리 자신과 아직 태어나지 않은 아이들을 EDC 노출의 시험 대상으로 사용하는 것을 중단해야 한다. 그리고 우리는 산업과 제조업자들이 생산하여 환경으로 방출하는 화학물질에서 오는 위험에 대한 책임을 그들에게 지우는 입법이 필요하다.

° 복잡한 규제 절차 개편

미국에서 위험이 입증된 화학물질을 식별·금지하는 것을 포함한 규제 메커니즘을 바꾸는 것은 매우 힘든 과정이다. 그리고 규제 기관이 위험한 화학물질을 알아내는 동안 이미 상당한 피해가 발생할 수 있다. 그럼에도 그것을 바꾸려는 노력은 가치 있는 일이다. 인류와 지구의 건강과 생명력, 장수 등이 그것에 달려 있기 때문이다.

이는 과학자, 환경운동가, 보건전문가 등이 공공보건과 환경문제의 의사결정에서 '예방 원칙'을 시행해야 한다고 점점 더 강하게 주장하는 이유들 중 하나이다. '예방 원칙'은 문제가 발견된 뒤 피해 통제에 착수하는 규제 조치에서, 피해가 발생하기 전에 선제적 조치를 취하는 것으로의 전환이다. 이것이 공공보건 및 환경을 보호하기 위해 필요한 것이다.

미국, 캐나다, 유럽의 조약 협상가, 활동가, 학자, 과학자가 포함된 '1998년 윙스프레드 회의'의 합의 성명서는 그 원칙을 다음과 같이 요약한다. "활동이 인간의 건강이나 환경에 해를 끼칠 위협을 제기할 때, 어떤 원인과 결과 관계가 과학적으로 완전히 확립되지 않더라도 예방 조치를 취해야 한다."

'예방 원칙'의 결과는 안전 입증의 부담을 대중으로부터 제조업체로 옮기는 것이다. 그것은 또한 보호 조치나 예방 조치를 취하기 위해 과학적 확실성을 기다릴 필요가 없다는 것이다. 어떤 경우에는 잠재적으로 해로운 화학물질이 일상 제품에 사용되는 것을 막기 위해서는 강력한 의심으로 충분할 수 있다.

만약 우리가 '예방 원칙'을 정자 수 감소와 남녀 생식발달 장애의 원인일 가능성이 있는 내분비교란물질과 다른 독성 화학물질에 적용한다면, 인간은 이 해로운 물질들에 매일 훨씬 적게 노출될 것이다. 우리가 정말로 필요로 하는 것은 화학산업이 히포크라테스 선서의 자체 버전을 채택하는 것이다. "첫째, 해를 끼치지 마라."

유럽연합에는 REACH(Registration, Evaluation, Authorization & Restriction of Chemicals의 약어)라는 좋은 규제 모델이 이미 존재한다. '자료가 없으면 시장도 없다(no data, no market)'는 정책과 함께 "REACH 규정은 화학물질의 위험을 관리하고 그 물질에 대한 안전성 정보를 제공하는 책임을 산업에 부과한다." REACH는 2007년 화학물질이 야기할 수 있는 위험으로부터 인간의 건강과 환경을 높은 수준에서 보호한다는 목표로 시행되었다. 그 부담 또한 기업에 지운다. 제조업체는 일상생활에서 자신들이 생산한 화학물질의 사용과 관련된 위험을 이해하고 관리하는 책임을 지고 있다. 내 생각에는, 잠재적 내분비교란물질을 시장에 내놓기 전에 시험할 것을 전 세계적으로 요구해야 한다.

REACH 제도 하에서 제조업체와 수입업체는 자신들의 화학물질의 특성에 관한 정보를 수집하여 유럽화학물질청이 관리하는 중앙 데이터베이스에 등록해야 한다. 그 일은 건강·환경단체들이 기대했던 것보다 느리게 움직이고 있지만, REACH는 EU의 화학 생산이 인간의 건강에 미치는 위협을 줄이고 있다. 예를 들어 환경 내 다이옥신, 푸란 및 PCB(폴리염화바이페닐)의 감소를 목표로 한 'REACH 다이옥신 전략'은 성공적이었다. 2014년까지 이 오염물질의 산업 배출량을 약 80% 감소시켰다.

한 가지 희망은 REACH가 '유감스러운 대체'로 알려진 불행한 관행을 없애는 데 도움이 될 것이라는 점이다. 시험하지 않은 화합물과 알려진 위험의 함수를 교환하는 것이다.

BPA와 그 대체품의 경우를 생각해 보라. BPA는 금전등록기 영수증, 폴리카보네이트 물병, 식품 캔의 내막 등에 쓰이는 화학물질이다. 그것은 1930년대에 공식화되었을 때 여성호르몬 에스트로겐을 모방한 것으로 처음 밝혀졌다, 이제 우리는 그것이 유방암 위험 증가, 습관성 유산, 소년들의 행동 문제, 그리고 BPA에 노출된 공장 노동자들의 경우 정액의 질 손상을 포함하여 건강에 나쁜 영향을 미친다는 것을 안다.

유럽연합이 아기용 병에 BPA를 금지하고 금전등록기 영수증에서 단계적으로 폐지하고 있지만, 식음료 캔의 내막 등 다른 제품에 여전히 광범위하게 사용되고 있다. 대체 화학물질을 찾기 위해 분주히 뛴 결과, 제조업체들은 가장 쉬운 선택은 비스페놀 S나 비스페놀 F처럼 밀접하게 관련된 다른 비스페놀로 전환하는 것이라는 점을 발견했다.

문제가 해결되었는가? 정확히 말하면, 아니다. 하지만 지금은 연구자들이 이런 BPA 대체물질 중 많은 것들이 전 세계 사람들의 소변 샘플에 들어가고, 이 대체 화학물질들도 내분비교란물질이며, BPA와 같은 위험(혹은 훨씬 더 큰 위험)을 가지고 있다는 사실을 발견했기 때문이다. 다시 말해 한 가지 유해한 화학물질이 단지 다른 화학물질을 대체하는 데 사용되었다. 그것은 용납할 수 없는 관행이다.

내가 2019년 가을 EU의 REACH 화학 규제를 위해 일하는 대표적인 비영리 단체인 쳄 트러스트(CHEM Trust)의 과학책임자 닌자 라이네케(Ninja Reineke)와 통화했을 때, 그녀는 REACH 법안이 통과되었음에도 불구하고 EU에서도 규제 당국이 아직 '유감스러운 대체품'의 사용을 통제하지 못하고 있다는 것을 확인했다고 했다.

이런 식으로 하면 안 된다. 하버드대 보건대학원 노출평가학과 조교수 조셉 앨런(Joseph Allen)은 2016년 〈워싱턴포스트〉 의견란에서 이렇게 썼다. "죄가 입증될 때까지 무죄 추정은 형사사법의 올바른 출발점이 될 수 있다. 하지만 이것은 재앙적인 화학물질 정책이다. 우리는 존재하는 것의 유감스러운 대체를 인식할 필요가 있다. 우리들 중 누구도 그 위험성을 인식했다면 서명하지 않았을 위험한 시험에서 독성 화학물질을 동등한 독성 화학물질로 반복 대체하는 것이다."

나는 1,000% 그의 말에 동의한다. 본질적으로 우리 모두는 무의식적으로 생식에 관한 러시안 룰렛의 화학 게임에 참가하고 있다. 화학물질은 유죄가 입증될 때까지 안전하다는 간주 하에, 화학 및 제조 산업에 대한 규제가 '평소처럼' 사업으로 계속 운영되기 때문이다.

내가 가장 걱정하는 화학물질은 프탈레이트, BPA, 불소 화합물, PBDE(폴리브롬화 디페닐 에테르) 같은 '스텔스 화학물질'이다. 이것들은 우리 몸속에 조용히, 비밀리에, 그리고 우리도 모르게 들어오기 때문이다. FDA가 안전을 모니터링하고 상세한 경고 라벨을 붙여 판매하는 약물과 달리, 환경 화학물질은 대부분 규제되지 않고 있으며, 라벨로 식별되는 것은 거의 없다.

° 처음부터 다시 시작하기

우리의 일상에서 EDC를 제거하는 중요한 방법은 '녹색 화학'의 약속처럼 똑똑한 새 화학물질을 만드는 것이다. 이 분야는 자원 효율이 높고 본질적으로 안전한 분자·물질·제품의 개발이라는 가장 중요한 목표를 포용한다. 이 목표를 달성하기 위해 화학자들은 자신이 개발하는 화학물질의 잠재적 위험을 평가할 수 있어야 한다. 이러한 목표의 최우선은 내분비 교란을 피하는 것이어야 한다.

특히 유망해 보이는 한 가지 새로운 접근법은 환경보건 과학의 원리와 시험법을 적용하여 잠재적인 내분비 교란자를 식별하는 '내분비 교란 계층화 프로토콜(TiPED)'로 알려져 있다. 여러 분야의 유명한 과학자 팀이 만들었다. 이 프로토콜은 화학자들이 인간 내분비계를 방해할 가능성이 있는 화학물질을 식별하고 피하도록 돕기 위해 고안되었다. 이 시스템을 통해 잠재적인 EDC로 식별되는 화학물질은 시장 진입 전에 제품 개발에서 제외하거나, 알려진 EDC 작용 메커니즘을 피하기 위해 재설계 할 수 있다. TiPED의 궁극적인 목표는 EDC의 조기 식별을 촉진함으로써 이런 화학물질들에 의한 환경 및 공중보건 위험을 줄이는 것이다.

이것은 확실히 올바른 방향으로 나아가는 한 걸음이다. 특히 이런 화학물질의 저용량 또는 저농도에 노출되었을 때의 악영향을 탐지하기 위한 것이다. '용량이 독을 만든다'는 개념은 전통적인 독성학의 기저에 깔린 핵심이지만 낡은 가정이다. 이 가정은 약 500년 전 스위스의 의사·연금술사·점성술사였던 파라셀수스(Paracelsus)에게서 나왔다.

그는 이 기본 원칙을 "모든 것은 독이고, 독이 없는 것은 없다. 오직 용량만이 독이 아닌 것을 만든다."라고 표현했다. 그의 생각은 용량이 많을수록 인간, 그리고 아마도 다른 생물들에게 더 큰 (악)영향이 있다는 것이다. 하지만 항상 그런 것은 아니다. 우리는 고용량 그리고 저용량의 위험을 모두 없애기 위해 더 나은 시험 프로토콜이 필요하다.

카네기멜론대 녹색화학과 교수이자 TiPED의 사용자겸 지지자인 테리 콜린스(Terry Collins) 박사는 "저용량 독성은 고용량 독성보다 훨씬 은밀하다. 우리가 여러 종에서 보고 있는 생식 손상의 많은(대부분은 아닐지라도) 원인일 가능성이 높다."라고 지적한다. 만약 우리가 공중보건을 지키기 위해 더 효율적인 시험 프로토콜과 더 좋은 화학물질 검사법을 개발할 수 있다면, 현재 진행 중인 남녀 생식기능의 꾸준한 감소를 막을 수 있는 훨씬 더 좋은 기회를 가질 것이다.

화학 규제의 첫 단계 중 하나는 의심스러운 화학물질의 유해한 영향을 식별하는 것이다. EDC의 부작용과 납·방사선에 대한 위험한 노출을 보여주는 많은 연구는 여러분이 본 것처럼 동물 연구에서 나왔다. 전형적으로 이러한 초기 결과에 이어 단일 연구에 수백만 달러와 5년 내지 10년의 기간이 소요되는 인간에 대한 연구가 뒤따른다.

앞으로는 인간과 동물을 대상으로 한 이런 연구들은 실생활에서 사람들이 어떻게 이러한 화학물질에 실제로 노출되는지를 반영하는 방식으로 설정되어야 한다. 왜냐하면 드러난 해악은 특정 화학물질의 용량이나 수준에 따라 다르고 노출 시기와 노출 조합에 따라 다르기 때문이다. 우리는 그것을 현실화할 필요가 있다.

° 골치 아픈 추정과 가정

현재의 시험 프로토콜이 공중보건 보호에 적합하지 않은 것은 사실이다. 왜냐하면 그 프로토콜은 EDC가 특히 인간의 건강에 미치는 위험의 본질에 관해 근거 없는 가정을 하기 때문이다. 현재의 테스트는 '용량이 독을 만든다'는 원칙에 따라, 많은 (독성) 용량에서 시작해 위험이 거의 또는 전혀 보이지 않을 때까지 적은 용량으로 계속한다. 그런 다음 파라셀수스(Paracelsus)의 법칙에 따르면, 적은 노출은 안전하므로 테스트나 규제를 하지 않는다고 가정한다.

이 원칙은 유럽과 미국에서 대부분의 규제의 기초가 되며, 사람들을 독성 노출의 위험으로부터 보호하기 위한 것이다. 모든 사람들은 이 가정이 옳다고 추정하지만, 그것은 그림의 중요한 부분을 놓치고 있다. 어떤 경우에는 저용량의 특정 화학물질에 노출되는 것이 고용량에 노출되는 것만큼 위험하거나 심지어 더 위험할 수 있다.

이런 일은 특정 화학물질이 저용량과 고용량에서 다른 악영향을 미칠 때 발생할 수 있다. 예를 들어 탈리도마이드(thalidomide)는 1950년대 후반과 1960년대에 유럽에서 사용된 진정제이자 최면제로 사지 기형, 특히 사지가 없거나 짧아지는 현상을 야기한다. 이 약의 고용량이 태아의 죽음을 초래할 수 있다는 사실이 밝혀질 때까지 사용되었다.

만약 여러분이 산전(産前)에 탈리도마이드 노출에 따른 살아있는 아기들의 사지 결함에 관한 연구를 한다면, 그리고 여러분이 사지 결함의 위험을 용량의 함수로 보여주는 그래프를 그리게 된다면, 고용량에서 그 위험은 감소하는 것처럼 보일 것이다. 왜? 고용량에서는 가장 큰 영향을 받는 태아들 중 많은 수가 죽을 것이고, 살아남은 태아들은 비교적 사지 결함이 적기 때문이다. 물론 그렇다고 해서 이 약이 인간 발달에 해롭지 않다는 뜻은 아니다. 말할 필요도 없이 죽음은 독성의 확실한 표시다.

실제로 독성학, 발달생물학, 내분비학, 생화학을 결합하여 수십 년 동안 연구한 증거는 파라셀수스의 '법칙'이 EDC에는 적용될 수 없다는 것을 입증했다. 반대로 일부 화학물질, 특히 호르몬처럼 행동하는 화학물질(가령 에스트로겐 화합물인 BPA)은 고용량보다 저용량에서 훨씬 더 해로운 영향을 미칠 수 있다.

만약 여러분이 용량 대비 위험도 그래프를 그리면 파라셀수스의 원칙에 의해 용량이 증가함에 따라 그래프는 계속 상승할 것이다. 이것은 방향을 바꾸지 않는 '단조 곡선'의 한 예다. 그러나 적은 용량이 많은 용량보다 위험할 때, 그 선은 특정 지점까지 용량이 증가함에 따라 상승한 다음 감소한다(역 U자를 상상하라). 이러한 용량 반응 곡선은 '비(非)단조 용량 반응(NMDR) 곡선'의 예이다. 긴 용어이지만 알아 두면 좋은 것이다.

여러분이 제6장에서 읽은 운동과 출산에 관한 '최적의 지점'을 생각해보라. 보시다시피 신체활동의 양이 많아지고 그 강도가 높아짐에 따라 생식 적합성은 높아졌다. 그러나 어느 지점을 지나자 불임의 위험이 되기 시작했다. 보상이 줄어드는 지점이 있을 뿐 아니라 어느 지점에서는 생식에 해가 될 수 있었다. 그래서 만약 우리가 그녀가 얼마나 운동하는가에 근거해 임신에 얼마나 걸렸는지를 나타내는 곡선을 그리면, 그것은 U라는 글자처럼 보일 수도 있다. 그것은 또 다른 NMDR 곡선이다.

2007년과 2013년 사이에 발표된 BPA(비스페놀 A)의 영향에 관한 109개 연구를 재검토한 연구에서, 연구원들은 연구의 30% 이상에서 NMDR 곡선을 발견했다. 이는 고용량 노출로부터 저용량 노출의 안전성을 추정하는 현재의 위험 평가 방법은 대중을 잠재적으로 위험한 BPA 용량으로부터 보호하지 못한다는 것을 시사한다. 그런 경우 낮은 용량이 높은 용량보다 안전하다고 가정하는 것은 잘못이다. 그럼에도 이 가정은 환경 화학물질에 대한 규제 테스트의 기초가 된다.

저용량의 안전성은 특정 화학물질의 고용량 테스트에서 추론할 수 없다. 타목시펜 약물에 의한 에스트로겐 의존성 유방암의 치료가 좋은 예다. 유방암 세포 연구에서, 타목시펜의 높은 치료 농도는 에스트로겐 자극에 의한 유방암 세포의 증식을 억제하는 반면 같은 약물의 낮은 농도는 에스트로겐 의존적인 암에서 유방암 세포의 성장을 실제로 자극하는 것으로 관찰되었다. 이것은 암 치료에서 알려진 현상이며, '타목시펜 플레어(tamoxifen flare)'라고 불린다.

다시 말해서 화학물질은 고용량에서 일어나지 않는 효과를 저용량에서 일으킬 수 있고, 그 반대의 경우도 마찬가지다. 그렇기 때문에 인간의 건강 보호를 위해 규제 테스트에 관한 전반적인 접근방식을 개선해야 한다.

° 희망의 불빛

시험 프로토콜을 제대로 얻기 위해 애쓰는 규제 당국, 그리고 '내분비교란물질 없음' 및 '화석연료 무관'인 화학물질을 설계하는 화학자들이 직면한 위압적인 도전을 감안할 때 전혀 진전이 없었던 것은 놀라운 일이다. 그러나 그 과정에서 더 효과적인 규제를 향한 중요한 조치가 취해져, 우리의 공기와 물을 깨끗이 하고, 멸종위기에 처한 많은 종들을 구했다.

예를 들어 제9장에서 보았듯이, 2018년 농지의 조류 감소에 대한 연구도 몇 가지 밝은 내용을 포함했다. 보존 노력으로 인해 오리와 거위 같은 습지 조류의 개체수가 증가하고 있다. 고무적으로 살충제 DDT 금지 이전에 멸종 위기에 처했던 대머리독수리 등 맹금류 개체

수도 증가하고 있다. 멸종위기종(種) 보호 조치와 다른 연방법(聯邦法) 덕분이다. 이전에 DDT는 알껍데기를 너무 약하게 만들어 대머리독수리가 알들을 품으려고 할 때 오히려 알들을 으깨곤 했다.

1963년까지 새끼를 기르는 대머리독수리는 417쌍만 남아 있었다. 1972년 DDT 사용을 금지하자 대머리독수리의 복귀는 장관을 이루었으며 현재 미국 본토 48개 주에 1만 쌍이 번식하고 있다. 확실히 그것은 번식의 승리다. 다른 종들은 지속 가능한 농업 관행의 도입으로 도움을 받을 수 있다. 그것은 살충제 사용을 최소화하고 야생동물을 위한 땅을 확보하기 위해 농부들에게 인센티브를 제공하는 것이다.

다른 종들은 1972년 DDT 금지, 1973년의 멸종위기종법(ESA) 또는 그 전신인 멸종위기종보존법(1966년)에 의해 보존되었다. 미국흰두루미는 적어도 부분적으로는 ESA에 의한 또 다른 성공이었다. 여성 모자산업은 미국흰두루미의 깃털을 숙녀용 모자의 장식으로 소중히 여겼다. 이 때문에 이 새는 사냥으로 거의 멸종할 뻔했고 1941년까지 16마리만 미국에 남아 있었다. ESA가 제정된 후 살아남은 미국흰두루미는 인공사육을 위해 생포되었다. 현재 이 새 수백 마리가 야생으로 돌아가 여러 개의 확실한 번식·이주 개체군을 형성하여 살고 있다.

이러한 중요한 발전에도 불구하고 우리는 아직 갈 길이 멀다. 이러한 종 보호 노력을 계속하고 또 새로운 노력을 추가하는 것이 중요하다. 2019년 세계야생생물기금은 멸종위기종 41종(그 중 8종은 심각한 멸종위기종), 취약종 9종, 준위험종 9종을 지정했다. 해야 할 일이 더 많다.

° 더 나은 화학 규제

우리는 거의 매일 미국과 해외의 환경 오염물질을 효과적으로 감소시키는 이니셔티브에 대한 고무적인 소식을 듣는다.

2020년 7월 1일 덴마크는 식품 포장에서 PFAS 화학물질을 금지한 최초의 국가가 되었다. PFAS는 버거와 케이크 같은 지방질과 촉촉한 음식을 포장할 때 기름과 물을 물리치는 데 사용된다. 이것은 PFAS가 '영원한 화학물질'(환경에서 분해되지 않기 때문에 그렇게 불린다)에 속하기 때문에 훌륭한 소식이다.

보호법의 또 다른 예를 보자. 하와이는 최근 2021년부터 스킨케어 제품에서 옥시벤조네와 옥티녹세이트 화학물질을 금지하는 법을 통과시켰다. 해양과 인간의 삶에 중요한 산호초에 해를 끼치기 때문이다. 이런 법률 덕분에 진보가 이루어지고 있다. 그러나 다시 말하지만, 해야 할 일이 더 많다.

1972년 의회가 '소비자 제품과 관련된 부당한 부상 사망 위험으로부터 국민을 보호하기 위해' 만든 연방기관인 미국 소비자제품안전위원회(CPSC)를 아는 사람은 많지 않다. CPSC는 수천 가지 유형의 소비재에 대한 관할권을 가지고 있으며, 위원회는 이들 제품의 프탈레이트를 대상으로 다양한 위험을 조사해 왔다.

그 조사의 일환으로 위원회는 '만성 위험 자문 패널(CHAP)'을 구성했다. 이 패널은 어린이 장난감과 육아용품에 내포된 프탈레이트의 건강상 영향을 조사하면서, 프탈레이트의 건강 위험을 조사한 연구자들을 참여시켰다. 2015년에 나는 프탈레이트에 관한 우리의 연구 결과를 위원회에 제출했다.

2년 후 CPSC는 8개의 프탈레이트가 남성 생식 발달에 악영향을 끼친다고 결정하고, 이들 프탈레이트를 최소량(0.1%) 이상 함유하는 어린이 장난감 및 육아용품을 금지하였다. 2008년의 '소비자 제품 안전 개선법' 덕분에 어린이 장난감 및 육아용품의 프탈레이트 3개에 대한 단기(短期) 금지는 이미 시행되었다. 2017년 판결로 영구 금지 및 확대가 이루어졌다. 그럼에도 불구하고… 다른, 새로운 호르몬 변경 프탈레이트는 시장에 남아 있다.

전 세계적으로 다른 나라들도 환경 피해를 제한하고 인간의 EDC 노출을 줄이기 위한 노력을 강화하고 있다. 재생 가능한 자원으로 앞선 상위 5개국 중 하나인 코스타리카는 2021년까지 1회용 플라스틱을 없애고, 모든 에너지를 비(非)화석연료에서 생산하겠다고 결정했다. 파키스탄은 1회용 비닐봉지를 금지하는 쪽으로 이동했다.

그리고 호주는 플라스틱과 다른 쓰레기의 바다 유입을 줄이는 방법을 고안했다. 호주 퀴나나시(市)는 최근 배수관 출구에 모든 큰 잔해를 잡는 여과 시스템을 설치하여 쓰레기와 플라스틱 오염으로부터 바다 환경을 보호한다. 그물이 가득 차면, 그물을 집어 올려 특수 트럭에 비운다. 환경에 플라스틱을 줄이면 모든 살아있는 생물의 생식건강을 위태롭게 할 수 있는 일부 EDC의 존재를 자동으로 줄인다.

일부 기업과 소매업체들도 소비자들의 유해 화학물질 노출을 줄이는 데 도움을 주고 있다. 예를 들어 웨그먼스는 2005년부터 2010년까지 내가 뉴욕주 로체스터에 살 때 애용했던 식료품 체인점이다. 내가 로체스터대학에 재직했을 당시 그 가게 경영진은 프탈레이트와 관련하여 내가 하는 일을 현지 신문에서 읽은 후 프탈레이트 함유 제품에 관해 고객들에게 이야기해 달라고 부탁했다. 나를 만난 뒤 그 가게는 소비자들이 쉽게 찾을 수 있도록 진열대에서 프탈레이트가 없는 제품에 표식을 달았다.

흥미롭게도 세계에서 가장 큰 할인 소매상인 월마트는 그들이 취급하는 제품들 중 단계적으로 제거하기를 원하는 화학물질의 리스트를 개발해 공급자들과 공유한다. 많은 사람들에게 알려지지 않았지만, 월마트는 음식물 쓰레기, 삼림 벌채, 플라스틱 폐기물 감소의 세 가지 영역에 초점을 맞춘 대규모 지속 가능성 프로그램을 지원한다. 최근 세계 최대 주거개선 소매업체인 홈디포는 퍼플루오로알킬과 폴리플루오로알킬 물질로 처리되는 카펫과 융단을 캐나다, 미국, 온라인에서 더 이상 판매하지 않겠다고 발표했다.

점점 더 많은 친환경 제조업체들이 우리의 일상생활에서 EDC와 다른 독소를 줄이기 위한 전 세계적인 노력에 기여했다. 이들은 때로는 '기업의 사회적 책임(CSR)'이라는 우산 아래에 있었다.

가장 초기에 가장 효과적으로 CSR를 주창한 회사 중 하나는 파타고니아(Patagonia)이다. 1973년 이후 야외 의류를 전문으로 하는 이 회사는 설립자이자 유명한 산악인인 이본 추이나르(Yvon Chouinard)와 그의 아내 말린다(Malinda)가 소유하고 있다. 이 회사는 생존을 위해 의류산업을 보다 지속 가능한 방향으로 이끌려고 노력해 왔다. 2010년 파타고니아는 소재 구입과 제품 개발 시 지속 가능한 결정을 내리기 위해 노력하는 의류·신발산업 회사들의 연합체인 '지속 가능한 의류 연합(Sustainable Apparel Coalition)' 설립을 도왔다.

요점은 다음과 같다. 지속 가능성에 대한 투자는 사회적, 경제적, 환경적 가치가 있다는 것이 점점 더 명백해졌다. 매년 스위스 다보스에서 열리는 세계경제포럼에서 연간 10억 달러 이상의 수익을 창출하는 약 7,500개 기업 목록에서 세계에서 가장 지속 가능한 기업(글로벌 100)을 선정한다. 이 목록은 탄소 및 폐기물 생산 감소, 리더십 내 성별 다양성, 깨끗한 제품에서 파생된 수익 그리고 전반적인 지속 가능성 등에서 성과를 평가하여 기업 순위를 매긴다.

지속 가능성을 기업가치에 접목시키는 것이 좋은 사업이라고 인식하는 세계적인 기업이 늘고 있다. 지금 필요한 것은 '지속 가능성'에는 독성이 없고, 호르몬 활성이 없으며, 생체 축적이 없는(살아 있는 유기체의 조직에 축적되지 않는다는 뜻) 제품의 개발이 포함되어야 한다는 더 넓은 인식이다. 우리는 소비자로서 소비 습관을 통해 기업들의 지속 가능한 제품 개발과 지속 가능한 투자를 지원해야 한다.

인간이 이런 독성 화학물질을 만들어 세상에 내보낸 것은 사실이다. 우리는 또한 그것을 완화하거나 역전시킬 힘을 가지고 있다. 이 분야에서 진전을 이루기 시작했지만, 우리는 여러분이 방금 읽은 것처럼 더 많은 이니셔티브가 필요하고, 그것을 더 빨리 실행할 필요가 있다.

이런 화학물질의 시판(市販) 전 검사를 요구하고 기업의 준수 여부를 감시하는 것은 정부의 책임이어야 한다. (지금 당장은 소비자로서 우리 자신을 보호하기 위해 올바른 조치를 취해야 할 책임이 우리에게 있지만, 그렇게 해서는 안 된다.) 우리는 전 세계적으로 지구를 독살하는 유해한 화학물질과 산업 관행을 우선적으로 금지할 지도자들에게 투표할 사람들이 필요하다.

현상은 너무 오랫동안 지속되어 왔고, 인간과 다른 종의 생식건강과 생존을 위태롭게 하고 있다. 진로를 바로잡을 시간은 기한이 지났지만 그래도 그 어느 때보다도 중요하다. 나는 이것을 과학적으로나 도덕적으로나 의무라고 생각한다. 그렇지 않으면 우리와 다른 종들이 멸종이나 노후화 직전까지 갈 수 있기 때문이다.

결론

공상과학소설 작가 아이작 아시모프(Isaac Asimov)는 "지금 삶의 가장 슬픈 측면은 사회가 지혜를 모으는 것보다 더 빨리 과학이 지식을 모으는 것이다."라고 지적했다. 물론 그는 EDC, 생활습관, 생식건강에 관해 이야기하지 않았지만, 이 인용문은 이런 문제들과 확실히 관련이 있다. 앞서 보았듯이 수많은 가해 요인들이 서구 국가의 정자 수급감과 남녀 생식건강 문제의 놀라운 증가에 관여하고 있다. 이런 추세의 대부분은 거의 같은 비율, 즉 연간 1%로 발생했는데, 이는 우연일 수 없다.

우리는 혼자가 아니다. 이런 영향은 다른 종과 우리가 공유하는 생태계를 중독시키고 있다. 한 종으로서 우리는 번식하여 우리 자신을 재충원 하는 데 실패하고 있으며, 다른 종들이 그렇게 하는 능력을 방해하고 있다. 우리는 이런 현실(아시모프가 암시한 '지식')을 점점 더 인식하고 있지만, 미래를 건강한 방향으로 되돌릴 변화를 만드는 데 필요한 지혜를 모으지 못하고 있다.

이 책을 이 문제에 관한 인식을 높이기 위한 함성이라고 생각하라. 이제 여러분이 현대 세계에서 잠재적으로 해로운 생활방식과 환경적 영향에 주목하고, 이 해로운 영향을 뒤집거나, 줄이거나, 대응하기 위해 어떤 방법으로든 조치를 취할 영감을 받기 바란다. 우리는 더 이상 평소의 사업처럼 행동할 여유가 없다. 카나리아는 크고 분명하고 날카롭게 노래를 불렀다. 이제 그 메시지를 듣고 우리의 유산을 보호하기 위한 조치를 취하는 일은 우리의 몫이다.

우리는 건강습관을 업그레이드하고 우리가 사용하거나 집과 직장에 가져오기로 선택한 물품에 대해 더 신중해질 필요가 있다. 남성이 생활습관을 개선하고 독성 환경영향에 대한 노출을 줄일 때 정자의 수와 품질 문제는 때때로 역전될 수 있다. 여성들은 생식건강의 재설정 버튼을 누를 기회가 많지 않지만, 특히 식습관과 운동 습관 개선으로 종종 생리주기와 배란 패턴의 규칙성을 향상시키고 출산율을 높일 수 있다. 물론 여성들은 자궁에서 아기를 보호하는 데 엄청난 역할을 할 수 있다. 이것은 다음 세대에게 긍정적인 영향을 미칠 수 있다.

또 우리가 다양한 생태계에서 만든 엉망진창인 것들을 치우는 데 집중해야 한다. 종은 상호의존적이므로 한 서식지의 손상을 역전시키는 것은 한 종에서 다른 종으로 긍정적인 영향을 미칠 수 있다.

대표적인 사례를 보자. 2019년 가을 '코럴 가드너스'(환경보호단체)가 자메이카의 '해저 열대우림'과 생명의 눈부신 다양성을 서서히 복구한다는 보고서가 나왔다. 〈워싱턴포스트〉는 "1980년대와 1990년대

자연재해와 인공재해가 여러 차례 발생하자 자메이카는 한때 풍성했던 산호초의 85%를 잃었다. 한편 어획량은 1950년대의 6분의 1로 줄어들어 해산물에 의존하는 가구들은 궁핍해졌다."라고 보도했다. 이제 인간의 양심적인 노력 덕분에 산호와 다양한 열대어 종들이 점차적으로 다시 나타나고 있다. 캘리포니아주 라호이아에 있는 스크립스 해양연구소의 해양생물학자 스튜어트 샌딘(Stuart Sandin)은 "자연에게 기회를 주면 스스로 회복할 수 있다."라고 말했다.

개인적으로 나는 이 말은 인간에게도 그대로 적용된다고 믿는다.

인간의 독창성의 위력을 과소평가하는 것은 실수다. 인간은 우리가 올바른 목표를 설정할 때 놀랄 만큼 회복력이 있고 지략이 풍부한 생물이다. 우리는 과거에 놀라운 상황 호전을 만들었다. 미국의 천연두와 소아마비 퇴치, 1970년 청정공기법 통과 이후 미국 전역의 대기질 개선, 1980년대 이후 오대호 지역에서 가장 오염이 심한 지역의 성공적인 정화와 환경 복원. 1976년에서 1991년 사이에 사람의 혈액에서 납 농도가 78% 감소했는데, 주로 납의 99.8%가 가솔린에서 제거되고 납땜 캔에서 납이 제거되었기 때문이다. 나는 EDC가 생식건강에 미치는 영향에 관해서도 비슷하게 놀라운 반전을 이룰 수 있다고 믿는다.

미국과 전 세계가 필요한 다음 단계를 밟기 위해서는 내분비교란물질의 위험성, 그리고 왜 화학물질을 우리 환경에서 제거하는 것이 중요한지에 관한 정보를 공유해야 한다. 내가 얼마나 많은 사람들이 내분비 장애에 대해 알고 있는지 물었을 때, 놀랍게도 과학 회의에서조차도 손을 드는 사람의 수는 여전히 낙담할 정도로 적다.

이런 정보는 의과대학 교육과정뿐 아니라 중·고등학교 과학 프로그램의 일부로 만들어져야 하며, 또 그렇게 할 수 있다. 이런 유형의 지식 보급으로 인해, 의사는 미래의 어느 시점에 위험성이 발견된 제품과 생활에 관해, 환경 안전성을 평가하는 방법에 관해 최신 내용을 정기적으로 추천할 가능성이 더 커질 것이다.

우리는 생식건강의 중요성, 즉 우리 자신과 자손 그리고 지구의 건강에 대한 인식을 높일 필요가 있다. 슬프게도 생식건강은 의학 연구에서 형편없는 의붓자식이다. NIH(미국 국립보건원)는 암, 당뇨병, 알레르기 및 전염병, 치과 및 두개안면 질환, 심지어 노화 등 다양한 질병의 연구에 자금을 지원하는 27개 기관을 보유하고 있지만 생식의학은 지원하지 않는다. NIH와 가장 가까운 곳에 '국립 아동보건 및 인간개발 연구소'가 있다. 이 연구소는 출산 결함과 모성 사망률에 대한 연구를 지원하지만 정자 감소 연구는 지원하지 않는다.

연구와 지식, 행동의 이러한 격차에도 불구하고, 나는 우리가 인간의 생명을 위협하고 위험에 빠뜨리는 것을 고치는 것이 가능하다고 생각한다. 이것이 그 이유다. 우리는 일상 제품 노출이 호르몬 시스템을 어떻게 손상시킬 수 있는지 이해하는 데 큰 진전을 이루었다. 우리는 이제 태아의 정교한 민감성을 이해한다. 그것은 태아가 태반과 자궁에 의해 보호된다고 믿었을 때에는 꿈에도 생각지 못했던 것이다.

신생아를 포함한 우리 모두는 100가지 이상의 화학물질에 부단히 노출되고 있음을 우리는 안다. 그 화학물질들은 기본적인 생물학을 근본적으로 바꿀 수 있는 능력을 가졌다. 그리고 우리는 화학 규제의 상당 부분을 뒷받침하는 고대의 믿음이 우리를 보호하지 못한다는 것을 알고 있다. 과학적 회의론은 차치하더라도, 나는 우리의 집단적 미래에 대해 조심스럽게 낙관적이다. 그것은 내 의무이기도 하다.

나는 환경이 건강한 아이의 임신·출산 같은 기본적인 기능을 어떻게 방해할 수 있는지, 그리고 우리는 어떻게 우리 자신을 보호할 수 있는지 알아내는 데 내 직업 생활의 대부분을 보냈다. 과거에 나는 다른 과학자들에게 나의 연구 결과에 관해 글을 쓰고 이야기를 나눈 적이 있다. 그러나 불행히도 변화를 가져올 수 있는 사람들이 여전히 내 메시지를 듣지 못하고 있다고 느꼈다. 사실 동료들과 내가 발표한 '2017년 정자 감소 메타 분석'에 관한 관심의 (예상치 못한) 쓰나미는 고무적이었다. 마침내 과학자들, 언론인들, 그리고 대중들이 이 위협을 심각하게 받아들이고 있다는 것을 느꼈다. 그러나 엄청난 관심과 인용도 빠르게 잊힐 수 있다. 왜냐하면 한때의 관심은 다음 흥미로운 과학적 발견으로 옮겨가기 때문이다.

좋은 소식은, 우리가 마침내 인간의 생식건강뿐 아니라 다른 종의 생식건강을 보호하기 위해 필요한 몇 가지 해답을 얻고 있다는 것이다. 이것이 내가 이 책을 쓴 이유이다. 제2차 세계대전 이후 생산된 '1세대' 화학물질은 우리 종이나 지구 건강에 좋지 않은 것이 분명하다. 세계가 시급히 필요로 하는 것은 우리의 건강이나 미래 세대, 다른 종, 그리고 환경 전반을 위협하지 않고 일상 제품에 사용할 수 있는 새로운 세대의 화학물질이다. 이것이 분수령이다. 이 시점에서 우리는 '1%

효과'가 적어도 같은 속도로 계속되는 것을 막기 위해 필요한, 최소한 몇 가지 변화를 일으킬 충분한 데이터와 동기를 가지고 있다.

하지만 아직 답이 없는 질문들이 많다. 정자 감소 데이터를 제시할 때, 나는 종종 질문을 받는다. "이런 일이 얼마나 오래 지속될 수 있는가? 점점 좋아지는가, 나빠지는가? 정자 수는 회복될 수 있을까?"

나는 과학자이자 통계학자로서 추측할 수는 없지만, 과거를 통해 패턴을 찾을 수는 있다. 솔직히 말해서 지금 당장은 쇠퇴가 안정될 징후가 보이지 않는다. 하지만 나는 감소된 정자 수가 회복될 수 있다고 생각한다. 결국 DBCP(디브로모클로로프로판)에 의해 정자가 전멸된 남자들은 살충제 작업을 중단하자 아버지가 되었다. 바로 그것이 고무적인 증거이다. 나는 다른 화학물질에 대한 노출을 피함으로써 비슷한 생식 회복이 이루어질 수 있다고 생각한다.

하지만 내가 갖는 궁극적 질문은, 어떻게 하면 이전 세대의 위험한 노출이 미래 세대의 발달하는 태아에게 전해지는 것을 제한하거나 막을 수 있을까 하는 것이다. 사람들이 자신의 노출에 대해 할 수 있는 것은 상대적으로 쉬운 일이다. 그러나 우리가 어떻게 세대 간 영향을 잠재적으로 제한할 수 있는가 하는 것은 미래 과학의 소재이다. 내 희망은 결국 우리가 그것을 알아내 인류와 행성, 우리의 유산을 다가올 세대들을 위해 보호하는 것이다.

보충자료

Because Health: 더 건강하게 살 수 있도록 더 안전한 요리도구와 그릇, 오염되지 않은 음식, 독성 없는 개인 미용·위생 제품의 구입을 돕는, 과학에 기반한 팁과 가이드를 제공하는 비영리 환경건강 사이트. www.becausehealth.org/

Breast Cancer Prevention Partners: 유방 및 생식건강 보호를 위해 포장식품, 화장품, 기타 일상 제품에서 독성 노출을 줄이기 위한 정보를 제공하는 조직. www.bcpp.org/

CHEM Trust: 위험한 화학물질과 그것이 건강에 미치는 영향에 관한 훌륭한 자료와 유럽의 화학물질 관련 입법 뉴스(REACH 등)를 제공하는 웹 사이트. chemtrust.org/

Environmental Defense Fund: 환경 및 그 개체수(인간 포함)의 건강 보존과 관련된 연구를 촉진하는 선도적이자 세계적인 비영리 단체. www.edf.org/

Environmental Health News: 기후변화, 플라스틱 오염 위기, BPA 등 환경·건강 문제를 전담하는 비영리단체인 환경보건과학의 간행물. www.ehn.org/

Environmental Working Group: 건강과 환경 보호에 헌신하는 비영리 단체. 건강한 소비재(화장품에서 세정 제품까지)와 오염되지 않은 식품(제품 포함)의 선택을 위한, 과학적 근거를 둔 쇼핑 가이드를 제공한다. https://www.ewg.org/ 이 단체는 또한 소비자들이 가장 건강한 선택을 할 수 있도록 돕기 위해 12만 개 이상의 식품과 개인 미용·위생 제품의 등급을 매긴 '건강한 생활 앱(www.ewg.org/apps/)'을 제공한다.

Made Safe: 성분·재료의 엄격한 심사·평가를 거쳐 화장품, 가정용 제품, 의류, 침구 및 기타 제품의 안전한 브랜드를 인증하는 프로그램. 그들의 새로운 '건강한 임신 가이드'

를 확인해 보라. www.madesafe.org/

National Resources Defense Council: 대기, 물, 사람, 동식물을 포함한 지구를 오염, 화학물질 및 기타 독성 영향으로부터 보호하기 위해 일하는 조직. www.nrdc.org/

Program on Reproductive Health and the Environment: 이 프로그램은 샌프란시스코 소재 캘리포니아대학의 후원 하에서 사람들이 일상생활에서 생식 독소에 노출되는 것을 최소화할 수 있는 귀중한 자료를 제공한다. prhe.ucsf.edu/

Safer Chemicals, Healthy Families: 가정, 직장, 학교에서, 그리고 우리가 사용하는 제품에서 가족을 독성 화학물질로부터 보호하기 위해 일하는 조직 및 기업의 연합. saferchemicals.org/

Safer Made: 소비자 제품과 공급망에서 유해 화학물질의 사용을 중단하는 기업과 기술에 투자하는 조직. 이 조직의 뉴스레터는 특정 화학물질을 단계적으로 제거하고 다른 환경 문제에 대한 진전을 강조한다. www.safermade.net/

Silent Spring Institute: 환경 화학물질과 인간의 건강 사이의 연관성을 밝히기 위해 헌신하는 과학 연구 조직. silentspring.org/ 예방적 측면에서 이 단체는 소비자들이 일상 환경에서 독성 화학물질에 대한 노출을 줄일 수 있도록 돕기 위해 무료 모바일 앱 Detox Me(silentspring.org/project/detox-me-mobile-app)를 개발했다.

Toxic Free Future: 환경 위생의 다른 측면을 기반으로 하는 복잡한 과학에 관한 독창적인 연구를 수행하고, 더 건강한 미래를 보장하기 위해 안전한 제품, 안전한 화학물질의 사용 및 안전한 생활을 옹호하는 조직. toxicfreefuture.org/

만약 여러분이 이 책에서 논의한 해로운 환경 노출에 관해 추가로 읽고 싶다면, 다음 책들을 추천한다.

\<Silent Spring\> 1962년 레이첼 카슨 지음. 저자는 곤충뿐 아니라 조류와 어류 개체군, 심지어 아이들까지 대상으로 하여 합성 살충제, 특히 DDT에 의해 야기된 피해를 탐구한다. 이 혁명적인 책은 환경운동에 시동을 걸었으며 DDT 금지를 성취했다.

\<Our Stolen Future: Are We Threatening Our Fertility, Intelligence, and Survival? A Scientific Detective Story\> 1996년 테오 콜본, 다이앤 듀마노스키, 존 피터슨 마이어스의 과학 탐정 이야기로 이 분야의 고전이다. 이 책은 궁극적으로 정부 정책에 영향을 주었고 미국 환경보호국 내에서 연구 및 규제 의제의 개발을 촉진했다.

<Slow Death by Rubber Duck: How the Toxic Chemistry of Everyday Life Affects Our Health> 2009년 릭 스미스와 브루스 루리 지음. 이 책은 일상생활이 어떻게 우리 각자의 내부에 '화학 수프'를 만드는지, 노출을 최소화하기 위해 우리가 무엇을 할 수 있는지를 자세히, 종종 재미있게 볼 수 있는 시각을 제공한다.

<Better Safe Than Sorry: How Consumers Navigate Exposure to Everyday Toxics> 2018년 노라 맥켄드릭 지음. 이 책은 우리가 매일 직면하는 화학적 노출, 그 노출을 둘러싼 정책과 규제, 그리고 소비자들이 어떻게 그것을 피할 수 있는지에 관한 통찰력을 제공한다.

<The Obesogen Effect: Why We Eat Less and Exercise More but Still Struggle to Lose Weight> 2018년 브루스 블룸버그 지음. 이 책은 비만과, 호르몬 시스템을 교란하고 체지방을 만들고 그 저장 방법을 바꾸는 화학물질에 관한 책이다. 이 화학물질들이 어떻게 작용하는지, 어디서 발견되는지, 그 노출을 줄이기 위해 우리가 취할 수 있는 실용적인 방법을 탐구한다.

참고문헌

서문

Levine, H., N. Jørgensen, A. Martino-Andrade, J. Mendiola, D. Weksler-Derri, I. Mindlis, R. Pinotti, and S. H. Swan. "Temporal trends in sperm count: A systematic review and meta-regression analysis." *Human Reproduction Update* 23(6) (November 2017): 646–59. https://www.ncbi.nlm.nih.gov/pmc/articles/PMC6455044/.

제1장 생식 쇼크

Carlsen, E., A. Giwercman, N. Keiding, and N. E. Skakkebaek. "Evidence for decreasing quality of semen during past 50 years." *BMJ* 305(6854) (September 12, 1992): 609–13. https://www.ncbi.nlm.nih.gov/pmc/articles/PMC1883354/.

Levine, H., N. Jørgensen, A. Martino-Andrade, J. Mendiola, D. Weksler-Derri, I. Mindlis, R. Pinotti, and S. H. Swan. "Temporal trends in sperm count: A systematic review and meta-regression analysis." *Human Reproduction Update* 23(6) (November 2017): 646–59. https://www.ncbi.nlm.nih.gov/pmc/articles/PMC6455044/.

Swan, S. H., E. P. Elkin, and L. Fenster. "Have sperm densities declined? A reanalysis of global trend data." *Environmental Health Perspectives* 105(11) (1997): 1228–32. https://www.ncbi.nlm.nih.gov/pmc/articles/PMC1470335/.

————. "The question of declining sperm density revisited: An analysis of 101 studies published 1934–1996." *Environmental Health Perspectives* 108(10) (October 2000): 961–66. https://www.ncbi.nlm.nih.gov/pmc/article/ PMC1240129/.

제2장 허약해진 남성

Capogrosso, P., M. Colicchia, E. Ventimiglia, G. Castagna, M. C. Clementi, N. Suardi, F. Castiglione, A. Briganti, F. Cantiello, R. Damiano, F. Montorsi, and A. Salonia. "One patient out of four with newly diagnosed erectile dysfunction is a young man—worrisome picture from the everyday clinical practice." *Journal of Sexual Medicine* 10(7) (July 2013): 1833–41. https:// onlinelibrary.wiley.com/doi/full/10.1111/jsm.12179.

Centola, G. M., A. Blanchard, J. Demick, S. Li, and M. L. Eisenberg. "Decline in sperm count and motility in young adult men from 2003 to 2013: Observations from a U.S. sperm bank." *Andrology*, January 20, 2016. https://onlinelibrary.wiley.com/doi/full/10.1111/andr.12149.

Daniels, C. *Exposing Men: The Science and Politics of Male Reproduction*. New York: Oxford University Press, 2006.

Daumler, D., P. Chan, K. C. Lo, J. Takefman, and P. Zelkowitz. "Men's knowledge of their own fertility: A population-based survey examining the awareness of factors that are associated with male infertility." *Human Reproduction* 31(12)(December 2016): 2781–90. https://www.ncbi.nlm.nih.gov/pmc/ articles/PMC5193328/.

Dolan, A., T. Lomas, T. Ghobara, and G. Hartshorne. " 'It's like taking a bit of masculinity away from you': Towards a theoretical understanding of men's experiences of infertility." *Sociology of Health & Illness* 39(6) (July 2017): 878–92. https://onlinelibrary .wiley.com/doi/full/10.1111/1467-9566.12548.

Fisch, H., G. Hyun, R. Golden, R. W. Hensle, C. A. Olsson, and G. L. Liberson. "The influence of paternal age on down syndrome." *Journal of Urology* 169(6) (June 2003): 2275–78. https://www.ncbi.nlm.nih.gov/pubmed/12771769.

Goisis, A., H. Remes, P. Martikainen, R. Klemetti, and M. Myrskylä. "Medically assisted reproduction and birth outcomes: A within-family analysis using Finnish population registers." *Lancet* 393(10177) (March 23, 2019): 1225– 32. https://www.ncbi.nlm.nih.gov/pubmed/30655015.

Grand View Research. "Sperm bank market size analysis report by service type(sperm storage, semen analysis, genetic consultation), by donor type (known, anonymous), by end use, and segment forecasts, 2019–2025."

May 2019. https://www.grandviewresearch.com/industry-analysis/sperm-bank-market.

———. "Sperm bank market worth $5.45 billion by 2025." May 2019. https://www.grandviewresearch.com/press-release/global-sperm-bank-market.

Guzick, D. S., J. W. Overstreet, P. Factor-Litvak, C. K. Brazil, S. T. Nakajima, C. Coutifaris, S. A. Carson et al. "Sperm morphology, motility, and concentration in fertile and infertile men." *New England Journal of Medicine* 345(19) (November 8, 2001): 1388–93.

Hsieh, F-I., T-S. Hwang, Y-C. Hsieh, H-C. Lo, C-T. Su, H-S. Hsu, H-Y. Chiou, and C-J. Chen. "Risk of erectile dysfunction induced by arsenic exposure through well water consumption in Taiwan." *Environmental Health Perspectives* 116(4) (April 2008): 532–36. https://www.ncbi.nlm.nih.gov/pmc/articles/PMC2291004/.

Huang, C., B. Li, K. Xu, D. Liu, J. Hu, Y. Yang, H. C. Nie, L. Fan, and W. Zhu. "Decline in semen quality among 30,636 young Chinese men from 2001 to 2015." *Fertility and Sterility* 107(1) (January 2017): 83–88. https://www.fertstert.org/article /S0015-0282(16)62866-2/pdf.

Inhorn, M. C., and P. Patrizio. "Infertility around the globe: New thinking on gender, reproductive technologies and global movements in the 21st century." *Human Reproduction Update* 21(4) (July/August 2015): 411–26. https://academic.oup.com/humupd/article/21/4/411/683746.

Kleinhaus, K., M. Perrin, Y. Friedlander, O. Paltiel, D. Malaspina, and S. Harlap. "Paternal age and spontaneous abortion." *Obstetrics and Gynecology* 108(2)(August 2006): 369–77. https://www.ncbi.nlm.nih.gov/pubmed/16880308.

Marin Fertility Center. "Infertility basics." http://marinfertilitycenter.com/new-getting-started/infertility-basics/.

May, G. "Erectile dysfunction is on the rise among young men and here's why." *Marie Claire*, March 13, 2018. https://www.marieclaire.co.uk/life/sex-and-relationships/erectile-dysfunction-579283.

Oliva, A., A. Giami, and L. Multigner. "Environmental agents and erectile dysfunction: A study in a consulting population." *Journal of Andrology* 23(4) (July–August 2002): 546–50. https://www.ncbi.nlm.nih.gov/pubmed/12065462.

Planned Parenthood. "When do boys start producing sperm?" October 5, 2010. https://www.plannedparenthood.org/learn/teens/ask-experts/when-do-boys-start-producing-sperm.

Rais, A., S. Zarka, E. Derazne, D. Tzur, R. Calderon-Margalit, N. Davidovitch,

A. Afek, R. Carel, and H. Levine. "Varicocoele among 1,300,000 Israeli adolescent males: Time trends and association with body mass index." *Andrology* 1(5) (September 2013): 663–69. https://onlinelibrary.wiley. com/doi/full/10.1111/j.2047-2927.2013.00113.x.

Richard, J., I. Badillo-Amberg, and P. Zelkowitz. " 'So much of this story could be me': Men's use of support in online infertility discussion boards." *American Journal of Men's Health* 11(3) (2017): 663–73. https://journals. sagepub.com/doi/pdf/10.1177/1557988316671460.

Slama, R., J. Bouyer, G. Windham, L. Fenster, A. Werwatz, and S. H. Swan. "Influence of paternal age on the risk of spontaneous abortion." *American Journal of Epidemiology* 161(9) (May 1, 2005): 816–23. https://www.ncbi. nlm.nih.gov/pubmed/15840613.

Smith, J. F., T. J. Walsh, A. W. Shindel, P. J. Turek, H. Wing, L. Pasch, P. P. Katz, and the Infertility Outcomes Project Group. "Sexual, marital, and social impact of a man's perceived infertility diagnosis." *Journal of Sexual Medicine* 6(9) (September 2009): 2505–15. https://www.ncbi.nlm.nih.gov/ pmc/articles/PMC2888139/.

Tiegs, A., J. Landis, N. Garrido, R. Scott, and J. Hotaling. "Total motile sperm count trend over time: Evaluation of semen analyses from 119,972 subfertile men from 2002 to 2017." *Urology* 132 (October 2019): 109–16. https:// www.ncbi.nlm.nih.gov/pubmed/31326545.

제3장 탱고에는 두 사람이 필요하다

Aksglaede, L., K. Sørensen, J. H. Petersen, N. E. Skakkebaek, and A. Juul. "Recent decline in age at breast development: The Copenhagen Puberty Study." *Pediatrics* 123(5) (May 2009): e932–e939. https://www.ncbi.nlm.nih.gov/ pubmed/19403485.

American College of Obstetricians and Gynecologists. "Early pregnancy loss." Practice Bulletin, November 2018. https://www.acog.org/Clinical-Guidance-and-Publications/Practice-Bulletins/Committee-on-Practice-Bulletins-Gynecology/Early-Pregnancy-Loss.

———. "Female age-related fertility decline." Committee Opinion, March 2014. https://www.acog.org/Clinical-Guidance-and-Publications/Committee-Opinions/Committee-on-Gynecologic-Practice/Female-Age-Related-Fertility-Decline.

American Psychological Association. "The risks of earlier puberty." March 2016. https://www.apa.org/monitor/2016/03/puberty.

"Ava International Fertility & TTC 2017 Report." Press release, September 13, 2017. https://3xwa2438796x1hj4o4m8vrk1-wpengine.netdna-ssl.com/wp-content/uploads/2017/09/Ava-Fertility-Survey-Press-Release.pdf.

Balasch, J. "Ageing and infertility: An overview." *Gynecological Endocrinology* 26(12) (December 2010): 855–60. https://www.ncbi.nlm.nih.gov/pubmed/20642380.

Bjelland, E. K., S. Hofvind, L. Byberg, and A. Eskild. "The relation of age at menarche with age at natural menopause: A population study of 336,788 women in Norway." *Human Reproduction* 33(6) (June 1, 2018): 1149–57. https://www.ncbi.nlm.nih.gov/pmc/articles/PMC5972645/.

BMJ Best Practice. "Precocious puberty." Last reviewed February 2020. https://bestpractice.bmj.com/topics/en-us/1127.

Bretherick, K. L., N. Fairbrother, L. Avila, S. H. Harbord, and W. P. Robinson. "Fertility and aging: Do reproductive-aged Canadian women know what they need to know?" *Fertility and Sterility* 93(7) (May 2010): 2162–68. https://www.ncbi.nlm.nih.gov/pubmed/19296943.

Brix, N., A. Ernst, L. L. B. Lauridsen, E. Parner, H. Støvring, J. Olsen, T. B. Henriksen, and C. H. Ramlau-Hansen. "Timing of puberty in boys and girls: A population-based study." *Paediatric and Perinatal Epidemiology* 33(1) (January 2019): 70–78. https://www.ncbi.nlm.nih.gov/pmc/articles/PMC6378593/.

Cedars, M. I., S. E. Taymans, L. V. DePaolo, L. Warner, S. B. Moss, and M. Eisenberg. "The sixth vital sign: What reproduction tells us about overall health. Proceedings from a NICHD/CDC workshop." *Human Reproduction Open*, 2017, 1–8. https://urology.stanford.edu/content/dam/sm/urology/JJimages/publications/The-sixth-vital-sign-what-reproduction-tells-us-about-overall-health-Proceedings-from-a-NICHD-CDC-workshop.pdf.

Devine, K., S. L. Mumford, M. Wu, A. H. DeCherney, M. J. Hill, and A. Propst. "Diminished ovarian reserve (DOR) in the US ART population: Diagnostic trends among 181,536 cycles from the Society for Assisted Reproductive Technology Clinic Outcomes Reporting System (SART CORS)." *Fertility and Sterility* 104(3) (September 2015): 612–19. https://www.ncbi.nlm.nih.gov/pmc/articles/PMC4560955/.

Gleicher, N., V. A. Kushnir, A. Weghofer, and D. H. Barad. "The 'graying' of infertility services: An impending revolution nobody is ready for." *Reproductive Biology and Endocrinology* 12 (2014): 63. https://www.ncbi.nlm.nih.gov/pmc/articles/PMC4105876/.

Gossett, D. R., S. Nayak, S. Bhatt, and S. C. Bailey. "What do healthy women know about the consequences of delayed childbearing?" *Journal of Health Communication* 18(Suppl 1) (December 2013): 118–28. https://www. ncbi.nlm.nih.gov/pmc/articles/PMC3814907/.

Grand View Research. "Assisted reproductive technology (ART) market size, share & trends analysis report by type (IVF, others), by end use (hospitals, fertility clinics), by procedures and segment forecasts, 2018–2025." May 2018. https://www.grandviewresearch.com/industry-analysis/assisted-reproductive-technology-market.

Harrington, R. "Elective human egg freezing on the rise." *Scientific American*, February 18, 2015. https://www.scientificamerican.com/article/elective-human-egg-freezing-on-the-rise/.

Hayden, E. C. "Cursed Royal Blood: Was Henry VIII to blame for his wives' many miscarriages?" *Slate*, May 15, 2013. https://slate.com/technology/2013/05/henry-viii-wives-and-children-were-kell-proteins-to-blame-for-many-miscarriages.html.

Herman-Giddens, M. E., E. J. Slora, R. C. Wasserman, C. J. Bourdony, M. V. Bhapkar, G. G. Koch, and C. M. Hasemeier. "Secondary sexual characteristics and menses in young girls seen in office practice: A study from the pediatric research in office settings network." *Pediatrics* 99(4) (April 1997): 505–12. https://www.ncbi.nlm.nih.gov/pubmed/9093289.

Hosokawa, M., S. Imazeki, H. Mizunuma, T. Kubota, and K. Hayashi. "Secular trends in age at menarche and time to establish regular menstrual cycling in Japanese women born between 1930 and 1985." *BMC Womens Health* 12(19) (2012). https://www.ncbi.nlm.nih.gov/pmc/articles/PMC3434095/.

Hunter, A., L. Tussis, and A. MacBeth. "The presence of anxiety, depression and stress in women and their partners during pregnancies following perinatal loss: A meta-analysis." *Journal of Affective Disorders* 223 (December 2017): 153–64. https://www.ncbi.nlm.nih.gov/pubmed/28755623.

InterLACE Study Team. "Variations in reproductive events across life: A pooled analysis of data from 505,147 women across 10 countries." *Human Reproduction* 34(5) (March 2019): 881–93. https://www.ncbi.nlm.nih.gov/pubmed/30835788.

Jayasena, C. N., U. K. Radia, M. Figueiredo, L. F. Revill, A. Dimakopoulou, M. Osagie, W. Vessey, L. Regan, R. Rai, and W. S. Dhillo. "Reduced testicular steroidogenesis and increased semen oxidative stress in male partners as novel markers of recurrent miscarriage." *Clinical Chemistry* 65(1) (2019): 161–69. https://www.ncbi.nlm.nih.gov/pubmed/30602480.

Jensen, M. B., L. Priskorn, T. K. Jensen, A. Juul, and N. E. Skakkebaek. "Temporal trends in fertility rates: A nationwide registry based study from 1901 to 2014." *PLoS One* 10(12) (2015): e0143722. https://www.ncbi.nlm.nih.gov/pmc/articles/PMC4668020/.

Kinsey, C. B., K. Baptiste-Roberts, J. Zhu, and K. H. Kjerulff. "Effect of previous miscarriage on depressive symptoms during subsequent pregnancy and postpartum in the first baby study." *Maternal and Child Health Journal* 19(2) (February 2015): 391–400. https://www.ncbi.nlm.nih.gov/pmc/articles/PMC4256135/.

Kolte, A. M., L. R. Olsen, E. M. Mikkelsen, O. B. Christiansen, and H. S. Nielsen. "Depression and emotional stress is highly prevalent among women with recurrent pregnancy loss." *Human Reproduction* 30(4) (April 2015): 777–82. https://www.ncbi.nlm.nih.gov/pmc/articles/PMC4359400/.

Kudesia, R., E. Chernyak, and B. McAvey. "Low fertility awareness in United States reproductive-aged women and medical trainees: Creation and validation of the Fertility & Infertility Treatment Knowledge Score (FIT-KS)." *Fertility and Sterility* 108(4) (October 2017): 711–17. https://www.ncbi.nlm.nih.gov/pubmed/28911930.

Lundsberg, L. S., L. Pal, A. M. Gariepy, X. Xu, M. C. Chu, and J. L. Illuzzi. "Knowledge, attitudes, and practices regarding conception and fertility: A population-based survey among reproductive-age United States women." *Fertility and Sterility* 101(3) (March 2014): 767–74. https://www.ncbi.nlm.nih.gov/pubmed/24484995.

Matthews, T. J., and B. E. Hamilton. "Total fertility rates by state and race and Hispanic origin: United States, 2017." *National Vital Statistics Reports* 68(1) (January 2019): 1–11. https://www.ncbi.nlm.nih.gov/pubmed/30707671.

Menasha, J., B. Levy, K. Hirschhorn, and N. B. Kardon. "Incidence and spectrum of chromosome abnormalities in spontaneous abortions: New insights from a 12-year study." *Genetics in Medicine* 7(4) (April 2005): 251–63. https://www.ncbi.nlm.nih.gov/pubmed/15834243.

Mendle, J., E. Turkheimer, and R. E. Emery. "Detrimental psychological outcomes associated with early pubertal timing in adolescent girls." *Developmental Review* 27(2) (June 2007): 151–71. https://www.ncbi.nlm.nih.gov/pmc/articles/PMC2927128/.

Obama, M. *Becoming.* New York: Crown, 2018.

O'Connor, K. A., D. J. Holman, and J. W. Wood. "Declining fecundity and ovarian ageing in natural fertility populations." *Maturitas* 30 (2) (October 1998): 127–36. https://www.ncbi.nlm.nih.gov/pubmed/9871907.

Paris, K., and A. Aris. "Endometriosis-associated infertility: A decade's trend study of women from the Estrie region of Quebec, Canada." *Gynecological Endocrinology* 26(11) (November 2010): 838–42. https://www.ncbi.nlm. nih.gov/pubmed/20486880.

Perkins, K. M., S. L. Boulet, D. J. Jamieson, D. M. Kissin; National Assisted Reproductive Technology Surveillance System Group. "Trends and outcomes of gestational surrogacy in the United States." *Fertility and Sterility* 106(2) (August 2016): 435–42. https://www.ncbi.nlm.nih.gov/ pubmed/27087401.

Practice Committee of the American Society for Reproductive Medicine. "Testing and interpreting measures of ovarian reserve: A committee opinion." *Fertility and Sterility* 103(3) (March 2015): e9–e17. https://www.fertstert. org/article/S0015-0282(14)02518-7/pdf.

Pylyp, L. Y., L. O. Spynenko, N. V. Verhoglyad, A. O. Mishenko, D. O. Mykytenko, and V. D. Zukin. "Chromosomal abnormalities in products of conception of first-trimester miscarriages detected by conventional cytogenetic analysis: A review of 1,000 cases." *Journal of Assisted Reproduction and Genetics* 35(2) (February 2018): 265–71. https://www.ncbi.nlm.nih.gov/pmc/articles/ PMC5845039/.

Roepke, E. R., L. Matthiesen, R. Rylance, and O. B. Christiansen. "Is the incidence of recurrent pregnancy loss increasing? A retrospective register-based study in Sweden." *Acta Obstetricia et Gynecolgica Scandinavica* 96(11) (November 2017): 1365–72. https://obgyn.onlinelibrary.wiley.com/doi/ full/10.1111/aogs.13210.

Rossen, L. M., K. A. Ahrens, and A. M. Branum. "Trends in risk of pregnancy loss among US women, 1990–2011." *Paediatric and Perinatal Epidemiology* 32 (1) (January 2018): 19–29. https://www.ncbi.nlm.nih.gov/pmc/articles/ PMC5771868/.

Swan, S. H., I. Hertz-Picciotto, A. Chandra, and E. H. Stephen. "Reasons for infecundity." *Family Planning Perspectives* 31(3) (May–June 1999): 156–57. https://www.jstor.org/stable/2991707?seq=1.

Swift, B. E., and K. E. Liu. "The effect of age, ethnicity, and level of education on fertility awareness and duration of infertility." *Journal of Obstetrics and Gynaecology Canada* 36(11) (November 2014): 990–96. https://www. ncbi.nlm.nih.gov/pubmed/25574676.

Tavoli, Z., M. Mohammadi, A. Tavoli, A. Moini, M. Effatpanah, L. Khedmat, and A. Montazeri. "Quality of life and psychological distress in women with recurrent miscarriage: A comparative study." *Health and Quality of Life Outcomes*, July 2018. https://www.ncbi.nlm.nih.gov/pmc/articles/

PMC6064101/.

Thomas, H. N., M. Hamm, R. Hess, S. Borreoro, and R. C. Thurston. "'I want to feel like I used to feel': A qualitative study of causes of low libido in postmenopausal women." *Menopause* 27(3) (March 2020): 289–94. https://www.ncbi.nlm.nih.gov/pubmed/31834161.

WebMD. "What is a normal period?" https://www.webmd.com/women/normal-period.

Wilcox, A. J., C. R. Weinberg, J. F. O'Connor, D. D. Baird, J. P. Schlatterer, R. E. Canfield, E. G. Armstrong, and B. C. Nisula. "Incidence of early loss of pregnancy." *New England Journal of Medicine* 319(4) (July 28, 1988): 189–94. https://www.ncbi.nlm.nih.gov/pubmed/3393170.

World Bank. "Fertility rate, total (births per woman)—United States." https://data.worldbank.org/indicator/SP.DYN.TFRT.IN?locations=US.

Worsley, R., R. J. Bell, P. Gartoulla, and S. R. Davis. "Prevalence and predictors of low sexual desire, sexually related personal distress, and hypoactive sexual desire dysfunction in a community-based sample of midlife women." *Journal of Sexual Medicine* 14(5) (May 2017): 675–86. https://www.jsm.jsexmed.org/article/S1743-6095(17)30418-6/fulltext.

Yu, L., B. Peterson, M. C. Inhorn, J. K. Boehm, and P. Patrizio. "Knowledge, attitudes, and intentions toward fertility awareness and oocyte cryopreservation among obstetrics and gynecology resident physicians." *Human Reproduction* 31(2) (February 2016): 402–11. https://www.ncbi.nlm.nih.gov/pubmed/26677956.

제4장 성의 유동성

Airton, L. *Gender: Your Guide*. Avon, MA: Adams Media, 2018.

American Psychological Association. "Answers to your questions about individuals with intersex conditions." https://www.apa.org/topics/lgbt/intersex.pdf.

Bejerot, S., M. B. Humble, and A. Gardner. "Endocrine disruptors, the increase of autism spectrum disorder and its comorbidity with gender identity disorder—a hypothetical association." *International Journal of Andrology* 34(5 pt. 2) (October 2011): e350. https://onlinelibrary.wiley.com/doi/full/10.1111/j.1365-2605.2011.01149.x.

Berenbaum, S. A. "Beyond pink and blue: The complexity of early androgen effects on gender development." *Child Development Perspectives* 12(1) (March 2018): 58–64. https://www.ncbi.nlm.nih.gov/pmc/articles/

PMC5935256/.

Berenbaum, S. A., and E. Snyder. "Early hormonal influences on childhood sex-typed activity and playmate preferences: Implications for the development of sexual orientation." *Developmental Psychology* 3(1) (1995): 31–42. https://psycnet.apa.org/doiLanding?doi=10.1037%2F0012-1649.31.1.31.

Children's National. "Pediatric differences in sex development." https://childrensnational.org/visit/conditions-and-treatments/diabetes-hormonal-disorders/differences-in-sex-development.

Dastagir, A. E. " 'Born this way'? It's way more complicated than that." *USA Today*, June 15, 2017. https://www.usatoday.com/story/news/2017/06/16/born-way-many-lgbt-community-its-way-more-complex/395035001/.

Ehrensaft, D. Gender Born, *Gender Made: Raising Healthy Gender-Nonconforming Children*. New York: Experiment, 2011.

Gaspari, L., F. Paris, C. Jandel, N. Kalfa, M. Orsini, J. P. Daurès, and C. Sultan. "Prenatal environmental risk factors for genital malformations in a population of 1,442 French male newborns: A nested case-control study." *Human reproduction* 26(11) (November 2011): 3155–62. https://www.ncbi.nlm.nih.gov/pubmed/21868402.

Glidden, D., W. P. Bouman, B. A. Jones, and J. Arcelus. "Gender dysphoria and autism spectrum disorder: A systematic review of the literature." *Sexual Medicine Reviews* 4(1) (January 2016): 3–14. https://www.ncbi.nlm.nih.gov/pubmed/27872002.

Hadhazy, A. "What makes Michael Phelps so good?" *Scientific American*, August 18, 2008. https://www.scientificamerican.com/article/what-makes-michael-phelps-so-good1/.

Hedaya, R. J. "The dissolution of gender: The role of hormones." *Psychology Today*, February 13, 2019. https://www.psychologytoday.com/us/blog/health-matters/201902/the-dissolution-gender.

Intersex Society of North America. "How common is intersex?" http://www.isna.org/faq/frequency.

———. "What is intersex?" http://www.isna.org/faq/what_is_intersex.

Ives, M. "Sprinter Dutee Chand Becomes India's First Openly Gay Athlete." *New York Times*, May 20, 2019. https://www.nytimes.com/2019/05/20/world/asia/india-dutee-chand-gay.html.

Katwala, A. "The controversial science behind the Caster Semenya verdict." *Wired*, May 1, 2019. https://www.wired.co.uk/article/caster-semenya-testosterone-ruling-gender-science-analysis.

Kazemian, L. "Desistance." *Oxford Bibliographies*. Last reviewed April 21,

2017. https://www.oxfordbibliographies.com/view/document/obo-9780195396607/obo-9780195396607-0056.xml.

Keating, S. "Gender dysphoria isn't a 'social contagion,' according to a new study." *BuzzFeed News*, April 22, 2019. https://www.buzzfeednews.com/article/shannonkeating/rapid-onset-gender-dysphoria-flawed-methods-transgender.

Lehrman, S. "When a person is neither XX nor XY: A Q & A with geneticist Eric Vilain." *Scientific American*, May 30, 2007. https://www.scientificamerican.com/article/q-a-mixed-sex-biology/.

Littman, L. "Parent reports of adolescents and young adults perceived to show signs of a rapid onset of gender dysphoria." *PLoS One* 13(8) (August 16, 2018): e0202330. https://journals.plos.org/plosone/article?id=10.1371/journal.pone.0202330.

Magliozzi, D., A. Saperstein, and L. Westbrook. "Scaling up: Representing gender diversity in survey research." *Socius: Sociological Research for a Dynamic World*, August 19, 2016. https://journals.sagepub.com/doi/10.1177/2378023116664352.

Mukherjee, S. *The Gene: An Intimate History*. New York: Scribner, 2016.

Nakagami, A., T. Negishi, K. Kawasaki, N. Imai, Y. Nishida, T. Ihara, Y. Kuroda, Y. Yoshikawa, and T. Koyama. "Alterations in male infant behaviors towards its mother by prenatal exposure to bisphenol A in cynomolgus monkeys (Macaca fascicularis) during early suckling period." *Psychoneuroendocrinology* 34(8) (2009): 1189–97. https://www.ncbi.nlm.nih.gov/pubmed/19345509.

Newhook, J. T., J. Pyne, K. Winters, S. Feder, C. Holmes, J. Tosh, M-L Sinnott, A. Jamieson, and S. Pickett. "A critical commentary on follow-up studies and 'desistance' theories about transgender and gender-nonconforming children." *International Journal of Transgenderism* 19(2) (2018): 212–24. https://www.tandfonline.com/doi/abs/10.1080/15532739.2018.1456390.

Newport, F. "In U.S., estimate of LGBT population rises to 4.5%." Gallup, May 22, 2018. https://news.gallup.com/poll/234863/estimate-lgbt-population-rises.aspx.

Padawer, R. "The humiliating practice of sex-testing female athletes." *New York Times*, June 28, 2016. https://www.nytimes.com/2016/07/03/magazine/the-humiliating-practice-of-sex-testing-female-athletes.html?_r=0.

Pasterski, V. L., M. E. Geffner, C. Brain, P. Hindmarsh, C. Brook, and M. Hines. "Prenatal hormones and postnatal socialization by parents as determinants of male-typical toy play in girls with congenital adrenal hyperplasia." *Child*

Development 76(1) (January–February 2005): 264–78. https://www.ncbi.
nlm.nih.gov/pubmed/15693771.

Restar, A. J. "Methodological critique of Littman's (2018) parental-respondents
accounts of 'rapid-onset gender dysphoria.' " *Archives of Sexual Behavior*
49(2020): 61–66. https://link.springer.com/article/10.1007/s10508-019-
1453-2.

Rich, A. L., L. M. Phipps, S. Tiwari, H. Rudraraju, and P. O. Dokpesi. "The
increasing prevalence in intersex variation from toxicological dysregulation
in fetal reproductive tissue differentiation and development by
endocrinedisrupting chemicals." *Environmental Health Insights* 10 (2016):
163–71. https://www.ncbi.nlm.nih.gov/pmc/articles/PMC5017538/.

Saguy, A. C., J. A. Williams, R. Dembroff, and D. Wodak. "We should all use
they/them pronouns . . . eventually." *Scientific American*, May 30, 2019.
https://blogs.scientificamerican.com/voices/we-should-all-use-they-them-
pronouns-eventually/.

Saperstein, A. "State of the Union 2018: Gender identification." *Stanford Center
on Poverty and Inequality*. https://inequality.stanford.edu/sites/default/
files/Pathways_SOTU_2018_gender-ID.pdf.

"Swiss court blocks Semenya from 800 at worlds." Associated Press, July 30,
2019. https://www.espn.com/olympics/trackandfield/story/_/id/27288611/
swiss-court-blocks-semenya-800-worlds.

Tobia, J. *Sissy: A Coming-of-Gender Story*. New York: Putnam, 2019.

Vandenbergh, J. G., and C. L. Huggett. "The anogenital distance index, a
predictor of the intrauterine position effects on reproduction in female
house mice." *Laboratory Animal Science* 45(5) (October 1995): 567–73.
https://www.ncbi.nlm.nih.gov/pubmed/8569159.

"What is congenital adrenal hyperplasia?" You and Your Hormones. https://
www.yourhormones.info/endocrine-conditions/congenital-adrenal-
hyperplasia/.

제5장 취약한 윈도

Axelsson J., S. Sabra, L. Rylander, A. Rignell-Hydbom, C. H. Lindh, and A.
Giwercman. "Association between paternal smoking at the time of
pregnancy and the semen quality in sons." *PLoS ONE* 13(11) (November
21, 2018): e0207221. https://www.ncbi.nlm.nih.gov/pmc/articles/
PMC6248964/.

Bell, M. R., L. M. Thompson, K. Rodriguez, and A. C. Gore. "Two-hit exposure to polychlorinated biphenyls at gestational and juvenile life stages: 1. Sexually dimorphic effects on social and anxiety-like behaviors." *Hormones and Behavior* 78 (February 2016): 168–77. https://www.ncbi.nlm.nih.gov/pubmed/26592453.

Binder, A. M., C. Corvalan, A. Pereira, A. M. Calafat, X. Ye, J. Shepherd, and K. B. Michels. "Prepubertal and pubertal endocrine-disrupting chemical exposure and breast density among Chilean adolescents." *Cancer Epidemiology, Biomarkers & Prevention* 27(12) (December 2018): 1491–99. https://www.ncbi.nlm.nih.gov/pmc/articles/PMC6541222/.

Bräuner, E. V., D. A. Doherty, J. E. Dickinson, D. J. Handelsman, M. Hickey, N. E. Skakkebaek, A. Juul, and R. Hart. "The association between in-utero exposure to stressful life events during pregnancy and male reproductive function in a cohort of 20-year-old offspring: The Raine Study." *Human Reproduction* 34(7) (July 8, 2019): 1345–55. https://www.ncbi.nlm.nih.gov/pubmed/31143949.

Dees, W. L., J. K. Hiney, and V. K. Srivastava. "Alcohol and puberty." *Alcohol Research* 38(2) (2017): 277–82. https://www.ncbi.nlm.nih.gov/pmc/articles/PMC5513690/.

Dranow, D. B., R. P. Tucker, and B. W. Draper. "Germ cells are required to maintain a stable sexual phenotype in adult zebrafish." *Developmental Biology* 376:43–50. http://thenode.biologists.com/sex-reversal-in-adult-fish/research/.

Durmaz, E., E. N. Ozmert, P. Erkekoglu, B. Giray, O. Derman, F. Hincal, and K. Yurdakök. "Plasma phthalate levels in pubertal gynecomastia." *Pediatrics* 125(1)(January 2010): e122–e129. https://www.ncbi.nlm.nih.gov/pubmed/20008419.

Edwards, A., A. Megens, M. Peek, and E. M. Wallace. "Sexual origins of placental dysfunction." *Lancet* 355(9199) (January 15, 2000): 203–4. www.thelancet.com/journals/lancet/article/PIIS0140-6736(99)05061-8/fulltext.

Eriksson, J. G., E. Kajantie, C. Osmond, K. Thornburg, and D. J. P. Barker. "Boys live dangerously in the womb." *American Journal of Human Biology* 22(3) (2010): 330–35. https://www.ncbi.nlm.nih.gov/pmc/articles/PMC3923652/pdf/nihms240904.pdf.

"5 crazy things doctors used to tell pregnant women." Kodiak Birth and Wellness, November 9, 2016. http://birthgoals.com/blog/2016/7/25/5-surprising-things-doctors-used-to-tell-pregnant-women.

Gray, L. E., Jr., V. S. Wilson, T. E. Stoker, C. R. Lambright, J. R. Furr, N. C. Noriega, P. C. Hartig et al. "Environmental androgens and antiandrogens: An expanding

chemical universe." EPA Home, Science Inventory, 2004, 313–45. https://
cfpub.epa.gov/si/si_public_record_report.cfm?dirEntryId=104084&Lab=NH
EERL.

Grech, V. "Terrorist attacks and the male-to-female ratio at birth: The Troubles in
Northern Ireland, the Rodney King riots, and the Breivik and Sandy Hook
shootings." *Early Human Development* 91(12) (December 2015): 837–40.
www.ncbi.nlm.nih.gov/pubmed/26525896.

Hill, M. A. "Timeline human development." Embryology. https://embryology.
med.unsw.edu.au/embryology/index.php/Timeline_human_development.

Lund, L., M. C. Engebjerg, L. Pedersen, V. Ehrenstein, M. Nørgaard, and H. T.
Sørensen. "Prevalence of hypospadias in Danish boys: A longitudinal
study, 1977–2005." *European Urology* 55(5) (May 2009): 1022–26. https://
www.ncbi.nlm.nih.gov/pubmed/19155122.

MacLeod, D. J., R. M. Sharpe, M. Welsh, M. Fisken, H. M. Scott, G .R. Hutchison, A.
J. Drake, and S. van den Driesche. "Androgen action in the masculinization
programming window and development of male reproductive organs."
International Journal of Andrology 33(2) (April 2010): 279–87. https://
www.ncbi.nlm.nih.gov/pubmed/20002220.

Martino-Andrade, A. J., F. Liu, S. Sathyanarayana, E. S. Barrett, J. B. Redmon, R.
H. Nguyen, H. Levine, S. H. Swan, and the TIDES Study Team. "Timing
of prenatal phthalate exposure in relation to genital endpoints in male
newborns." *Andrology* 4(4) (July 2016): 585–93. https://www.ncbi.nlm.
nih.gov/pubmed/27062102.

Masukume, G., S. M. O'Neill, A. S. Khashan, L. C. Kenny, and V. Grech. "The
terrorist attacks and the human live birth sex ratio: A systematic review and
meta-analysis." *Acta Medica* 60(2) (2017): 59–65. https://actamedica.lfhk.
cuni.cz/media/pdf/am_2017060020059.pdf.

Mínguez-Alarcón, L., I. Souter, Y-H. Chiu, P. L. Williams, J. B. Ford, A. Ye, A.
M. Calafat, and R. Hauser. "Urinary concentrations of cyclohexane-1,2-
dicarboxylic acid monohydroxy isononyl ester, a metabolite of the non-
phthalate plasticizer di(isononyl)cyclohexane-1,2-dicarboxylate (DINCH),
and markers of ovarian response among women attending a fertility
center." Environmental Research 151 (November 2016): 595–600. https://
www.ncbi.nlm.nih.gov/pmc/articles/PMC5071161/.

National Cancer Institute. "Diethylstilbestrol (DES) and cancer." Reviewed
October 5, 2011. https://www.cancer.gov/about-cancer/causes-prevention/
risk/hormones/des-fact-sheet.

Nordenvall, A. S., L. Frisén, A. Nordenström, P. Lichtenstein, and A. Nordenskjöld.

"Population based nationwide study of hypospadias in Sweden, 1973 to 2009: Incidence and risk factors." *Journal of Urology* 191(3) (March 2014): 783–89. https://www.ncbi.nlm.nih.gov/pubmed/24096117.

Olson, E. R. "Why are 250 million sperm cells released during sex?" LiveScience, January 24, 2013. https://www.livescience.com/32437-why-are-250-million-sperm-cells-released-during-sex.html.

Pasterski, V., C. L. Acerini, D. B. Dunger, K. K. Ong, I. A. Hughes, A. Thankamony, and M. Hines. "Postnatal penile growth concurrent with mini-puberty predicts later sex-typed play behavior: Evidence for neurobehavioral effects of the postnatal androgen surge in typically developing boys." *Hormones and Behavior* 69 (March 2015): 98–105. https://www.ncbi.nlm.nih.gov/pubmed/25597916.

Pennisi, E. "Why women's bodies abort males during tough times." Science, December 11, 2014. https://www.sciencemag.org/news/2014/12/why-women-s-bodies-abort-males-during-tough-times.

Roy, P., A. Kumar, I. R. Kaur, and M. M. Faridi. "Gender differences in outcomes of low birth weight and preterm neonates: The male disadvantage." *Journal of Tropical Pediatrics* 60(6) (December 2014): 480–81. https://www.ncbi.nlm.nih.gov/pubmed/25096219.

SexInfoOnline. "Sex determination and differentiation." Last updated November 3, 2016. http://www.soc.ucsb.edu/sexinfo/article/sex-determination-and-differentiation.

Skakkebaek, N. E., E. Rajpert–De Meyts, G. M. Buck Louis, J. Toppari, A. M. Andersson, M. L. Eisenberg, T. K. Jensen. "Male reproductive disorders and fertility trends: Influences of environment and genetic susceptibility." *Physiological Reviews* 96(1) (January 2016): 55–97. https://www.ncbi.nlm.nih.gov/pmc/articles/PMC4698396/.

Swan, S. H., K. M. Main, F. Liu, S. L. Stewart, R. L. Kruse, A. M. Calafat, C. S. Mao et al. "Decrease in anogenital distance among male infants with prenatal phthalate exposure." *Environmental Health Perspectives* 113(8) (2005): 1056–61. https://www.ncbi.nlm.nih.gov/pmc/articles/PMC1280349/.

Wu, Y., G. Zhong, S. Chen, C. Zheng, D. Liao, and M. Xie. "Polycystic ovary syndrome is associated with anogenital distance, a marker of prenatal androgen exposure." *Human Reproduction* 32(4) (April 1, 2017): 937–43. https://www.ncbi.nlm.nih.gov/pubmed/28333243.

제6장 정자를 지켜라

Afeiche, M., A. J. Gaskins, P. L. Williams, T. L. Toth, D. L. Wright, C. Tanrikut, R. Hauser, and J. E. Chavarro. "Processed meat intake is unfavorably and fish intake favorably associated with semen quality indicators among men attending a fertility clinic." *Journal of Nutrition* 144(7) (July 2014): 1091–98. https://www.ncbi.nlm.nih.gov/pmc/articles/PMC4056648/.

Afeiche, M. C., P. L. Williams, A. J. Gaskins, J. Mendiola, N. Jørgensen, S. H. Swan, and J. E. Chavarro. "Meat intake and reproductive parameters among young men." *Epidemiology* 25(3) (May 2014): 323–30. https://www.ncbi.nlm.nih.gov/pmc/articles/PMC4180710/.

Afeiche, M., P. L. Williams, J. Mendiola, A. J. Gaskins, N. Jørgensen, S. H. Swan, and J. E. Chavarro. "Dairy food intake in relation to semen quality and eproductive hormone levels among physically active young men." *Human Reproduction* 28(8) (August 2013): 2265–75. https://www.ncbi.nlm.nih.gov/pmc/articles/PMC3712661/.

American Academy of Orthopaedic Surgeons. "Female athlete triad: Problems caused by extreme exercise and dieting." Last reviewed June 2016. https://orthoinfo.aaos.org/en/diseases—conditions/female-athlete-triad-problems-caused-by-extreme-exercise-and-dieting/.

American Society for Reproductive Medicine. "Third-party reproduction: A guide for patients." Revised 2017. https://www.reproductivefacts.org/globalassets/rf/news-and-publications/bookletsfact-sheets/english-fact-sheets-and-info-booklets/third-party_reproduction_booklet_web.pdf.

Bae, J., S. Park, and J-W. Kwon. "Factors associated with menstrual cycle irregularity and menopause." *BMC Women's Health* 18(2018): 36. https://www.ncbi.nlm.nih.gov/pmc/articles/PMC5801702/.

Balsells, M., A. García-Patterson, and R. Corcov. "Systematic review and meta-analysis on the association of prepregnancy underweight and miscarriage." *European Journal of Obstetrics, Gynecology, and Reproductive Biology* 207 (December 2016): 73–79. https://www.ncbi.nlm.nih.gov/pubmed/27825031.

Banihani, S. A. "Effect of paracetamol on semen quality." *Andrologia* 50(1) (February 2018). https://www.ncbi.nlm.nih.gov/pubmed/28752572.

California Cryobank. "Sperm donor requirements." http://www.spermbank.com/how-it-works/sperm-donor-requirements.

Carlsen, E., A. M. Andersson, J. H. Petersen, and N. E. Skakkebaek. "History of febrile illness and variation in semen quality." *Human Reproduction*

18(10)(October 2003): 2089–92. https://www.ncbi.nlm.nih.gov/pubmed/14507826.

Carroll, K., A. M. Pottinger, S. Wynter, and V. DaCosta. "Marijuana use and its influence on sperm morphology and motility: Identified risk for fertility among Jamaican men." *Andrology* 8(1) (January 2020): 136–42. https://www.ncbi.nlm.nih.gov/pubmed/31267718.

Casilla-Lennon, M. M., S. Meltzer-Brody, and A. Z. Steiner. "The effect of antidepressants on fertility." *American Journal of Obstetrics and Gynecology* 215(3) (September 2016): 314.e1–314.e5. doi:10.1016/j.ajog.2016.01.170. https://www.ncbi.nlm.nih.gov/pmc/articles/PMC4965341/.

Cavalcante, M. B., M. Sarno, A. B. Peixoto, E. Araujo Júnior, and R. Barini. "Obesity and recurrent miscarriage: A systematic review and meta-analysis." *Journal of Obstetrics and Gynaecology Research* 45(1) (January 2019): 30–38. https://www.ncbi.nlm.nih.gov/pubmed/30156037.

Centers for Disease Control and Prevention. "Antidepressant use among persons aged 12 and over: United States, 2011–2014." August 2017. https://www.cdc.gov/nchs/products/databriefs/db283.htm.

———. "Prevalence of obesity among adults and youth: United States, 2015–2016." NCHS Data Brief No. 288, October 2017. https://www.cdc.gov/nchs/products/databriefs/db288.htm.

———. "Smoking is down, but almost 38 million American adults still smoke." January 18, 2018. https://www.cdc.gov/media/releases/2018/p0118-smoking-rates-declining.html.

———. "Trends in meeting the 2008 physical activity guidelines, 2008–2018 percentage." https://www.cdc.gov/physicalactivity/downloads/trends-in-the-prevalence-of-physical-activity-508.pdf.

Chiu, Y. H., M. C. Afeiche, A. J. Gaskins, P. L. Williams, J. Mendiola, N. Jørgensen, S. H. Swan, and J. E. Chavarro. "Sugar-sweetened beverage intake in relation to semen quality and reproductive hormone levels in young men." *Human Reproduction* 29(7) (July 2014): 1575–84. https://www.ncbi.nlm.nih.gov/pmc/articles/PMC4168308/.

Christou, M. A., P. A. Christou, G. Markozannes, A. Tsatsoulis, G. Mastorakos, and S. Tigas. "Effects of anabolic androgenic steroids on the reproductive system of athletes and recreational users: A systematic review and meta-analysis." *Sports Medicine* 47(9) (September 2017): 1869–83. https://www.ncbi.nlm.nih.gov/pubmed/28258581.

Cullen, K. A., A. S. Gentzke, M. D. Sawdey, J. T. Chang, G. M. Anic, T. W. Wang, M. R. Creamer, A. Jamal, B. K. Ambrose, and B. A. King. "E-cigarette use among youth in the United States, 2019." *JAMA* 322(21) (November 5, 2019): 2095–103. https://jamanetwork.com/journals/jama/fullarticle/2755265.

Dachille, G., M. Lamuraglia, M. Leone, A. Pagliarulo, G. Palasciano, M. T. Salerno, and G. M. Ludovico. "Erectile dysfunction and alcohol intake." *Urologia* 75(3) (July–September 2008): 170–76. https://www.ncbi.nlm.nih.gov/pubmed/21086346.

De Souza, M. J., A. Nattiv, E. Joy, M. Misra, N. I. Williams, R. J. Mallinson, J. C. Gibbs, M. Olmsted, M. Goolsby, and G. Matheson. "2014 Female Athlete Triad Coalition consensus statement on treatment and return to play of the female athlete triad: 1st International Conference held in San Francisco, California, May 2012, and 2nd International Conference held in Indianapolis, Indiana, May 2013." *British Journal of Sports Medicine* 48(4). https://bjsm.bmj.com/content/48/4/289.

Ding, J., X. Shang, Z. Zhang, H. Jing, J. Shao, Q. Fei, E. R. Rayburn, and H. Li. "FDA-approved medications that impair human spermatogenesis." *Oncotarget* 8(6) (February 7, 2017): 10714–25. https://www.ncbi.nlm.nih.gov/pmc/articles/PMC5354694/.

Dorey, G. "Is smoking a cause of erectile dysfunction? A literature review." *British Journal of Nursing* 10(7) (April 2001): 455–65. https://www.ncbi.nlm.nih.gov/pubmed/12070390.

Drobnis, E. Z., and A. K. Nangia. "Pain medications and male reproduction." *Advances in Experimental Medicine and Biology* 1034 (2017): 39–57. ttps://www.ncbi.nlm.nih.gov/pubmed/29256126.

Furukawa, S., T. Sakai, T. Niiya, H. Miyaoka, T. Miyake, S. Yamamoto, K. Maruyama et al. "Alcohol consumption and prevalence of erectile dysfunction in Japanese patients with type 2 diabetes mellitus: Baseline data from the Dogo Study." *Alcohol* 55 (September 2016): 17–22. https://www.ncbi.nlm.nih.gov/pubmed/27788774.

Gaskins, A. J., and J. E. Chavarro. "Diet and fertility: A review." *American Journal of Obstetrics and Gynecology* 218(4) (April 2018): 379–89. https://www.ncbi.nlm.nih.gov/pmc/articles/PMC5826784/.

Gaskins, A. J., M. C. Afeiche, R. Hauser, P. L. Williams, M. W. Gillman, C. Tanrikut, J. C. Petrozza, and J. E. Chavarro. "Paternal physical and sedentary activities in relation to semen quality and reproductive outcomes among couples from a fertility center." *Human Reproduction* 29(11) (November 2014): 2575–82. https://www.ncbi.nlm.nih.gov/pmc/articles/PMC4191451/.

Gaskins, A. J., J. W. Rich-Edwards, P. L. Williams, T. L. Toth, S. A. Missmer, and J. E. Chavarro. "Pre-pregnancy caffeine and caffeinated beverage intake and risk of spontaneous abortion." *European Journal of Nutrition* 57(1) (February 2018): 107–17. https://www.ncbi.nlm.nih.gov/pmc/articles/PMC5332346/.

———. "Prepregnancy Low to Moderate Alcohol Intake Is Not Associated with Risk of Spontaneous Abortion or Stillbirth." *Journal of Nutrition* 146(4) (April 2016): 799–805. https://www.ncbi.nlm.nih.gov/pmc/articles/PMC4807650/.

Gebreegziabher, Y., E. Marcos, W. McKinon, and G. Rogers. "Sperm characteristics of endurance trained cyclists." *International Journal of Sports Medicine* 25(4)(May 2004): 247–51. https://www.ncbi.nlm.nih.gov/pubmed/15162242.

Gollenberg, A. L., F. Liu, C. Brazil, E. Z. Drobnis, D. Guzick, J. W. Overstreet, J. B. Redmon, A. Sparks, C. Wang, and S. H. Swan. "Semen quality in fertile men in relation to psychosocial stress." *Fertility and Sterility* 93(4) (March 1, 2010): 1104–11. https://www.ncbi.nlm.nih.gov/pubmed/19243749.

Grant, B. F., S. P. Chou, T. D. Saha, R. P. Pickering, B. T. Kerridge, W. J. Ruan, B. Huang et al. "Prevalence of 12-month alcohol use, high-risk drinking, and *DSM-IV* alcohol use disorder in the United States, 2001–2002 to 2012–2013." *JAMA Psychiatry* 74(9) (2017): 911–23. https://jamanetwork.com/journals/jamapsychiatry/fullarticle/2647079.

Gundersen, T. D., N. Jørgensen, A. M. Andersson, A. K. Bang, L. Nordkap, N. E. Skakkebak, A. Priskorn, A. Juul, and T. K. Jensen. "Association between use of marijuana and male reproductive hormones and semen quality: A study among 1,215 healthy young men." *American Journal of Epidemiology* 182(6) (August 16, 2015): 473–81. https://www.ncbi.nlm.nih.gov/pubmed/26283092.

Hamzelou, J. "Weird cells in your semen? Don't panic, you might just have flu." *New Scientist*, June 30, 2015. https://www.newscientist.com/article/dn27809-weird-cells-in-your-semen-dont-panic-you-might-just-have-flu/.

Hawkins Bressler, L., L. A. Bernardi, P. J. De Chavez, D. D. Baird, M. R. Carnethon, and E. E. Marsh. "Alcohol, cigarette smoking, and ovarian reserve in reproductive-age African-American women." *American Journal of Obstetrics and Gynecology* 215(6) (December 2016): 758.e1–758.e9. https://www.ncbi.nlm.nih.gov/pmc/articles/PMC5124512/.

Hyland, A., K. M. Piazza, K. M. Hovey, J. K. Ockene, C. A. Andrews, C. Rivard, and J. Wactawski-Wende. "Associations of lifetime active and passive smoking with spontaneous abortion, stillbirth and tubal ectopic pregnancy: A cross-sectional analysis of historical data from the Women's Health Initiative." *Tobacco Control* 24(4) (July 2015): 328–35. https://www.ncbi.nlm.nih.gov/pubmed/24572626.

Hyland, A., K. Piazza, K. M. Hovey, H. A. Tindle, J. E. Manson, C. Messina, C. Rivard, D. Smith, and J. Wactawski-Wende. "Associations between lifetime tobacco exposure with infertility and age at natural menopause: The Women's Health Initiative Observational Study." *Tobacco Control* 25(6) (November 2016): 706–14. https://www.ncbi.nlm.nih.gov/pubmed/26666428.

Ippolito, A. C., A. D. Seelig, T. M. Powell, A. M. S. Conlin, N. F. Crum-Cianflone, H. Lemus, C. J. Sevick, and C. A. LeardMann. "Risk factors associated with miscarriage and impaired fecundity among United States servicewomen during the recent conflicts in Iraq and Afghanistan." *Women's Health Issues* 27(3) (May–June 2017): 356–65. https://www.ncbi.nlm.nih.gov/pubmed/28160994.

Jensen, T. K., M. Gottschau, J. O. B. Madsen, A-M. Andersson, T. H. Lassen, N. E. Skakkebaek, S. H. Swan, L. Priskorn, A. Juul, and N. Jørgensen. "Habitual alcohol consumption associated with reduced semen quality and changes in reproductive hormones: A cross-sectional study among 1,221 young Danish men." *BMJ Open* 4(9) (2014): e005462. https://www.ncbi.nlm.nih.gov/pmc/articles/PMC4185337/.

Lania, A., L. Gianotti, I. Gagliardi, M. Bondanelli, W. Vena, and M. R. Ambro-sio. "Functional hypothalamic and drug-induced amenorrhea: An overview." *Journal of Endocrinological Investigation* 42(9) (September 2019): 1001–10. https://www.ncbi.nlm.nih.gov/pubmed/30742257.

Luque, E. M., A. Tissera, M. P. Gaggino, R. I. Molina, A. Mangeaud, L. M. Vincenti, F. Beltramone et al. "Body mass index and human sperm quality: Neither one extreme nor the other." *Reproduction, Fertility, and Development* 29(4) (April 2017): 731–39. https://www.ncbi.nlm.nih.gov/pubmed/26678380.

Millett, C., L. M. Wen, C. Rissel, A. Smith, J. Richters, A. Grulich, and R. de Visser. "Smoking and erectile dysfunction: Findings from a representative sample of Australian men." *Tobacco Control* 15(2) (April 2006): 136–39. https://www.ncbi.nlm.nih.gov/pmc/articles/PMC2563576/.

Mulligan, T., M. F. Frick, Q. C. Zuraw, A. Stemhagen, and C. McWhirter. "Prevalence of hypogonadism in males aged at least 45 years: The HIM study." *International Journal of Clinical Practice* 60(7) (July 2006): 762–69. https://www.ncbi.nlm.nih.gov/pmc/articles/PMC1569444/.

Nagma, S., G. Kapoor, R. Bharti, A. Batra, A. Batra, A. Aggarwal, and A. Sablok. "To evaluate the effect of perceived stress on menstrual function." *Journal of Clinical and Diagnostic Research* 9(3) (March 2015): QC01–QC03. https://www.ncbi.nlm.nih.gov/pmc/articles/PMC4413117/.

Nassan, F. L., M. Arvizu, L. Mínguez-Alarcón, A. J. Gaskins, P. L. Williams, J. C. Petrozza, R. Hauser, J. E. Chavarro, and EARTH Study Team. "Marijuana smoking and outcomes of infertility treatment with assisted reproductive technologies." *Human Reproduction* 34(9) (September 29, 2019): 1818–29. https://www.ncbi.nlm.nih.gov/pubmed/31505640.

National Institute on Drug Abuse. "What is the scope of marijuana use in the United States?" Last updated December 2019. https://www.drugabuse.gov/publications/research-reports/marijuana/what-scope-marijuana-use-in-united-states.

Nordkap, L., T. K. Jensen, A. M. Hansen, T. H. Lassen, A. K. Bang, U. N. Joensen, M. Blomberg Jensen, N. E. Skakkebaek, and N. Jørgensen. "Psychological stress and testicular function: A cross-sectional study of 1,215 Danish men." *Fertility and Sterility* 105(1) (January 2016): 174–87. https://www.ncbi.nlm.nih.gov/pubmed/26477499.

NW Cryobank. "NW Cryobank sperm donor requirements." https://www.nwsperm.com/how-it-works/sperm-donor-requirements.

Office on Women's Health. "Weight, fertility, and pregnancy." Page last updated December 27, 2018. https://www.womenshealth.gov/healthy-weight/weight-fertility-and-pregnancy.

Palermo, G. D., Q. V. Neri, T. Cozzubbo, S. Cheung, N. Pereira, and Z. Rosenwaks. "Shedding light on the nature of seminal round cells." *PLoS One* 11(3) (March 16, 2016): e0151640. https://journals.plos.org/plosone/article?id=10.1371/journal.pone.0151640.

Panara, K., J. M. Masterson, L. F. Savio, and R. Ramasamy. "Adverse effects of common sports and recreational activities on male reproduction." *European Urology Focus* 5(6) (November 2019): 1146–51. https://www.ncbi.nlm.nih.gov/pubmed/29731401.

Patra, P. B., and R. M. Wadsworth. "Quantitative evaluation of spermatogenesis in mice following chronic exposure to cannabinoids." *Andrologia* 23(2)(March–April 1991): 151–56. https://www.ncbi.nlm.nih.gov/pubmed/1659250.

Priskorn, L., T. K. Jensen, A. K. Bang, L. Nordkap, U. N. Joensen, T. H. Lassen, I. A. Olesen, S. H. Swan, N. E. Skakkebaek, and N. Jørgensen. "Is sedentary lifestyle associated with testicular function? A cross-sectional study of 1,210 men." *American Journal of Epidemiology* 184(4) (August 15, 2016): 284–94. https://www.ncbi.nlm.nih.gov/pubmed/27501721.

Qu, F., Y. Wu, Y-H. Zhu, J. Barry, T. Ding, G. Baio, R. Muscat, B. K. Todd, F-F. Wang, and P. J. Hardiman. "The association between psychological stress and miscarriage: A systematic review and meta-analysis." *Scientific Reports* 7 (May 2017): 1731. https://www.ncbi.nlm.nih.gov/pmc/articles/ PMC5431920/.

Radwan, M., J. Jurewicz, D. Merecz-Kot, W. Sobala, P. Radwan, M. Bochenek, and W. Hanke. "Sperm DNA damage—the effect of stress and everyday life factors." *International Journal of Impotence Research* 28(4) (July 2016): 148–54. https://www.ncbi.nlm.nih.gov/pubmed/27076112.

Rahali, D., A. Jrad-Lamine, Y. Dallagi, Y. Bdiri, N. Ba, M. El May, S. El Fazaa, and N. El Golli. "Semen parameter alteration, histological changes and role of oxidative stress in adult rat epididymis on exposure to electronic cigarette refill liquid." *Chinese Journal of Physiology* 61(2) (April 30, 2018): 75–84. https://www.ncbi.nlm.nih.gov/pubmed/29526076.

Ramaraju, G. A., S. Teppala, K. Prathigudupu, M. Kalagara, S. Thota, M. Kota, and R. Cheemakurthi. "Association between obesity and sperm quality." *Andrologia* 50(3) (April 2018). https://www.ncbi.nlm.nih.gov/ pubmed/28929508.

Remes, O., C. Brayne, R. van der Linde, and L. Lafortune. "A systematic review of reviews on the prevalence of anxiety disorders in adult populations." *Brain and Behavior* 6(7) (July 2016): e00497. https://onlinelibrary.wiley.com/doi/ full/10.1002/brb3.497.

Ricci, E., S. Noli, S. Ferrari, I. La Vecchia, S. Cipriani, V. De Cosmi, E. Somigliana, and F. Parazzini. "Alcohol intake and semen variables: Cross-sectional analysis of a prospective cohort study of men referring to an Italian fertility clinic." *Andrology* 6(5) (September 2018): 690–96. https://www.ncbi.nlm. nih.gov/pubmed/30019500.

Santillano, V. "Is height advantage a tall tale?" *More*. Updated December 27, 2009. https://www.more.com/lifestyle/exercise-health/height-advantage- tall-tale/.

Schlossberg, M. "5 Things you need to know about whiskey dick, the greatest curse known to mankind." *Men's Health*, September 21, 2017.https://www. menshealth.com/sex-women/a19535862/whiskey-dick-is-real-and-heres- the-science-behind-it/.

Schuel, H., R. Schuel, A. M. Zimmerman, and S. Zimmerman. "Cannabinoids reduce fertility of sea urchin sperm." *Biochemistry and Cell Biology* 5(2) (February 1987): 130–36. https://www.ncbi.nlm.nih.gov/pubmed/3030370.

Sharma, R., A. Harley, A. Agarwal, and S. C. Esteves. "Cigarette smoking and semen quality: A new meta-analysis examining the effect of the 2010 World Health Organization laboratory methods for the examination of human

semen." *European Urology* 70(4) (October 2016): 635–45. https://www.
ncbi.nlm.nih.gov/pubmed/27113031.

Sperm Bank of California. "How to qualify as a sperm donor?" https://www.
thespermbankofca.org/content/how-qualify-sperm-donor.

Swan, S. H., F. Liu, J. W. Overstreet, C. Brazil, and N. E. Skakkebaek. "Semen
quality of fertile US males in relation to their mothers' beef consumption
during pregnancy." *Human Reproduction* 22(6) (June 2007): 1497–1502.
https://www.ncbi.nlm.nih.gov/pubmed/17392290.

Tatem, A. J., J. Beilan, J. R. Kovac, and L. I. Lipshultz. "Management of anabolic
steroid-induced infertility: Novel strategies for fertility maintenance and
recovery." *World Journal of Men's Health* 38(2) (April 2020): 141–50.
https://wjmh.org/DOIx.php?id=10.5534/wjmh.190002.

제7장 만연하는 침묵의 위협

Barrett, E. S., S. Sathyanarayana, O. Mbowe, S. W. Thurston, J. B. Redmon, R. H. N.
Nguyen, and S. H. Swan. "First-trimester urinary bisphenol A concentration
in relation to anogenital distance, an androgen-sensitive measure of
reproductive development, in infant girls." *Environmental Health
Perspectives*, July 11, 2017. https://ehp.niehs.nih.gov/doi/10.1289/EHP875.

Barrett, E. S., and M. Sobolewski. "Polycystic ovary syndrome: Do endocrine
disrupting chemicals play a role?" *Seminars in Reproductive Medicine*
32(3) (May 2014): 166–76. https://www.ncbi.nlm.nih.gov/pmc/articles/
PMC4086778/.

Bienkowski, B. " 'Environmentally friendly' flame retardants break down into
potentially toxic chemicals." *Environmental Health News*, January 9, 2019.
https://www.ehn.org/environmentally-friendly-flame-retardants-break-
down-into-potentially-toxic-chemicals-2625440344.html.

Bloom, M. S., B. W. Whitcomb, Z. Chen, A. Ye, K. Kannan, and G. M. Buck
Louis. "Associations between urinary phthalate concentrations and semen
quality parameters in a general population." *Human Reproduction* 30(11)
(September 2015): 2645–57. https://www.ncbi.nlm.nih.gov/pmc/articles/
PMC4605371/pdf/dev219.pdf.

Bornehag, C. G., F. Carlstedt, B. A. Jönsson, C. H. Lindh, T. K. Jensen, A. Bodin,
C. Jonsson, S. Janson, and S. H. Swan. "Prenatal phthalate exposures and
anogenital distance in Swedish boys." *Environmental Health Perspectives*
123(1) (January 2015): 101–7. https://www.ncbi.nlm.nih.gov/pmc/articles/
PMC4286276/.

Bretveld, R., G. A. Zielhuis, and N. Roeleveld. "Time to pregnancy among female greenhouse workers." *Scandinavian Journal of Work, Environment, & Health* 32(5) (October 2006): 359–67. https://www.ncbi.nlm.nih.gov/pubmed/17091203.

Carson, R. *Silent Spring.* Boston: Houghton Mifflin, 1962.

Caserta, D., N. Di Segni, M. Mallozzi, V. Giovanale, A. Mantovani, R. Marci, and M. Moscarini. "Bisphenol A and the female reproductive tract: An overview of recent laboratory evidence and epidemiological studies." *Reproductive Biology and Endocrinology* 12 (2014): 37. https://www.ncbi.nlm.nih.gov/pmc/articles/PMC4019948/.

Centers for Disease Control and Prevention. "National report on human exposure to environmental chemicals." Updated tables, January 2019. https://www.cdc.gov/exposurereport/index.html.

Chevrier, C., C. Warembourg, E. Gaudreau, C. Monfort, A. Le Blanc, L. Guldner, and S. Cordier. "Organochlorine pesticides, polychlorinated biphenyls, seafood consumption, and time-to-pregnancy." *Epidemiology* 24(2) (March 2013): 251–60. https://www.ncbi.nlm.nih.gov/pubmed/23348067.

Choi, G., Y. B. Wang, R. Sundaram, Z. Chen, D. B. Barr, G. M. Buck Louis, and M. M. Smarr. "Polybrominated diphenyl ethers and incident pregnancy loss: The LIFE Study." *Environmental Research* 168 (January 2019): 375–81. https://www.ncbi.nlm.nih.gov/pmc/articles/PMC6294303/.

Collaborative on Health and the Environment. "Regrettable replacements: The next generation of endocrine disrupting chemicals." October 24, 2017. https://www.healthandenvironment.org/partnership_calls/95948.

Condorelli, R., A. E. Calogero, and S. La Vignera. "Relationship between testicular volume and conventional or nonconventional sperm parameters." *International Journal of Endocrinology*, 2013. Article ID 145792. https://www.hindawi.com/journals/ije/2013/145792/.

Di Nisio, A., I. Sabovic, U. Valente, S. Tescari, M. S. Rocca, D. Guidolin, S. Dall'Acqua et al. "Endocrine disruption of androgenic activity by perfluoroalkyl substances: Clinical and experimental evidence." *Journal of Clinical Endocrinology and Metabolism* 104(4) (April 1, 2019): 1259–71. https://www.ncbi.nlm.nih.gov/pubmed/30403786.

"The dose makes the poison." ChemistrySafetyFacts.org. https://www.chemicalsafetyfacts.org/dose-makes-poison-gallery/.

Eskenazi, B., P. Mocarelli, M. Warner, S. Samuels, P. Vercellini, D. Olive, L. L. Needham et al. "Serum dioxin concentrations and endometriosis: A cohort study in Seveso, Italy." *Environmental Health Perspectives* 110(7) (July

2002): 629–34. https://www.ncbi.nlm.nih.gov/pmc/articles/PMC1240907/.

Eskenazi, B., M. Warner, A. R. Marks, S. Samuels, L. Needham, P. Brambilla, and P. Mocarelli. "Serum dioxin concentrations and time to pregnancy." *Epidemiology* 21(2) (March 2010): 224–31. https://www.ncbi.nlm.nih.gov/pmc/articles/PMC6267871/.

Harley, K. G., A. R. Marks, J. Chevrier, A. Bradman, A. Sjödin, and B. Eskenazi. "PBDE concentrations in women's serum and fecundability." *Environmental Health Perspectives* 118(5) (May 2010): 699–704. https://www.ncbi.nlm.nih.gov/pmc/articles/PMC2866688/.

Harley, K. G., S. A. Rauch, J. Chevrier, K. Kogut, K. L. Parra, C. Trujillo, R. H. Lustig et al. "Association of prenatal and childhood PBDE exposure with timing of puberty in boys and girls." *Environment International* 100 (March 2017): 132–38. https://www.ncbi.nlm.nih.gov/pmc/articles/PMC5308219/.

Hart, R. J., H. Frederiksen, D. A. Doherty, J. A. Keelan, N. E. Skakkebaek, N. S. Minaee, R. McLachlan et al. "The possible impact of antenatal exposure to ubiquitous phthalates upon male reproductive function at 20 years of age." *Frontiers in Endocrinology* 9 (June 2018): 288. https://www.ncbi.nlm.nih.gov/pmc/articles/PMC5996240/.

Herrero, Ó., M. Aquilino, P. Sánchez-Argüello, and R. Planelló. "The BPA substitute bisphenol S alters the transcription of genes related to endocrine, stress response and biotransformation pathways in the aquatic midge *Chironomus riparius* (Diptera, Chironomidae)." *PLoS One* 13(2) (2018): e0193387. https://www.ncbi.nlm.nih.gov/pmc/articles/PMC5821402/.

Hormone Health Network. "Endocrine-disrupting chemicals (EDCs)." https://www.hormone.org/your-health-and-hormones/endocrine-disrupting-chemicals-edcs.

Houlihan, J., C. Brody, and B. Schwan. "Not too pretty: Phthalates, beauty products & the FDA." Environmental Working Group, July 2002. https://www.safecosmetics.org/wp-content/uploads/2015/02/Not-Too-Pretty.pdf.

Hu, Y., L. Ji, Y. Zhang, R. Shi, W. Han, L. A. Tse, R. Pan et al. "Organophosphate and pyrethroid pesticide exposures measured before conception and associations with time to pregnancy in Chinese couples enrolled in the Shanghai Birth Cohort." *Environmental Health Perspectives* 126(7) (July 9, 2018): 077001. https://www.ncbi.nlm.nih.gov/pmc/articles/PMC6108871/.

Kandaraki, E., A. Chatzigeorgiou, S. Livadas, E. Palioura, F. Economou, M. Koutsilieris, S. Palimeri, D. Panidis, and E. Diamanti-Kandarakis. "Endocrine disruptors and polycystic ovary syndrome (PCOS): Elevated serum levels of bisphenol A in women with PCOS." *Journal of Clinical Endocrinology and Metabolism* 96(3) (March 2011): E480–E484. https://academic.oup.com/jcem/article/96/3/E480/2597282.

Lathi, R. B., C. A. Liebert, K. F. Brookfield, J. A. Taylor, F. S. vom Saal, V. Y. Fujimoto, and V. L. Baker. "Conjugated bisphenol A (BPA) in maternal serum in relation to miscarriage risk." *Fertility and Sterility* 102(1) (July 2014): 123–28. https://www.ncbi.nlm.nih.gov/pmc/articles/PMC4711263/.

Li, D. K., Z. Zhou, M. Miao, Y. He, J. T. Wang, J. Ferber, L. J. Herrinton, E. S. Gao, and W. Yuan. "Urine bisphenol-A (BPA) level in relation to semen quality." *Fertility and Sterility* 95(2) (February 2011): 625–30. https://www.sciencedirect.com/science/article/abs/pii/S0015028210025872.

MacKendrick, N. *Better Safe Than Sorry*. Oakland: University of California Press, 2018.

Miao, M., W. Yuan, Y. He, Z. Zhou, J. Wang, E. Gao, G. Li, and D. K. Li. "In utero exposure to bisphenol-A and anogenital distance of male offspring." *Birth Defects Research Part A: Clinical and Molecular Teratology* 91(10) (October 2011): 867–72. https://pubmed.ncbi.nlm.nih.gov/21987463/.

"Microplastics found in human stools for first time." Technology Networks, October 23, 2018. https://www.technologynetworks.com/applied-sciences/news/microplastics-found-in-human-stools-for-first-time-310862.

Mínguez-Alarcón, L., O. Sergeyev, J. S. Burns, P. L. Williams, M. M. Lee, S. A. Korrick, L. Smigulina, B. Revich, and R. Hauser. "A longitudinal study of peripubertal serum organochlorine concentrations and semen parameters in young men: The Russian Children's Study." *Environmental Health Perspectives* 125(3) (March 2017): 160–466. https://www.ncbi.nlm.nih.gov/pmc/articles/PMC5332179/.

Mitro, S. D., R. E. Dodson, V. Singla, G. Adamkiewicz, A. F. Elmi, M. K. Tilly, and A. R. Zota. "Consumer product chemicals in indoor dust: A quantitative meta-analysis of U.S. studies." *Environmental Science & Technology* 50(19) (October 4, 2016): 10661–72. https://www.ncbi.nlm.nih.gov/pmc/articles/PMC5052660/.

National Pesticide Information Center. "Pesticides—what's my risk?" Last updated April 11, 2012. http://npic.orst.edu/factsheets/WhatsMyRisk.html.

Nevoral, J., Y. Kolinko, J. Moravec, T. Žalmanová, K. Hošková, Š. Prokešová, P. Klein et al. "Long-term exposure to very low doses of bisphenol S affects female reproduction." *Reproduction* 156(1) (July 2018): 47–57. https://www.ncbi.nlm.nih.gov/pubmed/29748175.

Özel, S., A. Tokmak, O. Aykut, A. Aktulay, N. Hançerlioğullari, and Y. Engin

Ustun. "Serum levels of phthalates and bisphenol-A in patients with primary ovarian insufficiency." *Gynecological Endocrinology* 35(4) (April 2019): 364–67. https://www.ncbi.nlm.nih.gov/pubmed/30638094.

Planned Parenthood. "Sexual and reproductive anatomy." https://www.plannedparenthood.org/learn/health-and-wellness/sexual-and-reproductive-anatomy.

Radke, E. G., J. M. Braun, J. D. Meeker, and G. S. Cooper. "Phthalate exposure and male reproductive outcomes: A systematic review of the human epidemiological evidence." *Environment International* 121 (pt. 1) (December 2018): 764–93. https://www.sciencedirect.com/science/article/pii/S0160412018303404.

Rafizadeh, D. "BPA-free isn't always better: The dangers of BPS, a BPA substitute." *Yale Scientific*, August 17, 2016. http://www.yalescientific.org/2016/08/bpa-free-isnt-always-better-the-dangers-of-bps-a-bpa-substitute/.

Ratcliffe, J. M., S. M. Schrader, K. Steenland, D. E. Clapp, T. Turner, and R. W. Hornung. "Semen quality in papaya workers with long term exposure to ethylene dibromide." *British Journal of Industrial Medicine* 44(5) (May 1987): 317–26. https://www.ncbi.nlm.nih.gov/pmc/articles/PMC1007829/.

Rutkowska, A. Z., and E. Diamanti-Kandarakis. "Polycystic ovary syndrome and environmental toxins." *Fertility and Sterility* 106(4) (September 15, 2016): 948–58. https://www.ncbi.nlm.nih.gov/pubmed/27559705.

Smith, R., and B. Lourie. *Slow Death by Rubber Duck: How the Toxicity of Everyday Life Affects Our Health*. Toronto: Knopf Canada, expanded, updated edition, 2019.

Stoiber, T. "Study: Banned since 2004, toxic flame retardants persist in U.S. newborns." Environmental Working Group, July 11, 2017. https://www.ewg.org/enviroblog/2017/07/study-banned-2004-toxic-flame-retardants-persist-us-newborns.

Swan, S. H., R. L. Kruse, F. Liu, D. B. Barr, E. Z. Drobnis, J. B. Redmon, C. Wang, C. Brazil, and J. W. Overstreet. "Semen quality in relation to biomarkers of pesticide exposure." *Environmental Health Perspectives* 111(12) (September 2003): 1478–84. https://www.ncbi.nlm.nih.gov/pmc/articles/PMC1241650/.

Toft, G., A. M. Thulstrup, B. A. Jönsson, H. S. Pedersen, J. K. Ludwicki, V. Zvezday, and J. P. Bonde. "Fetal loss and maternal serum levels of 2,2',4,4'5,5' hexachlorbiphenyl (CB-153) and 1,1-dichloro-2,2-bis(p-chlorophenyl) ethylene (p,p'-DDE) exposure: A cohort study in Greenland and two European populations." *Environmental Health* 9 (2010): 22. https://www.

ncbi.nlm.nih.gov/pmc/articles/PMC2877014/.

Toumi, K., L. Joly, C. Vleminckx, and B. Schiffers. "Risk assessment of florists exposed to pesticide residues through handling of flowers and preparing bouquets." *International Journal of Environmental Research and Public Health* 14(5) (May 2017): 526. https://www.ncbi.nlm.nih.gov/pmc/articles/PMC5451977/.

Vabre, P., N. Gatimel, J. Moreau, V. Gayrard, N. Picard-Hagen, J. Parinaud, and R. D. Leandri. "Environmental pollutants, a possible etiology for premature ovarian insufficiency: A narrative review of animal and human data." *Environmental Health* 16(37) (2017). https://www.ncbi.nlm.nih.gov/pmc/articles/PMC5384040/.

Vandenberg, L. N., T. Colborn, T. B. Hayes, J. J. Heindel, D. R. Jacobs Jr., D-H. Lee, T. Shioda et al. "Hormones and endocrine-disrupting chemicals: Lowdose effects and nonmonotonic dose responses." *Endocrine Reviews* 33(3) (June 2012): 378–455. https://www.ncbi.nlm.nih.gov/pmc/articles/PMC3365860/.

Vogel, S. A. "The politics of plastics: The making and unmaking of bisphenol A 'safety.' " *American Journal of Public Health* 99(S3) (2009): S559–S566. https://www.ncbi.nlm.nih.gov/pmc/articles/PMC2774166/.

Zhang, J., L. Chen, L. Xiao, F. Ouyang, Q. Y. Zhang, and Z. C. Luo. "Polybrominated diphenyl ether concentrations in human breast milk specimens worldwide." *Epidemiology* 28(suppl. 1) (October 2017): S89–S97. https://www.ncbi.nlm.nih.gov/pubmed/29028681.

Ziv-Gal, A., and J. A. Flaws. "Evidence for bisphenol A–induced female infertility: Review (2007–2016)." *Fertility and Sterility* 106(4) (September 15, 2016): 827–56. https://www.ncbi.nlm.nih.gov/pmc/articles/PMC5026908/.

Ziv-Gal, A., L. Gallicchio, C. Chiang, S. N. Ther, S. R. Miller, H. A. Zacur, R. L.	Dills, and J. A. Flaws. "Phthalate metabolite levels and menopausal hot flashes in midlife women." *Reproductive Toxicology* 60 (April 2016): 76–81. https://www.ncbi.nlm.nih.gov/pmc/articles/PMC4867120/.

제8장 멀리 미치는 노출

Brown, A. S., and E. S. Susser. "Prenatal nutritional deficiency and risk of adult schizophrenia." *Schizophrenia Bulletin* 34(6) (November 2008): 1054–63. https://www.ncbi.nlm.nih.gov/pmc/articles/PMC2632499/.

Bygren, L. O., P. Tinghög, J. Carstensen, S. Edvinsson, G. Kaati, M. E. Pembrey, and M. Sjöström. "Change in paternal grandmothers' early food supply influenced cardiovascular mortality of the female grandchildren." *BMC Genetics* 15 (February 2014): 12. https://www.ncbi.nlm.nih.gov/pmc/articles/PMC3929550/.

Cedars, M. I., S. E. Taymans, L. V. DePaolo, L. Warner, S. B. Moss, and M. L. Eisenberg. "The sixth vital sign: What reproduction tells us about overall health. Proceedings from a NICHD/CDC Workshop." *Human Reproduction Open* 2017(2) (2017). https://www.ncbi.nlm.nih.gov/pmc/articles/PMC6276647/.

Charalampopoulos, D., A. McLoughlin, C. E. Elks, and K. K. Ong. "Age at menarche and risks of all-cause and cardiovascular death: A systematic review and meta-analysis." *American Journal of Epidemiology* 180(1) (July 2014): 29–40. https://www.ncbi.nlm.nih.gov/pmc/articles/PMC4070937/.

Dolinoy, D. C., D. Huang, and R. L. Jirtle. "Maternal nutrient supplementation counteracts bisphenol A–induced DNA hypomethylation in early development." *Proceedings of the National Academy of Sciences* 104(32) (August 2007): 13056–61. https://www.ncbi.nlm.nih.gov/pmc/articles/PMC1941790/.

Eisenberg, M. L., S. Li, B. Behr, M. R. Cullen, D. Galusha, D. J. Lamb, and L. I. Lipshultz. "Semen quality, infertility and mortality in the USA." *Human Reproduction* 29(7) (July 2014): 1567–74. https://www.ncbi.nlm.nih.gov/pmc/articles/PMC4059337/pdf/deu106.pdf.

Eisenberg, M. L., S. Li, M. R. Cullen, and L. C. Baker. "Increased risk of incident chronic medical conditions in infertile men: Analysis of United States claims data." *Fertility and Sterility* 105(3) (March 2016): 629–36. https://www.ncbi.nlm.nih.gov/pubmed/26674559.

Elias, S. G., P. A. H. van Noord, P. H. M. Peeters, I. D. Tonkelaar, and D. E. Grobbee. "Caloric restriction reduces age at menopause: The effect of the 1944–1945 Dutch famine." *Menopause* 25(11) (November 2018): 1232–37. https://www.ncbi.nlm.nih.gov/pubmed/30358718.

Hatipoğlu, N., and S. Kurtoğlu. "Micropenis: Etiology, diagnosis and treatment approaches." *Journal of Clinical Research in Pediatric Endocrinology* 5(4) (December 2013): 217–23. https://www.ncbi.nlm.nih.gov/pmc/articles/PMC3890219/.

Jensen, T. K., R. Jacobsen, K. Christensen, N. C. Nielsen, and E. Bostofte. "Good semen quality and life expectancy: A cohort study of 43,277 men." *American Journal of Epidemiology* 170(5) (September 2009): 559–65. https://www.ncbi.nlm.nih.gov/pubmed/19635736.

Kanherkar, R. R., N. Bhatia-Dey, and A. B. Csoka. "Epigenetics across the human lifespan." *Frontiers in Cell Developmental Biology* 2(49) (September 9, 2014). https://www.frontiersin.org/articles/10.3389/fcell.2014.00049/full.

Ly, L., D. Chan, M. Aarabi, M. Landry, N. A. Behan, A. J. MacFarlane, and J. Trasler. "Intergenerational impact of paternal lifetime exposures to both folic acid deficiency and supplementation on reproductive outcomes and imprinted gene methylation." *Molecular Human Reproduction* 23(7) (July 2017): 461–77. https://www.ncbi.nlm.nih.gov/pmc/articles/PMC5909862/.

MacMahon, B., P. Cole, T. M. Lin, C. R. Lowe, A. P. Mirra, B. Ravnihar, E. J. Salber, V. G. Valaoras, and S. Yuasa. "Age at first birth and breast cancer risk." *Bulletin of the World Health Organization* 43(2) (1970): 209–21. https://www.ncbi.nlm.nih.gov/pmc/articles/PMC2427645/.

Menezo, Y., B. Dale, and K. Elder. "The negative impact of the environment on methylation/epigenetic marking in gametes and embryos: A plea for action to protect the fertility of future generations." *Molecular Reproduction & Development* 86(10) (October 2019): 1273–82. https://www.ncbi.nlm.nih.gov/pubmed/30653787.

"Menstruation and breastfeeding." La Leche League International. https://www.llli.org/breastfeeding-info/menstruation/.

Mørkve Knudsen, T., F. I. Rezwan, Y. Jiang, W. Karmaus, C. Svanes, and J. W. Holloway. "Transgenerational and intergenerational epigenetic inheritance in allergic diseases." *Journal of Allergy and Clinical Immunology* 142(3) (September 2018): 765–72. https://www.ncbi.nlm.nih.gov/pmc/articles/PMC6167012/.

Murugappan, G., S. Li, R. B. Lathi, V. L. Baker, and M. L. Eisenberg. "Risk of cancer in infertile women: Analysis of US claims data." *Human Reproduction* 34(5) (May 1, 2019): 894–902. https://www.ncbi.nlm.nih.gov/pubmed/30863841.

Myers, P. "Science: Are we in a male fertility death spiral?" *Environmental Health News*, July 26, 2017. https://www.ehn.org/science_are_we_in_a_male_fertility_death_spiral-2497202098.html.

Nilsson, E. E., I. Sadler-Riggleman, and M. K. Skinner. "Environmentally induced epigenetic transgenerational inheritance of disease." *Environmental Epigenetics* 4(2) (April 2018): 1–13. https://www.ncbi.nlm.nih.gov/pmc/articles/PMC6051467/.

Northstone, K., J. Golding, G. Davey Smith, L. L. Miller, and M. Pembrey. "Prepubertal start of father's smoking and increased body fat in his sons: Further characterisation of paternal transgenerational responses." *European Journal of Human Genetics* 22(12) (December 2014): 1382–86. https://

www.ncbi.nlm.nih.gov/pmc/articles/PMC4085023/.

Painter, R. C., C. Osmond, P. Gluckman, M. Hanson, D. I. W. Phillips, and T. J. Roseboom. "Transgenerational effects of prenatal exposure to the Dutch famine on neonatal adiposity and health in later life." *BJOG* 115(10) (September 2008): 1243–49. https://obgyn.onlinelibrary.wiley.com/doi/full/10.1111/j.1471-0528.2008.01822.x.

Palmer, J. R., A. L. Herbst, K. L. Noller, D. A. Boggs, R. Troisi, L. Titus-Ernstoff, E. E. Hatch, L. A. Wise, W. C. Strohsnitter, and R. N. Hooever. "Urogenital abnormalities in men exposed to diethylstilbestrol in utero: A cohort study." *Environmental Health* 8(37) (August 2009). https://www.ncbi.nlm. nih.gov/pmc/articles/PMC2739506/.

Pembrey, M. E., L. O. Bygren, G. Kaati, S. Edvinsson, K. Northstone, M. Sjöström, J. Golding, and ALSPAC Study Team. "Sex-specific, male-line transgenerational responses in humans." *European Journal of Human Genetics* 14(2) (February 2006): 159–66. https://www.ncbi.nlm.nih.gov/pubmed/16391557.

Rodgers, A. B., and T. L. Bale. "Germ cell origins of PTSD risk: The transgenerational impact of parental stress experience." *Biological Psychiatry* 78(5) (September 1, 2015): 307–14. https://www.ncbi.nlm.nih.gov/pmc/articles/PMC4526334/.

Rodgers, A. B., C. P. Morgan, S. L. Bronson, S. Revello, and T. L. Bale. "Paternal stress exposure alters sperm microRNA content and reprograms offspring HPA stress axis regulation." *Journal of Neuroscience* 33(21) (May 22, 2013): 9003–12. https://www.ncbi.nlm.nih.gov/pmc/articles/PMC3712504/.

Schulz, L. C. "The Dutch Hunger Winter and the developmental origins of health and disease." *Proceedings of the National Academy of Sciences* 107(39) (September 28, 2010): 16757–58. https://www.ncbi.nlm.nih.gov/pmc/articles/PMC2947916/.

Tournaire, M. D., E. Devouche, S. Epelboin, A. Cabau, A. Dunbavand, and A. Levadou. "Birth defects in children of men exposed in utero to diethylstilbestrol (DES)." *Therapie* 73(5) (October 2018): 399–407. https://www.ncbi.nlm.nih.gov/pubmed/29609831.

Van Dijk, S. J., P. L. Molloy, H. Varinli, J. L. Morrison, B. S. Muhlhausler; Members of EpiSCOPE. "Epigenetics and human obesity." *International Journal of Obesity* 39(1) (January 2015): 85–97. https://www.ncbi.nlm.nih.gov/pubmed/24566855.

Veenendaal, M. V. E., R. C. Painter, S. R. de Rooij, P. M. M. Bossuyt, J. A. M. van der Post, P. D. Gluckman, M. A. Hanson, and T. J. Roseboom.

"Transgenerational effects of prenatal exposure to the 1944–45 Dutch famine." *BJOG* 120(5) (April 2013): 548–54. https://obgyn.onlinelibrary. wiley.com/doi/full/10.1111/1471-0528.12136.

Ventimiglia, E., P. Capogrosso, L. Boeri, A. Serino, M. Colicchia, S. Ippolito, R. Scano et al. "Infertility as a proxy of general male health: Results of a cross-sectional survey." *Fertility and Sterility* 104(1) (July 2015): 48–55. https:// www.ncbi.nlm.nih.gov/pubmed/26006735.

Wu, H., M. S. Estill, A. Shershebnev, A. Suvorov, S. A. Krawetz, B. W. Whitcomb, H. Dinnie, T. Rahil, C. K. Sites, and J. R. Pilsner. "Preconception urinary phthalate concentrations and sperm DNA methylation profiles among men undergoing IVF treatment: A cross-sectional study." *Human Reproduction* 32(11) (November 2017): 2159–69. https://www.ncbi.nlm.nih.gov/pmc/ articles/PMC5850785/.

Yasmin, S. "Experts debunk study that found Holocaust trauma is inherited." *Dallas Morning News*, June 9, 2017. www.chicagotribune.com/lifestyles/ health/ct-holocaust-trauma-not-inherited-20170609-story.html.

Yehuda, R., N. P. Daskalakis, A. Lehrner, F. Desarnaud, H. N. Bader, I. Makotkine, J. D. Flory, L. M. Bierer, and M. J. Meaney. "Influences of maternal and paternal PTSD on epigenetic regulation of the glucocorticoid receptor gene in Holocaust survivor offspring." *American Journal of Psychiatry* 171(8) (August 2014): 872–80. https://www.ncbi.nlm.nih.gov/pmc/articles/ PMC4127390/.

제9장 위태로워지는 지구

Andrews, G. "Plastics in the ocean affecting human health." Geology and Human Resources. https://serc.carleton.edu/NAGTWorkshops/health/case_ studies/plastics.html.

Ankley, G. T., K. K. Coady, M. Gross, H. Holbech, S. L. Levine, G. Maack, and M. Williams. "A critical review of the environmental occurrence and potential effects in aquatic vertebrates of the potent androgen receptor agonist 17ß-trenbolone." *Environmental Toxicology and Chemistry* 37(8) (August 2018): 2064–78. https://www.ncbi.nlm.nih.gov/pmc/articles/PMC6129983/.

Batt, A. L., J. B. Wathen, J. M. Lazorchak, A. R. Olsen, and T. M. Kincaid. "Statistical survey of persistent organic pollutants: Risk estimations to humans and wildlife through consumption of fish from U.S. rivers." *Environmental Science & Technology* 51 (2017): 3021–31. https://digitalcommons.unl. edu/cgi/viewcontent.cgi?article=1262&context=usepapapers.

Bergman, A., J. J. Heindel, S. Jobling, K. A. Kidd, and R. T. Zoeller, eds. *State of the Science of Endocrine Disrupting Chemicals—2012.* World Health Organization, 2013. https://apps.who.int/iris/bitstream/handle/10665/78102/WHO_HSE_PHE_IHE_2013.1_eng.pdf;jsessionid=EFCF73DBEDC17052C00F22B3BD03EBB2?sequence=1.

Davey, J. C., A. P. Nomikos, M. Wungjiranirun, J. R. Sherman, L. Ingram, C. Batki, J. P. Lariviere, and J. W. Hamilton. "Arsenic as an endocrine disruptor: Arsenic disrupts retinoic-acid-receptor- and thyroid-hormone-receptormediated gene regulation and thyroid-hormone-mediated amphibian tail metamorphosis." *Environmental Health Perspectives* 116(2) (February 2008): 165–72. https://www.ncbi.nlm.nih.gov/pmc/articles/PMC2235215/.

Edwards, T. M., B. C. Moore, and L. J. Guillette Jr. "Reproductive dysgenesis in wildlife: A comparative view." *International Journal of Andrology* 29(1) (2006): 109–21. https://onlinelibrary.wiley.com/doi/full/10.1111/j.1365-2605.2005.00631.x.

Elliott, J. E., D. A. Kirk, P. A. Martin, L. K. Wilson, G. Kardosi, S. Lee, T. McDaniel, K. D. Hughes, B. D. Smith, and A. M. Idrissi. "Effects of halogenated contaminants on reproductive development in wild mink (Neovison vison) from locations in Canada." *Ecotoxicology* 27(5) (July 2018): 539–55. https://www.ncbi.nlm.nih.gov/pubmed/29623614.

Emerson, S. "Human waste is contaminating Australian wildlife with more than 60 pharmaceuticals." Vice.com, November 6, 2018. https://www.vice.com/en_us/article/a3mzve/human-waste-is-contaminating-australian-wildlife-with-more-than-60-pharmaceuticals.

E. O. Wilson Biodiversity Foundation Partners with Art.Science.Gallery. for "Year of the Salamander." Exhibition, March 10, 2014. https://eowilsonfoundation.org/e-o-wilson-biodiversity-foundation-partners-with-art-science-gallery-for-year-of-the-salamander-exhibition/.

EPA. "Persistent organic pollutants: A global issue, a global response." Updated in December 2009. https://www.epa.gov/international-cooperation/persistent-organic-pollutants-global-issue-global-response.

Frederick, P., and N. Jayasena. "Altered pairing behaviour and reproductive success in white ibises exposed to environmentally relevant concentrations of methylmercury." *Proceedings of the Royal Society B: Biological Sciences* 278(1713) (June 22, 2011): 1851–57. https://www.ncbi.nlm.nih.gov/pmc/articles/PMC3097836/.

Georgiou, A. "Mediterranean garbage patch: Huge new 'island' of plastic waste discovered floating in sea." *Newsweek*, May 21, 2019. https://

www.newsweek.com/mediterranean-garbage-patch-island-plastic-waste-sea-1431722.

Gibbs, P. E., and G. W. Bryan. "Reproductive failure in populations of the dogwhelk, Nucella lapillus, caused by imposex induced by tributyltin from antifouling paints." *Journal of the Marine Biological Association of the United Kingdom* 66(4) (November 1986): 767–77. https://www.cambridge.org/core/journals/journal-of-the-marine-biological-association-of-the-united-kingdom/article/reproductive-failure-in-populations-of-the-dogwhelk-nucella-lapillus-caused-by-imposex-induced-by-tributyltin-from-antifouling-paints/091765168341742219A70A9C87FB496E.

Guillette, L. J., Jr., T. S. Gross, G. R. Masson, J. M. Matter, H. Franklin Percival, and A. R. Woodward. "Developmental abnormalities of the gonad and abnormal sex hormone concentrations in juvenile alligators from contaminated and control lakes in Florida." *Environmental Health Perspectives* 102(8) (August 1994): 680–88. https://www.ncbi.nlm.nih.gov/pmc/articles/PMC1567320/.

Hallmann, C. A., M. Sorg, E. Jongejans, H. Siepel, N. Hofland, H. Schwan, W. Stenmans et al. "More than 75 percent decline over 27 years in total flying insect biomass in protected areas." *PLoS One* 12(10) (October 18, 2017): e0185809. https://journals.plos.org/plosone/article?id=10.1371/journal.pone.0185809.

Hui, D. "Food web: Concept and applications." *Nature Education Knowledge* 3(12)(2012): 6. https://www.nature.com/scitable/knowledge/library/food-web-concept-and-applications-84077181/.

Iavicoli, I., L. Fontana, and A. Bergamaschi. "The effects of metals as endocrine disruptors." *Journal of Toxicology and Environmental Health*. Part B. Critical Reviews 12(3) (March 2009): 206–23. https://www.ncbi.nlm.nih.gov/pubmed/19466673.

Jarvis, B. "The insect apocalypse is here." *New York Times Magazine*, November 27, 2018. https://www.nytimes.com/2018/11/27/magazine/insect-apocalypse.html.

Jenssen, B. M. "Effects of anthropogenic endocrine disrupters on responses and adaptations to climate change." *In Endocrine Disrupters*, edited by T. Grotmol, A. Bernhoft, G. S. Eriksen, and T. P. Flaten. Oslo: Norwegian Academy of Science and Letters, 2006. https://pdfs.semanticscholar.org/6211/a40bb3b72ca48c1d0f160575fd5291627e1e.pdf.

Katz, C. "Iceland's seabird colonies are vanishing, with 'massive' chick deaths." *National Geographic*, August 28, 2014. https://www.nationalgeographic.com/news/2014/8/140827-seabird-puffin-tern-iceland-ocean-climate-change-science-winged-warning/.

Kover, P. "Insect 'Armageddon': 5 crucial questions answered." *Scientific American*, October 30, 2017. https://www.scientificamerican.com/article/insect-ldquo-armageddon-rdquo-5-crucial-questions-answered/.

"Let's stop the manipulation of science." *Le Monde*, November 29, 2016. https://www.lemonde.fr/idees/article/2016/11/29/let-s-stop-the-manipulation-of-science_5039867_3232.html.

Lister, B. C., and A. Garcia. "Climate-driven declines in arthropod abundance restructure a rainforest food web." *Proceedings of the National Academy of Sciences* 115(44) (October 30, 2018): E10397–E10406. https://www.pnas.org/content/115/44/E10397.

Montanari, S. "Plastic garbage patch bigger than Mexico found in Pacific." *National Geographic*, July 25, 2017. https://www.nationalgeographic.com/news/2017/07/ocean-plastic-patch-south-pacific-spd/.

Nace, T. "Idyllic Caribbean island covered in a tide of plastic trash along coastline." *Forbes*, October 27, 2017. https://www.forbes.com/sites/trevornace/2017/10/27/idyllic-caribbean-island-covered-in-a-tide-of-plastic-trash-along-coastline/#6785f46b2524.

Oskam, I. C., E. Ropstad, E. Dahl, E. Lie, A. E. Derocher, O. Wiig, S. Larsen, R. Wiger, and J. U. Skaare. "Organochlorines affect the major androgenic hormone, testosterone, in male polar bears (*Ursus maritimus*) at Svalbard." *Journal of Toxicology and Environmental Health*. Part A. 66(22) (November 28, 2003): 2119–39. https://www.ncbi.nlm.nih.gov/pubmed/14710596.

Parr, M. "We're losing birds at an alarming rate. We can do something about it." *Washington Post*, September 29, 2019. https://www.washingtonpost.com/opinions/were-losing-birds-at-an-alarming-rate-we-can-do-something-about-it/2019/09/19/0c25f520-d980-11e9-a688-303693fb4b0b_story.html.

Pelton, E. "Early Thanksgiving counts show a critically low monarch population in California." Xerces Society for Invertebrate Conservation, November 29, 2018. https://xerces.org/2018/11/29/critically-low-monarch-population-in-california/.

Renner, R. "Trash islands are still taking over the oceans at an alarming rate." *Pacific Standard*, March 8, 2018. https://psmag.com/environment/trash-islands-taking-over-oceans.

Rosenberg, M. "Marine life shows disturbing signs of pharmaceutical drug effects." Center for Health Journalism, July 11, 2016. https://www.centerforhealthjournalism.org/2016/07/16/marine-life-show-disturbing-signs-pharmaceutical-drug-effects.

Schøyen, M., N. W. Green, D. Ø. Hjermann, L. Tveiten, B. Beylich, S. Øxnevad, and J. Beyer. "Levels and trends of tributyltin (TBT) and imposex in dogwhelk (*Nucella lapillus*) along the Norwegian coastline from 1991 to 2017." *Marine Environmental Research* 144 (February 2019): 1–8. https://www.ncbi.nlm.nih.gov/pubmed/30497665.

"Scientists confirm the existence of another ocean garbage patch." ResearchGate, July 19, 2017. https://www.researchgate.net/blog/post/scientists-confirm-the-existence-of-another-ocean-garbage-patch.

Stokstad, E. "Zombie endocrine disruptors may threaten aquatic life." *Science* 341(6153) (September 27, 2013): 1441. https://science.sciencemag.org/content/341/6153/1441.

Tomkins, P., M. Saaristo, M. Allinson, and B. B. M. Wong. "Exposure to an agricultural contaminant, 17β-trenbolone, impairs female mate choice in a freshwater fish." *Aquatic Toxicology* 170 (January 2016): 365–70. https://www.ncbi.nlm.nih.gov/pubmed/26466515.

제10장 임박한 사회적 불안

Batuman, E. "Japan's rent-a-family industry." *New Yorker*, April 23, 2018. https://www.newyorker.com/magazine/2018/04/30/japans-rent-a-family-industry.

"'The best role for women is at home.' Is this the solution to Singapore's falling birth rate?" *Asian Parent*, July 17, 2019. https://sg.theasianparent.com/singapores_falling_birth_rates.

Bricker, D., and J. Ibbitson. *Empty Planet*. New York: Crown, 2019. United Nations: Department of Economics and Social Affairs.

Bruckner, T. A., R. Catalano, and J. Ahern. "Male fetal loss in the U.S. following the terrorist attacks of September 11, 2001." *BMC Public Health* 10(2010): 273. https://www.ncbi.nlm.nih.gov/pmc/articles/PMC2889867/.

Bui, Q., and C. C. Miller. "The age that women have babies: How a gap divides America." *New York Times*, August 4, 2018. https://www.nytimes.com/interactive/2018/08/04/upshot/up-birth-age-gap.html.

del Rio Gomez, I., T. Marshall, P. Tsai, Y. S. Shao, and Y. L. Guo. "Number of boys born to men exposed to polychlorinated biphenyls." *Lancet* 360(9327) (July 13, 2002): 143–44. https://www.ncbi.nlm.nih.gov/pubmed/12126828.

Fukuda, M., K. Fukuda, T. Shimizu, and H. Moller. "Decline in sex ratio at birth after Kobe earthquake." *Human Reproduction* 13(8) (August 1998): 2321–22. https://www.ncbi.nlm.nih.gov/pubmed/9756319.

Fukuda, M., K. Fukuda, T. Shimizu, M. Nobunaga, L. S. Mamsen, and A. C. Yding. "Climate change is associated with male:female ratios of fetal deaths and newborn infants in Japan." *Fertility and Sterility* 102(5) (November 2014): 1364–70. e2. https://www.ncbi.nlm.nih.gov/pubmed/25226855.

GBD 2017 Population and Fertility Collaborators. "Population and fertility by age and sex for 195 countries and territories, 1950–2017." *Lancet* 392 (November 10, 2018): 1995–2051. https://www.thelancet.com/journals/lancet/article/PIIS0140-6736(18)32278-5/fulltext.

Hamilton, B. E., J. A. Martin, M. J. K. Osterman, and L. M. Rossen. "Births: Provisional data for 2018." Report No. 007, May 2019. US Department of Health and Human Services, Centers for Disease Control and Prevention, National Center for Health Statistics, National Vital Statistics System. https://www.cdc.gov/nchs/data/vsrr/vsrr-007-508.pdf.

Hay, M. "Why are the Japanese still not fucking?" Vice.com, January 22, 2015. https://www.vice.com/da/article/7b7y8x/why-arent-the-japanese-fucking-361.

"Japan's problem with celibacy and sexlessness." Breaking Asia, March 19, 2019. https://www.breakingasia.com/360/japans-problem-with-celibacy-and-sexlessness/.

Jozuka, E. "Inside the Japanese town that pays cash for kids." CNN Health, February 3, 2019. https://www.cnn.com/2018/12/27/health/japan-fertility-birth-rate-children-intl/index.html.

Lutz, W., V. Skirbekk, and M. R. Testa. "The low-fertility trap hypothesis: Forces that may lead to further postponement and fewer births in Europe." International Institute for Applied Systems Analysis, RP-07-001, March 2007. http://pure.iiasa.ac.at/id/eprint/8465/1/RP-07-001.pdf.

Mather, M., L. A. Jacobsen, and K. M. Pollard. "Aging in the United States." *Population Bulletin* 70 (2) (December 2015). Population Reference Bureau. https://www.prb.org/wp-content/uploads/2016/01/aging-us-population-bulletin-1.pdf.

Meola, A. "The aging population in the US is causing problems for our healthcare costs." *Business Insider*, July 18, 2019. https://www.businessinsider.com/aging-population-healthcare.

Moore, C. "The village of the dolls: Artist creates mannequins and leaves them around her village in Japan as the local population dwindles." DailyMail.com, April 22, 2016. https://www.dailymail.co.uk/news/article-3553992/The-village-dolls-Artist-creates-mannequins-leaves-village-Japan-local-population-dwindles.html.

National Institute of Population and Social Security Research. "Population Projections for Japan (2016–2065)." http://www.ipss.go.jp/pp-zenkoku/e/zenkoku_e2017/pp_zenkoku2017e_gaiyou.html.

Obel, C., T. B. Henriksen, N. J. Secher, B. Eskenazi, and M. Hedegaard. "Psychological distress during early gestation and offspring sex ratio." *Human Reproduction* 22(11) (November 2007): 3009–12. https://www.ncbi.nlm.nih.gov/pubmed/17768170.

Parker, K., J. M. Horowitz, A. Brown, R. Fry, D. V. Cohn, and R. Igielnik. "Demographic and economic trends in urban, suburban and rural communities." Pew Research Center, May 22, 2018. https://www.pewsocialtrends.org/2018/05/22/demographic-and-economic-trends-in-urban-suburban-and-rural-communities/.

Pavic, D. "A review of environmental and occupational toxins in relation to sex ratio at birth." *Early Human Development* 141 (February 2020): 104873. https://www.ncbi.nlm.nih.gov/pubmed/31506206.

Perlberg, S. "World population will peak in 2055 unless we discover the 'elixir of immortality.'" *Business Insider*, September 9, 2013. https://www.businessinsider.com/deutsche-population-will-peak-in-2055-2013-9.

Pettit, C. "Countries where people have the most and least sex." Weekly Gravy, May 20, 2014. https://weeklygravy.com/lifestyle/countries-where-people-have-the-most-and-least-sex/.

Pew Research Center. "Population change in the US and the world from 1950 to 2015." January 30, 2014. https://www.pewresearch.org/global/2014/01/30/chapter-4-population-change-in-the-u-s-and-the-world-from-1950-to-2050/.

Pradhan, E. "Female education and childbearing: A closer look at the data." *World Bank Blogs*, November 24, 2015. https://blogs.worldbank.org/health/female-education-and-childbearing-closer-look-data.

Prosser, M. "Searching for a cure for Japan's loneliness epidemic." HuffPost, August 15, 2018. https://www.huffpost.com/entry/japan-loneliness-aging-robots-technology_n_5b72873ae4b0530743cd04aa.

Randers, *Earth in 2052*. TEDxTrondheimSalon, 2014. https://www.youtube.com/watch?v=gPEVfXVyNMM.

Sin, Y. "Govt aid alone not enough to raise birth rate: Minister." *Straits Times*, March 2, 2018. https://www.straitstimes.com/singapore/govt-aid-alone-not-enough-to-raise-birth-rate-minister.

"6 reasons why the Japanese aren't having babies." YouTube. https://www.youtube.com/watch?v=4pXSJ35_v2M.

Stritof, S. "Estimated median age of first marriage by gender: 1890 to 2018." The

Spruce, December 1, 2019. https://www.thespruce.com/estimated-median-age-marriage-2303878.

"The 2017 annual report of the Board of Trustees of the Federal Old-Age and Survivors Insurance and Federal Disability Insurance Trust Funds." July 13, 2017. https://www.ssa.gov/oact/TR/2017/tr2017.pdf.

United States Census Bureau. "Older people projected to outnumber children for first time in U.S. history." October 8, 2019. https://www.census.gov/newsroom/press-releases/2018/cb18-41-population-projections.html.

University of Melbourne. "Women's choice drives more sustainable global birth rate." Futurity, November 1, 2018. https://www.futurity.org/global-fertility-rates-1901352/.

Waldman, K. "The XX factor: Young people in Japan have given up on sex." Slate, October 22, 2013. https://slate.com/human-interest/2013/10/celibacy-syndrome-in-japan-why-aren-t-young-people-interested-in-sex-or-relationships.html.

Wee, S-L., and S. L. Myers. "China's birthrate hits historic low, in looming crisis for Beijing." *New York Times*, January 16, 2020. https://www.nytimes.com/2020/01/16/business/china-birth-rate-2019.html.

World Bank. "Fertility rate, total (births per woman)." 2019. https://data.worldbank.org/indicator/SP.DYN.TFRT.IN.

"World Population Prospects 2019." https://population.un.org/wpp/Graphs/Probabilistic/POP/TOT/900.

제11장 개인적 정자 보호 계획

Al-Jaroudi, D., N. Al-Banyan, N. J. Aljohani, O. Kaddour, and M. Al-Tannir. "Vitamin D deficiency among subfertile women: Case-control study." *Gynecological Endocrinology* 32(4) (December 11, 2016): 272–75. https://www.ncbi.nlm.nih.gov/pubmed/?term=26573125.

Bae, J., S. Park, and J-W. Kwon. "Factors associated with menstrual cycle irregularity and menopause." *BMC Women's Health* 18 (February 6, 2018): 36. https://www.ncbi.nlm.nih.gov/pmc/articles/PMC5801702/.

Best, D., A. Avenell, and S. Bhattacharya. "How effective are weight-loss interventions for improving fertility in women and men who are overweight or obese? A systematic review and meta-analysis of the evidence." *Human Reproduction Update* 23(6) (November 1, 2017): 681–705. https://www.ncbi.nlm.nih.gov/pubmed/28961722.

Cito, G., A. Cocci, E. Micelli, A. Gabutti, G. I. Russo, M. E. Coccia, G. Franco, S.

Serni, M. Carini, and A. Natali. "Vitamin D and male fertility: An updated review." *World Journal of Men's Health* 38(2) (May 17, 2019): 164–77. https://wjmh.org/DOIx.php?id=10.5534/wjmh.190057.

Efrat, M., A. Stein, H. Pinkas, R. Unger, and R. Birk. "Dietary patterns are positively associated with semen quality." *Fertility and Sterility* 109(5) (May 2018): 809–16. https://www.fertstert.org/article/S0015-0282(18)30010-4/fulltext.

"EWG's Consumer guide to seafood." https://www.ewg.org/research/ewgs-good-seafood-guide/executive-summary.

Gaskins, A. J., J. Mendiola, M. Afeiche, N. Jørgensen, S. H. Swan, and J. E. Chavarro. "Physical activity and television watching in relation to semen quality in young men." *British Journal of Sports Medicine* 49(4) (February 4, 2013): 265–70. https://www.ncbi.nlm.nih.gov/pmc/articles/PMC3868632/.

Gudmundsdottir, S. L., W. D. Flanders, and L. B. Augestad. "Physical activity and fertility in women: The North-Trondelag Health Study." *Human Reproduction* 24(12) (October 3, 2009): 3196–204. https://academic.oup.com/humrep/article/24/12/3196/647657.

Jalali-Chimeh, F., A. Gholamrezaei, M. Vafa, M. Nasiri, B. Abiri, T. Darooneh, and G. Ozgoli. "Effect of vitamin D therapy on sexual function in women with sexual dysfunction and vitamin D deficiency: A randomized, double-blind, placebo controlled clinical trial." *Journal of Urology* 201(5) (May 2019): 987–93. https://www.auajournals.org/doi/10.1016/j.juro.2018.10.019.

Jensen, T. K., L. Priskorn, S. A. Holmboe, F. L. Nassan, A-M. Andersson, C. Dalgärd, J. Holm Petersen, J. E. Chavarro, and N. Jørgensen. "Associations of fish oil supplement use with testicular function in young men." *JAMA Network Open* 3(1) (January 17, 2020). https://jamanetwork.com/journals/jamanetworkopen/fullarticle/2758861?widget=personalizedcontent&previousaticle=2758855#editorial-comment-tab.

Karayiannis, D., M. D. Kontogianni, C. Mendorou, L. Douka, M. Mastrominas, and N. Yiannakouris. "Association between adherence to the Mediterranean diet and semen quality parameters in male partners of couples attempting fertility." *Human Reproduction* 32(1) (January 1, 2017): 215–22. https://academic.oup.com/humrep/article/32/1/215/2513723.

Li, J., L. Long, Y. Liu, W. He, and M. Li. "Effects of a mindfulness-based intervention on fertility quality of life and pregnancy rates among women subjected to first in vitro fertilization treatment." *Behaviour Research Therapy* 77 (February 2016): 96–104. https://www.sciencedirect.com/science/article/abs/pii/S0005796715300747.

Luque, E. M., A. Tissera, M. P. Gaggino, R. I. Molina, A. Mangeaud, L. M. Vincenti, F. Beltramone et al. "Body mass index and human sperm quality: Neither one extreme nor the other." *Reproduction, Fertility and Development* 29(4) (December 18, 2015): 731–39. https://www.publish.csiro.au/rd/RD15351.

Natt, D., U. Kugelberg, E. Casas, E. Nedstrand, S. Zalavary, P. Henriksson, C. Nijm et al. "Human sperm displays rapid responses to diet." *PLoS Biology* 17(12) (December 26, 2019). https://www.ncbi.nlm.nih.gov/pmc/articles/PMC6932762/pdf/pbio.3000559.pdf.

Orio, F., G. Muscogiuri, A. Ascione, F. Marciano, A. Volpe, G. La Sala, S. Savastano, A. Colao, S. Palomba, and S. Minerva. "Effects of physical exercise on the female reproductive system." *Endocrinology* 38(3) (September 2013): 305–19. https://www.ncbi.nlm.nih.gov/pubmed/24126551.

Park, J., J. B. Stanford, C. A. Porucznik, K. Christensen, and K. C. Schliep. "Daily perceived stress and time to pregnancy: A prospective cohort study of women trying to conceive." *Psychoneuroendocrinology* 110 (December 2019): 104446. https://www.sciencedirect.com/science/article/abs/pii/S0306453019303932.

Ramaraju, G. A., S. Teppala, K. Prathigudupu, M. Kalagara, S. Thota, and R. Cheemakurthi. "Association between obesity and sperm quality." *Andrologia* 50(3) (September 19, 2017). https://onlinelibrary.wiley.com/doi/abs/10.1111/and.12888.

Rampton, J. "20 Quotes from Jim Rohn putting success and life into perspective." *Entrepreneur*, March 4, 2016. https://www.entrepreneur.com/article/271873.

Ricci, E., S. Noli, S. Ferrari, I. La Vecchia, M. Castiglioni, S. Cipriani, F. Parazzini, and C. Agostoni. "Fatty acids, food groups and semen variables in men referring to an Italian fertility clinic: Cross-sectional analysis of a prospective cohort study." *Andrologia* 52(3) (January 8, 2020): e13505. https://www.ncbi.nlm.nih.gov/pubmed/31912922.

Rosety, M. Á., A. J. Díaz, J. M. Rosety, M. T. Pery, F. Brenes-Martín, M. Bernardi, N. García, M. Rosety-Rodríguez, F. J. Ordoñez, and I. Rosety. "Exercise improved semen quality and reproductive hormone levels in sedentary obese adults." *Nutricion Hospitalaria* 34(3) (June 5, 2017): 603–7. https://www.ncbi.nlm.nih.gov/pubmed/28627195.

Russo, L. M., B. W. Whitcomb, L. Sunni, L. Mumford, M. Hawkins, R. G. Radin, K. C. Schliep et al. "A prospective study of physical activity and fecundability in women with a history of pregnancy loss." *Human Reproduction*. 33(7) (April 10, 2018): 1291–98. https://www.ncbi.nlm.nih.gov/pmc/articles/

PMC6012250/pdf/dey086.pdf.

Salas-Huetos, A., M. Bulló, and J. Salas-Salvadó. "Dietary patterns, foods and nutrients in male fertility parameters and fecundability: A systematic review of observational studies." *Human Reproduction Update* 23(4) (July 1, 2017): 371–89. https://www.ncbi.nlm.nih.gov/pubmed/28333357.

Silvestris, E., D. Lovero, and R. Palmirotta. "Nutrition and female fertility: An interdependent correlation." *Frontiers in Endocrinology* (Lausanne, Switzerland) 10 (June 7, 2019): 346. https://www.ncbi.nlm.nih.gov/pmc/articles/PMC6568019/.

"Smoking and infertility." Fact sheet. *American Society for Reproductive Medicine*, 2014. https://www.reproductivefacts.org/globalassets/rf/news-and-publications/bookletsfact-sheets/english-fact-sheets-and-info-booklets/smoking_and_infertility_factsheet.pdf.

Sun, B., C. Messerlian, Z. H. Sun, P. Duan, H. G. Chen, Y. J. Chen, P. Wang et al. "Physical activity and sedentary time in relation to semen quality in healthy men screened as potential sperm donors." *Human Reproduction* 34(12) (December 1, 2019): 2330–39. https://www.ncbi.nlm.nih.gov/pubmed/31858122.

Toledo, E., C. López-del Burgo, A. Ruiz-Zambrana, M. Donazar, Í. Navarro-Blasco, M. A. Martínez-González, and J. de Irala. "Dietary patterns and difficulty conceiving: A nested case-control study." *Fertility and Sterility* 96(2011): 1149–53. https://www.sciencedirect.com/science/article/abs/pii/S001502821102485X.

Vujkovic, M., J. H. de Vries, J. Lindemans, N. S. Macklon, P. J. van der Spek, E. A. Steegers, and R. P. Steegers-Theunissen. "The preconception Mediterranean dietary pattern in couples undergoing in vitro fertilization/intracytoplasmic sperm injection treatment increases the chance of pregnancy." *Fertility and Sterility* 94(6) (November 2010): 2096–101. ttps://www.ncbi.nlm.nih.gov/pubmed/?term=20189169.

Wells, D. "Sauna and pregnancy: Safety and risks." *Healthline: Parenthood*, July 21, 2016. https://www.healthline.com/health/pregnancy/sauna.

제12장 집 안의 화학적 독성 줄이기

American Chemical Society. "Keep off the grass and take off your shoes! Common sense can stop pesticides from being tracked into the house." ScienceDaily, April 27, 1999. https://www.sciencedaily.com/releases/1999/04/990427045111.htm.

"Cosmetics, body care products, and personal care products." National Organic Program, April 2008. https://www.ams.usda.gov/sites/default/files/media/OrganicCosmeticsFactSheet.pdf.

Food and Water Watch. "Understanding food labels." July 12, 2018. https://www.foodandwaterwatch.org/about/live-healthy/consumer-labels.

Hagen, L. "Natural method to get rid of common garden weeds." *Garden Design*. https://www.gardendesign.com/how-to/weeds.html.

Harley, K. G., K. Kogut, D. S. Madrigal, M. Cardenas, I. A. Vera, G. Meza-Alfaro, J. She, Q. Gavin, R. Zahedi, A. Bradman, B. Eskenazi, and K. L. Parra. "Reducing phthalate, paraben, and phenol exposure from personal care products in adolescent girls: Findings from the HERMOSA Intervention Study." *Environmental Health Perspectives* 124(10) (October 2016): 1600–1607. https://www.ncbi.nlm.nih.gov/pmc/articles/PMC5047791/.

Healthy Stuff. "New study rates best and worst garden hoses: Lead, phthalates & hazardous flame retardants in garden hoses." Ecology Center, June 20, 2016. https://www.ecocenter.org/healthy-stuff/new-study-rates-best-and-worst-garden-hoses-lead-phthalates-hazardous-flame-retardants-garden-hoses.

Hyland, C., A. Bradman, R. Gerona, S. Patton, I. Zakharevich, R. B. Gunier, and K. Klein. "Organic diet intervention significantly reduces urinary pesticide levels in U.S. children and adults." *Environmental Research* 171 (April 2019): 568–75. https://www.sciencedirect.com/science/article/pii/S0013935119300246.

"Inert ingredients of pesticide products." Environmental Protection Agency, October 10, 1989. https://www.epa.gov/sites/production/files/2015-10/documents/fr54.pdf.

Kinch, C. D., K. Ibhazehiebo, J. H. Jeong, H. R. Habib, and D. M. Kurrasch. "Lowdose exposure to bisphenol A and replacement bisphenol S induces precocious hypothalamic neurogenesis in embryonic zebrafish." *Proceedings of the National Academy of Sciences USA* 112(5) (February 3, 2015): 1475–80. https://www.ncbi.nlm.nih.gov/pubmed/25583509.

Koch, H. M., M. Lorber, K. L. Christensen, C. Pälmke, S. Koslitz, and T. Brüning. "Identifying sources of phthalate exposure with human biomonitoring: Results of a 48h fasting study with urine collection and personal activity patterns." *International Journal of Hygiene and Environmental Health* 216(6) (November 2013): 672–81. https://www.sciencedirect.com/science/article/abs/pii/S1438463912001381.

Mitro, S. D., R. E. Dodson, V. Singla, G. Adamkiewicz, A. F. Elmi, M. K. Tilly,

A. R. Zota. "Consumer product chemicals in indoor dust: A quantitative metaanalysis of U.S. studies." *Environmental Science & Technology* 50(19) (October 4, 2016): 10661–72. https://www.ncbi.nlm.nih.gov/pmc/articles/PMC5052660/.

"Naphthalene: Technical fact sheet." National Pesticide Information Center, Oregon State University. http://npic.orst.edu/factsheets/archive/naphtech.html.

Stoiber, T. "What are parabens, and why don't they belong in cosmetics?" Environmental Working Group, April 9, 2019. https://www.ewg.org/californiacosmetics/parabens.

US Food and Drug Administration. "Where and how to dispose of unused medicines." March 11, 2020. https://www.fda.gov/consumers/consumer-updates/where-and-how-dispose-unused-medicines.

Varshavsky, J. R., R. Morello-Frosch, T. J. Woodruff, and A. R. Zota. "Dietary sources of cumulative phthalate exposure among the U.S. general population in NHANES 2005–2014." *Environment International* 115 (June 2018): 417–29. https://www.ncbi.nlm.nih.gov/pmc/articles/PMC5970069/.

제13장 더 건강한 미래를 위한 구상

Allen, J. "Stop playing whack-a-mole with hazardous chemicals." *Washington Post*, December 15, 2016. https://www.washingtonpost.com/opinions/stop-playing-whack-a-mole-with-hazardous-chemicals/2016/12/15/9a357090-bb36-11e6-91ee-1adddfe36cbe_story.html.

Bornehag, C. G., F. Carlstedt, B. A. G. Jönsson, C. H. Lindh, T. K. Jensen, A. Bodin, C. Jonsson, S. Janson, and S. H. Swan. "Prenatal phthalate exposures and anogenital distance in Swedish boys." *Environmental Health Perspectives* 123(1) (January 2015): 101–7. https://www.ncbi.nlm.nih.gov/pmc/articles/PMC4286276/.

Constable, P. "Pakistan moves to ban single-use plastic bags: 'The health of 200 million people is at stake.'" *Washington Post*, August 13, 2019. https://www.washingtonpost.com/world/asia_pacific/pakistan-moves-to-ban-single-use-plastic-bags-the-health-of-200-million-people-is-at-stake/2019/08/12/6c7641ca-bc23-11e9-b873-63ace636af08_story.html.

"CPSC prohibits certain phthalates in children's toys and child care products." US Consumer Product Safety Commission, October 20, 2017. https://www.cpsc.gov/Newsroom/News-Releases/2018/CPSC-Prohibits-Certain-Phthalates-in-Childrens-Toys-and-Child-Care-Products.

Editor. "Endangered animals saved from extinction." All About Wildlife, May 16, 2011.

"Enhancing sustainability." Walmart.org, 2020. https://walmart.org/what-we-do/enhancing-sustainability.

"Green chemistry." Wikipedia. https://en.wikipedia.org/wiki/Green_chemistry.

"The Home Depot announces to stop selling carpets treated with toxic stain-resistant PFAS chemicals." Environmental Defence and Safer Chemicals, Healthy Families, September 18, 2019. https://environmentaldefence.ca/2019/09/18/home-depot-announces-stop-selling-carpets-treated-toxic-stain-resistant-pfas-chemicals/.

"Is oxybenzone contributing to the death of coral reefs?" SunscreenSafety.info. https://www.sunscreensafety.info/oxybenzone-coral-reefs/.

Li, D-K., Z. Zhou, M. Miao, Y. He, J-T. Wang, J. Ferber, L. J. Herrinton, E-S. Gao, and W. Yuan. "Urine bisphenol-A (BPA) level in relation to semen quality." Fertility and Sterility 95(2) (February 2011): 625–30.e1-4. https://pubmed.ncbi.nlm.nih.gov/21035116/.

Perara, F., J. Vishnevetsky, J. B. Herbstman, A. M. Calafat, W. Xiong, V. Rauh, and S. Wang, "Prenatal bisphenol A exposure and child behavior in an inner-city cohort." Environmental Health Perspectives 120 (8) (August 2012): 1190–94. https://pubmed.ncbi.nlm.nih.gov/22543054/.

REACH. European Commission, July 8, 2019. https://ec.europa.eu/environment/chemicals/reach/reach_en.htm.

"Species directory." World Wildlife Fund. https://www.worldwildlife.org/species/directory?sort=extinction_status&direction=desc.

Stanton, R. L., C. A. Morrissey, and R. G. Clark. "Analysis of trends and agricultural drivers of farmland bird declines in North America: A review." Agriculture, Ecosystems & Environment 254 (February 15, 2018): 244–54. https://www.sciencedirect.com/science/article/abs/pii/S016788091730525X.

Steffen, A. D. "Australia came up with a way to save the oceans from plastic pollution and garbage." Intelligent Living, February 10, 2019. https://www.intelligentliving.co/australia-plastic-ocean/.

Steffen, L. "Costa Rica set to become the world's first plastic-free and carbon-free country by 2021." Intelligent Living, May 10, 2019. https://www.intelligentliving.co/costa-rica-plastic-carbon-free-2021/.

Vandenbergh, L. N. "Non-monotonic dose responses in studies of endocrine disrupting chemicals: Bisphenol A as a case study." Dose Response 12(2) (May 2014): 259–76. https://www.ncbi.nlm.nih.gov/pmc/articles/PMC4036398/.

Vandenberg, L. N., T. Colborn, T. B. Hayes, J. J. Heindel, D. R. Jacobs Jr., D-H. Lee, T. Shioda et al. "Hormones and endocrine-disrupting chemicals: Low-dose effects and nonmonotonic dose responses." *Endocrine Reviews* 33(3) (June 2012): 378–455. https://www.ncbi.nlm.nih.gov/pmc/articles/PMC3365860/.

"Walmart releases high priority chemical list." ChemicalWatch, 2020. https://chemicalwatch.com/48724/walmart-releases-high-priority-chemical-list.

Watson, A. "Companies putting public health at risk by replacing one harmful chemical with similar, potentially toxic, alternatives." CHEM Trust, March 27, 2018. https://chemtrust.org/toxicsoup/.

"Wingspread Conference on the Precautionary Principle." Science & Environmental Health Network, January 26, 1998. https://www.sehn.org/sehn/wingspread-conference-on-the-precautionary-principle.

결론

Anonymous. "Thirty years of a smallpox-free world." College of Physicians of Philadelphia, May 8, 2010. https://www.historyofvaccines.org/content/blog/thirty-years-smallpox-free-world.

"Clean Air Act overview." US Environmental Protection Agency. https://www.epa.gov/clean-air-act-overview/progress-cleaning-air-and-improving-peoples-health.

"Diseases you almost forgot about (thanks to vaccines)." Centers for Disease Control and Prevention, January 3, 2020. https://www.cdc.gov/vaccines/parents/diseases/forgot-14-diseases.html.

Pirkle, J. L., D. J. Brody, E. W. Gunther et al. "The decline in blood lead levels in the United States." *JAMA*, July 27, 1994. https://jamanetwork.com/journals/jama/article-abstract/376894.

"Report: Cleaning up Great Lakes boosts economic development," *Grand Rapids Business Journal*, August 13, 2019.

Whorton, M. D., and T. H. Milby. "Recovery of testicular function among DBCP workers." *Journal of Occupational Medicine* 22 (3) (March 1980): 177–79. https://pubmed.ncbi.nlm.nih.gov/7365555/.

정자 0 카운트다운

불임, 저출산에서 인류 멸종까지

....

초판 1쇄 인쇄 2022년 5월 2일
초판 1쇄 발행 2022년 5월 4일

지 은 이   샤나 H. 스완, 스테이시 콜리노
옮 긴 이   김창기
발 행 인   김창기
편집·교정 김제석, 김연수
디 자 인   서승연
펴 낸 곳   행복포럼
신고번호   제25100-2007-25호
주   소   서울 광진구 아차산로 452(구의동), 다성리버텔 504호
전   화   02-2201-2350
팩   스   02-2201-2326
이 메 일   somt2401@naver.com
인   쇄   평화당인쇄(주)

ISBN   979-11-85004-03-7